実験医学別冊

ラボ必携

フローサイトメトリー Q&A

編集　戸村道夫

正しいデータを出すための100箇条

Flow Cytometry

羊土社
YODOSHA

【注意事項】本書の情報について—————————————————————————————

　本書に記載されている内容は，発行時点における最新の情報に基づき，正確を期するよう，執筆者，監修・編者ならびに出版社はそれぞれ最善の努力を払っております．しかし科学・医学・医療の進歩により，定義や概念，技術の操作方法や診療の方針が変更となり，本書をご使用になる時点においては記載された内容が正確かつ完全ではなくなる場合がございます．また，本書に記載されている企業名や商品名，URL等の情報が予告なく変更される場合もございますのでご了承ください．

序

　フローサイトメトリー解析の実践・現場で役立つことを目的に基礎から応用までをQ&A形式でまとめたはじめての書籍である．少ない蛍光色素数で解析をはじめたい方々から，すでにマルチカラー解析に熟練した研究者まで，自分たちの技術の洗練に役立てて欲しい．そして，フローサイトメトリーという方法は知っているが，今まで接する機会がなかった研究者の皆さんにも，本書を一度手にとっていただきたいと考えながらQを設定した．

　フローサイトメトリー解析は，工学技術の発展と解析技術が，お互いのフィードバックすることで，生命科学解析を深化させてきた典型である．多色化，高速化，簡便化の進展はめざましく，ユーザーの裾野が広がっている．しかし，国内では，フローサイトメトリー解析のほぼすべての工程を研究者自身が行うことが多いため，安定したデータ取得には一定以上の知識と経験が要求される．実際，Qの設定を開始してみると，本当に広範な分野にわたる知識と経験の蓄積が，フローサイトメトリー解析には要求されることを改めて認識させられた．

　本書では，概論に続きQ1〜Q100までを8章に分け，フローサイトメトリー解析の基礎と原理，機器のメンテナンスと設定，抗体・色素の選び方，細胞の調製と染色，データ取得，ソーティング，解析，さらに，哺乳動物以外の非モデル生物での使用で締めてみた．

　各Q&Aは完結しているが，関連するQにすぐに飛んで，より深く理解できるように，また，直接的なQが見つからなくてもキーワード索引から必要なQ&Aにたどり着けるようにできるだけ工夫した．各Qは，細かく，あるいは漠然としすぎないように心掛けながら，今まで研究室のなかで代々受け継がれ常識となっている内容も科学的な根拠を知りたいと思い設定した．企画段階からBioLegend社の藤本華恵様，BD Biosciences社の田中聡様，ベックマン・コールター社の井野礼子様にお手伝いいただいた．さらに執筆者の方々とお話しすることで，よりよい構成にまとめることができた．執筆とともにQの設定にも感謝する．

　幅広い分野を網羅した本書に対し，既刊の「新版 フローサイトメトリー もっと幅広く使いこなせる！」（羊土社）は，フローサイトメトリー解析において大切な項目について，私も含め各執筆者が詳細に説明している．本書とともに両輪として活用していただきたい．

　フローサイトメトリー解析が当たり前のように行われている研究室の日常は，たくさんの検討の末に得られた熟練研究者の経験と研究室に蓄積された職人技に支えられている．しかし，大切な技も情報も，接する機会に恵まれないとなかなか得られず，研究者がラボを離れるとそのまま失われてしまう．そこで，本書では，第一線で活躍し将来を担う若手研究者と，解析機器・試薬で研究を支える企業の方々を中心に執筆していただき，長年にわたる実践的な経験を惜しみなく披露していただいた．本書によって，職人技の将来への伝承とともに，フローサイトメトリー解析を取り入れた研究の発展と裾野が広がることを期待する．

　お忙しいなか，お時間を費やして貴重な知識と経験を披露していただいた執筆者の皆様，そして，本書をまとめるとても貴重な機会を与えていただき，出版に至るまで長い間お世話になった羊土社の皆様に改めて感謝する．

2017年9月

秋空の先に葛城山を臨むラボにて

戸村　道夫

実験医学別冊
ラボ必携
フローサイトメトリー Q&A

正しいデータを出すための100箇条

目 次

◆ **序** ……………………………………………………………………戸村道夫　3

◆ **概論**　これからフローサイトメトリーをはじめる方のための，
基本と解析の全体像 ……………………………………………戸村道夫　11

第1章　フローサイトメトリー解析をする前に知っておきたいこと

Q1　フローサイトメトリー解析とは，何を見るための実験手法でしょうか？
何ができるのでしょうか？ ………………………………………二村孝治　18

Q2　フローサイトメトリーではどのような原理で細胞を解析するのでしょうか？ ………金山直樹　21

Q3　フローサイトメトリー解析の実際の流れを教えてください．
特別な実験手技や，コンピューターの知識は必要でしょうか？ ………金山直樹　24

Q4　細胞をソーティングするにはどうすればよいですか？
セルソーターのセッティングから具体的な流れを教えてください．………金山直樹　27

Q5　「蛍光発光の原理」と「励起波長」，「蛍光波長」について，
知っておくべきことを教えてください．………………………………齋藤　滋　30

Q6　「レーザー光源」と「光学フィルター」について教えてください．
「530/30」と記載されたフィルターは，どのような波長を検出するのでしょうか？
レーザーの「同軸」「異軸」の違いは何でしょうか？ ………………長坂安彦　33

Q7　コンペンセーション（蛍光補正）とは何でしょうか？ ………………方波見幸治　36

Q8　フローサイトメトリー解析で得られるデータと
蛍光顕微鏡・共焦点顕微鏡で得られるデータの違いは何でしょうか？ ………方波見幸治　39

Q9　フローサイトメトリー初心者が失敗しがちなポイントを教えてください．………石井有実子　42

第2章　フローサイトメーターの購入・取り扱い，その他装置の基本に関するQ&A

Q10　フローサイトメーターの購入を検討しています．"アナライザー"か"セルソーター"か，
"エントリーモデル"か"ハイエンドモデル"か，どのように考えればよいでしょうか？ …石井有実子　46

CONTENTS

Q11 フローサイトメーターへの細胞の取り込み方法にはどのようなものがありますか？
オートサンプラーとは何ですか？ 気をつけるべき点と合わせて教えてください. ……上羽悟史　49

Q12 新しく発売されたフローサイトメーター（アナライザー）を購入するときに
注意することは何ですか？ レーザーは何本，何色検出できる必要がありますか？
購入後にアップグレードすることはできますか？ ……石井有実子　51

Q13 各社からいろいろなセルソーターが発売されていますが，
どのような違い・特徴がありますか？ ……石井有実子　54

Q14 快適にフローサイトメーターを使い続けるために必要なことは何ですか？
メンテナンス機器保守契約には入った方がよいですか？ ……清永信之　56

Q15 フローサイトメーター・セルソーターはどのような部屋に設置すればよいのでしょうか？ ……清永信之　58

Q16 フローサイトメーター・セルソーターの起動時，シャットダウン時に
気をつけることはありますか？ ……二俣吉樹　60

Q17 一般的な光電子増倍管（PMT）による検出以外には
どのような方法がありますか？ ……戸村道夫，二村孝治　62

第3章　抗体，色素の特性・選び方に関するQ&A

Q18 まず，4カラーを使いこなすには，どうすればよいでしょうか？
分離のよい明るい蛍光色素の選択や，複数の蛍光色素を組合わせる際の
注意点を教えてください. ……田中　聡　66

Q19 細胞の蛍光標識方法には，どのような種類があるのでしょうか？ ……梅本英司　71

Q20 ポリクローナル抗体とモノクローナル抗体のどちらを使うべきでしょうか？
それぞれの長短所や注意点があれば教えてください. ……守屋大樹　74

Q21 カタログにある抗体の「CD分類」と，各種免疫細胞の識別に用いる抗体の
組合わせを教えてください. ……奥山洋美，戸村道夫　76

Q22 フローサイトメトリーに用いる蛍光色素と，
蛍光顕微鏡観察に用いる蛍光色素に使い分けはありますか？ ……梅本英司　78

Q23 ダイレクト色素（単一）とタンデム色素は何が違うのでしょうか？
長短所や注意点を教えてください. ……倉知　慎　81

Q24 市販抗体を購入する際に，気をつけるべきポイントを教えてください. ……倉知　慎　85

Q25 抗体の保存方法や使用期限について教えてください. ……佐藤幸夫　87

Q26 抗体の至適濃度（希釈倍率）の決め方，
染色の条件（細胞数，懸濁液量，温度）を教えてください. ……守屋大樹　89

Q27 抗体反応のネガコンとして「アイソタイプコントロール」を用いると聞きましたが，
それはなぜですか？ また，どのように選べばよいですか？ ……楠本　豊　92

Q28 できるだけ強くシグナルを検出するには，どのような方法がありますか？ ……阿部　淳　95

Q29 非標識抗体しか入手できません. 目的分子を検出するには
どのような方法がありますか? ……………………………………………… 池渕良洋　97

Q30 生きたまま細胞核, 細胞質, 細胞膜などを染色するのに適した色素には
どのようなものがありますか? 細胞周期の解析もできますか? ………… 永澤和道, 渡会浩志　100

Q31 死細胞を検出・除去するにはどうすればよいですか?
アポトーシスとネクローシスは分離できますか? ……………………………… 池渕良洋　103

Q32 細胞固定をしても死細胞と生細胞を区別できる色素があると聞きました.
原理と使い方を教えてください. …………………………………………………… 池渕良洋　106

Q33 市販されている蛍光色素標識抗体の全体像と特徴を教えてください. ……………… 戸村道夫　108

Q34 マルチカラー解析で蛍光色素を追加していくときの順番を教えてください. ……… 戸村道夫　114

Q35 マルチカラー解析のパネルを組む際のコツを教えてください. ……………………… 戸村道夫　118

第4章　サンプル調製（細胞調製と色素標識・抗体染色）に関するQ&A

Q36 血液, 培養細胞, 組織からの細胞調製では,
それぞれ何に気をつけるべきですか? …………………………………………… 石井有実子　124

Q37 腫瘍からの細胞調製と代表的な染色パネルについて
注意すべきことを教えてください. ………………………………………………… 上羽悟史　127

Q38 皮膚からの細胞分離方法と代表的な染色パネルを教えてください. …… 小野さち子, 本田哲也　130

Q39 腸管からの細胞分離と, 代表的な染色パネルを教えてください. …………………… 梅本英司　134

Q40 肺, 肝臓からのリンパ球分離方法を教えてください. ………………………………… 高村史記　138

Q41 リンパ球組成はマウスの系統間で異なりますか? また, マウスとヒトの
リンパ球解析で異なることと気をつけることを教えてください. ………………… 大津　真　142

Q42 ヒトの末梢血の解析をはじめて行います.
解析の概略と代表的な染色パネルを教えてください. …………………………… 大津　真　145

Q43 骨髄血を用いた白血病の診断と治療効果の解析に用いる,
代表的な染色パネルを教えてください. …………………………… 東　克巳, 方波見幸治　148

Q44 サンプルが得られたときに染色する時間, あるいは, 染色後にフローサイトメーターに
流す時間がありません. 後日, 実験する手段はありますか? ……………………… 池渕良洋　151

Q45 細胞の抗体染色に適したバッファー（FACSバッファー）の組成を教えてください. ……… 長坂安彦　153

Q46 抗体の非特異的反応性を抑えるには, どうすればよいでしょうか? ………………… 増田喬子　155

Q47 T細胞受容体をMHC＋ペプチド-マルチマーで検出したいと考えています.
特徴や染色の工夫を教えてください. ……………………………………………… 高村史記　157

Q48 サイトカイン産生細胞におけるサイトカイン検出の原理を教えてください.
また, 生きたままサイトカイン産生細胞を分離することはできますか? ………… 藤本華恵　160

Q49 細胞表面分子とともに，細胞内サイトカインや細胞核のタンパク質を染色したいです．
染色の順番や注意する点を教えてください． ……………………………藤本華恵 163

Q50 細胞内シグナリング（リン酸化タンパク質）の検出は
どうすればできますか？ ……………………………宮内浩典，久保允人 166

Q51 CFSEなどの細胞標識蛍光色素を用いて細胞増殖活性を測定したいと考えています．
染色法および解析のコツを教えてください． ……………………………倉知 慎 169

Q52 細胞増殖している細胞としていない細胞は，区別することはできますか？…永澤和道，渡会浩志 172

Q53 フローサイトメトリーでは，どのようにコントロール（ネガティブならびにポジティブ）を
とればよいでしょうか？ ……………………………四ノ宮隆師 175

Q54 細胞の絶対数を測定できますか？
内部スタンダードのビーズが必要になるのはどのようなときですか？ ……………………………上羽悟史 177

第5章　測定・リアルタイム解析に関するQ&A

Q55 4カラーのフローサイトメーターを用いてはじめて測定します．
何に気をつけるべきですか？ ……………………………田中 聡 182

Q56 ネガティブシグナルの検出器電圧設定で注意する点はどこですか？
一番感度がよいところに設定するにはどうしたらよいですか？ ……………………………田中 聡 185

Q57 測定時には，最低限どのようなゲーティングがあるとよいでしょうか？ ……………………………阿部 淳 187

Q58 細胞は何個/秒の速度まで流せますか？　最適な細胞濃度はどのくらいですか？……石井有実子 190

Q59 磁気細胞分離法やpre-depletionとは何ですか？
どのようなときに必要ですか？ ……………………………高村史記 192

Q60 解析したい細胞の頻度がとても低く，ゲーティングした一部の細胞のデータだけを
取得したいです．どうすればよいでしょうか？ ……………………………小西祥代 195

Q61 少ない細胞のサンプルからできるだけ多くのデータをとりたいのですが，
よい方法はありますか？ ……………………………齋藤 滋 197

Q62 蛍光標識抗体で染色したはずが，シグナルが検出されない場合や，条件設定のときに
比べて弱いシグナルしか検出できない場合，どのような原因が考えられますか？ ……………………………阿部 淳 199

Q63 サンプルの流れが悪く，イベントレートが安定しないときがあります．
流れを安定させる方法はありますか？ ……………………………小西祥代 202

Q64 途中で凝集塊やエアを吸ってしまいました．次のサンプルの測定前に
するべきことは何でしょうか？　データは使用できますか？ ……………………………角 英樹 204

第6章　セルソーティングに関するQ&A

Q65 細胞をはじめてソーティングするときに，気をつけるべきポイントはありますか？……藤本華恵 208

Q66 ドロップディレイ（Drop Delay）とは何ですか？
どのように設定すればよいでしょうか？ ·····································増田喬子 211

Q67 各メーカーでいろいろなソーティングモードがあります.
どれを選べばよいでしょうか？ ·····································石井有実子 214

Q68 リンパ球に比べてサイズがとても大きな細胞をソーティングする予定です.
ノズル径，シース圧はどのような設定が適していますか？ ·····································増田喬子 216

Q69 ソーティング中，頻繁に詰まってしまい，ストリーム，ドロップが
なかなか安定しません. 解決方法はありますか？ ·····································藤本華恵 218

Q70 ソーティングした細胞を回収するときによい方法やコツはありますか？ ·····································藤本華恵 220

Q71 ソーティングしたい細胞の割合が非常に低く，ソートに長時間かかってしまいます.
よい解決法はありませんか？ ·····································藤本華恵 222

Q72 直接プレートにソーティングする「シングルセルソーティング」はどのようなことが
できますか？ また気をつける点はありますか？ ·····································藤本華恵 223

Q73 ソーティング中にエアーを吸ってドロップレット形状が崩れ，
ストリームが乱れてしまいました. どうすればよいですか？ ·····································齊藤政宏 225

Q74 ソーティングによる細胞へのダメージをなるべく少なくしたいです.
どのような設定，工夫をすればよいでしょうか？ ·····································石井有実子 227

第7章　データ解析・管理, 論文執筆に関するQ&A

Q75 FlowJoの基本機能とあまり知られていない便利な使い方を教えてください. ·····································中根優子 230

Q76 細胞のゲーティングの基礎を教えてください. ·····································田中　聡 233

Q77 データの各パラメーターに表示されている「−A」「−H」「−W」は，
どのような意味ですか？ データ解析ではどのように扱えばよいですか？ ·····································田中　聡 237

Q78 ゲーティングの過程で死細胞や凝集細胞をゲートアウトできる原理がわかりません.
なぜそのようなことができるのでしょうか？ ·····································田中　聡 239

Q79 自家蛍光の高い細胞が目的の細胞に重なってしまい困っています.
自家蛍光の高い細胞をゲートアウトすることはできますか？ ·····································結城啓介 242

Q80 腫瘍細胞や組織細胞からリンパ球をゲーティングするコツを教えてください. ·····································嘉陽啓之 244

Q81 コンペンセーション（蛍光補正）をどの程度かけるべきかがわかりません.
また，注意すべきことは何ですか？ ·····································菅原ゆうこ 247

Q82 解析したい細胞の頻度が0.1％以下ととても低く苦労しています.
よいデータ解析法，表示法はありますか？ ·····································山口　亮 250

Q83 2つのポピュレーションがはっきりと区別できず困っています.
どのようにゲーティングすればよいでしょうか？ ·····································田中　聡 252

CONTENTS

Q84 蛍光色素数が多いデータを解析していますが，検出しているシグナルが目的のシグナルか，他の蛍光色素からの漏れ込みによるものか判別できません．どうすればよいでしょうか？ ――――田中 聡 254

Q85 MFI（平均蛍光強度）はどのようなときに使いますか？ ――――日野和義，小川恵津子 257

Q86 二次元プロットには複数の表示形式がありますが，論文への掲載にはどれが適切ですか？また，Biexponential とは何ですか？ ――――田中 聡 259

Q87 フローサイトメトリーの細胞ゲーティングや，統計計算したデータは，どのように表記して，論文投稿すればよいですか？ ――――戸村道夫 262

Q88 実験ノートにはどのような情報を記載したらよいですか？またデータの管理はどうすればよいですか？ ――――安田 剛 264

第8章 非リンパ球・非モデル生物細胞への適用に関するQ&A

Q89 リンパ組織のストローマ細胞はどのように調製すればよいでしょうか？ ――――片貝智哉 268

Q90 神経細胞の解析と，臨床用のソーティングについて教えてください． ――――土井大輔，高橋 淳 272

Q91 肝臓幹細胞・前駆細胞のフローサイトメトリー解析と，ソーティングについて教えてください． ――――紙谷聡英 275

Q92 遺伝子導入した iPS 細胞を分離したいと考えています．どういう点に注意すればよいでしょうか？ ――――南川淳隆，金子 新 278

Q93 ウイルスに感染したサルのリンパ球の解析を行いたいのですが，その際の工夫と注意点を教えてください． ――――山本浩之 280

Q94 マウス，ヒト，サル以外の哺乳動物や鳥類のリンパ球の解析をしたいのですが，どのような解析が可能でしょうか？ ――――岡川朋弘 284

Q95 魚類（サケ・マス類，マグロ類，ゼブラフィッシュやメダカなど）から調製した細胞のフローサイトメトリー解析やソーティングは可能でしょうか？ ――――林 誠，市田健介，吉崎悟朗 288

Q96 非リンパ球，魚類胚由来の細胞など，とてもダメージに弱いデリケートな細胞をダメージレスセルソーターでソーティングしたいと考えています．メリット・デメリット，ソーティングの実際を教えてください． ――――斎藤大樹，後藤理恵 291

Q97 病原体を含む細菌をフローサイトメトリーによって解析・ソーティングすることは可能でしょうか？ また，注意点は何ですか？ ――――細見晃司，國澤 純 295

Q98 土壌細菌や昆虫の腸内細菌の解析とソーティングについて教えてください． ――――新谷政己 298

Q99 微細藻類の解析とソーティングについて教えてください． ――――河地正伸 301

Q100 植物分野ではどのような解析が行われていますか？ ――――板井章浩 305

◆ **索引** 308

執筆者一覧

◆編 集

戸村道夫 　大阪大谷大学薬学部免疫学講座

◆執筆者

阿部 淳 　ベルン大学 Theodor Kocher Institute

池渕良洋 　大阪大谷大学薬学部免疫学講座

石井有実子 　東京大学医科学研究所幹細胞治療研究センター FACS コアラボラトリー

板井章浩 　京都府立大学大学院生命環境科学研究科資源植物学

市田健介 　東京海洋大学大学院海洋科学技術研究科応用生命科学専攻

上羽悟史 　東京大学大学院医学系研究科分子予防医学教室

梅本英司 　大阪大学大学院医学系研究科免疫制御学

大津 真 　東京大学医科学研究所幹細胞治療研究センター幹細胞プロセシング分野

岡川朋弘 　北海道大学大学院獣医学研究院感染症学教室

小川恵津子 　日本ベクトン・ディッキンソン株式会社バイオサイエンス

奥山洋美 　大阪大谷大学薬学部免疫学講座

小野さち子 　京都大学大学院医学研究科皮膚科学

片貝智哉 　新潟大学大学院医歯学総合研究科免疫・医動物学分野

方波見幸治 　ベックマン・コールター株式会社ライフサイエンス事業部マーケティング本部

金山直樹 　岡山大学大学院自然科学研究科細胞機能設計学

金子 新 　京都大学 iPS 細胞研究所増殖分化機構研究部門

紙谷聡英 　東海大学医学部基礎医学系分子生命科学

嘉陽啓之 　日本ベクトン・ディッキンソン株式会社バイオサイエンス

河地正伸 　国立環境研究所生物・生態系環境研究センター生物多性資源保全研究推進室

清永信之 　日本ベクトン・ディッキンソン株式会社バイオサイエンス

楠本 豊 　大阪大谷大学薬学部免疫学講座

國澤 純 　医薬基盤・健康・栄養研究所ワクチンマテリアルプロジェクト／東京大学医科学研究所国際粘膜ワクチン開発研究センター粘膜ワクチン学分野／大阪大学大学院医学系研究科病態制御基礎医学講座・薬学研究科ワクチン材料学分野／歯学研究科次世代口腔医療創薬開発科学連携分野／神戸大学大学院医学研究科感染・免疫学分野

久保允人 　理化学研究所統合生命医科学研究センターサイトカイン制御研究チーム／東京理科大学生命医科学研究所分子病態学研究部門／東京理科大学生命医科学研究所ヒト疾患モデル研究センター

倉知 慎 　ペンシルベニア大学医学部微生物学部門

後藤理恵 　愛媛大学南予水産研究センター生命科学研究部門

小西祥代 　ベックマン・コールター株式会社ライフサイエンス事業部マーケティング本部

齋藤 滋 　ベックマン・コールター株式会社ライフサイエンス事業部マーケティング本部

斎藤大樹 　愛媛大学南予水産研究センター生命科学研究部門

齊藤政宏 　ソニー IP ＆ S 株式会社メディカルビジネスグループ第 2BU

佐藤幸夫 　日本ベクトン・ディッキンソン株式会社バイオサイエンス

四ノ宮隆師 　日本ベクトン・ディッキンソン株式会社バイオサイエンス

新谷政己 　静岡大学大学院総合科学技術研究科工学専攻

菅原ゆうこ 　日本ベクトン・ディッキンソン株式会社バイオサイエンス

角 英樹 　ベックマン・コールター株式会社ライフサイエンス事業部マーケティング本部

高橋 淳 　京都大学 iPS 細胞研究所臨床応用研究部門

高村史記 　近畿大学医学部免疫学教室

田中 聡 　日本ベクトン・ディッキンソン株式会社バイオサイエンス

土井大輔 　京都大学 iPS 細胞研究所臨床応用研究部門

戸村道夫 　大阪大谷大学薬学部免疫学講座

長坂安彦 　ベックマン・コールター株式会社ライフサイエンス事業部マーケティング本部

永澤和道 　東京大学医科学研究所幹細胞セロミクス分野

中根優子 　トミーデジタルバイオロジー株式会社アライアンストプロダクト

林 誠 　筑波大学生命領域学際研究センター

東 克巳 　杏林大学大学院保健学研究科

日野和義 　日本ベクトン・ディッキンソン株式会社バイオサイエンス

藤本華恵 　BioLegend Japan 株式会社

二俣吉樹 　日本ベクトン・ディッキンソン株式会社バイオサイエンス

二村孝治 　ソニー IP ＆ S 株式会社メディカルビジネスグループ第 2BU

細見晃司 　医薬基盤・健康・栄養研究所ワクチンマテリアルプロジェクト

本田哲也 　京都大学大学院医学研究科皮膚科学

増田喬子 　京都大学ウイルス・再生医科学研究所再生免疫学分野

南川淳隆 　京都大学 iPS 細胞研究所増殖分化機構研究部門

宮内浩典 　理化学研究所統合生命医科学研究センターサイトカイン制御研究チーム

守屋大樹 　大阪大谷大学薬学部免疫学講座

安田 剛 　日本ベクトン・ディッキンソン株式会社バイオサイエンス

山口 亮 　日本ベクトン・ディッキンソン株式会社バイオサイエンス

山本浩之 　国立感染症研究所エイズ研究センター

結城啓介 　日本ベクトン・ディッキンソン株式会社バイオサイエンス

吉崎悟朗 　東京海洋大学大学院海洋科学技術研究科応用生命科学専攻

渡会浩志 　東京大学医科学研究所幹細胞セロミクス分野

概論

これからフローサイトメトリーをはじめる方のための，基本と解析の全体像

　Q1 〜 Q100 は，基礎から応用まで順次進める形で構成している．しかし，実践的，現場での使用という視点で Q を設定したことで，フローサイトメトリーをこれから使いはじめる方には各 A を読んだだけではイメージがわかず難しいと感じることもあると思う．また，自分を省みても，今まできちんとデータを出してきた経験者でも実はよく理解していなかったということもよくあることと思う．

　本稿では，用語，抗体の構造などの教科書的な知識とともに，細胞表面タンパク質分子の解析を例にとり，蛍光標識抗体での染色，データ取得，解析結果の読み方の基礎をイラストで図説し，関連する Q を引用した．フローサイトメトリー解析の全体像のイメージを把握して効率的に Q1 〜 Q100 を使って欲しい．

フローサイトメトリー，フローサイトメーター，FACS，セルソーター？

　フローサイトメトリー（flow cytometry：FCM）法は，当初，免疫細胞の解析法として開発されてきたことから，細胞を意味する"cyto"が入っています．しかし，細胞にかかわらず粒子を水流にのせて流し，一つひとつの粒子の蛍光を検出して解析できます（**Q1**）．そして，検出する装置をフローサイトメーターとよびます．上記のように，フローサイトメトリーは方法論，フローサイトメーターはその解析装置を示す単語ですが意識せず混在して使用され，さらに FCM 法，FCM で解析した，のようにも略されて使われています．

　また，フローサイトメーターに目的の細胞を分離する装置を組合わせた装置が，蛍光標示式細胞分取器（fluorescence-activated cell sorting：FACS）です（**Q2**）．このように FACS は細胞を分取する装置ですが，慣例的には解析のみのフローサイトメーターも FACS とよばれ，フローサイトメーターで解析する場合も"ファックスで解析する．"と使用されています．

一方，細胞を分取できる装置は，"セルソーター"，あるいは単に"ソーター"ともよばれています．

抗体の構造

　フローサイトメトリー解析では，細胞表面タンパク質分子に対して，特異的に結合する蛍光標識抗体を使用します．そこで，最初に抗体の基本について理解しましょう．抗体の構造の詳細を図 1 に示します．抗体はポリクローナル抗体とモノクローナル抗体に分けられます（**Q20**）．また，抗体にはイムノグロブリン G（Immunoglobulin G：IgG），IgM，IgA，IgE などのサブクラスが存在しますが，ここでは蛍光標識抗体で一番よく使用されている IgG を例に説明します．抗体は H 鎖（heavy chain，重鎖）と L 鎖（light chain，軽鎖），各 2 本がジスルフィド（S-S）結合でつながれて構成されています．そして，抗原結合部位を含む Fab（fragment of antigen binding）領域と，結晶化しやすいことから名付けられた Fc（fragment of crystallizable）領域に分けられます（タンパク質分解酵素のパパインで抗体を処理し Fab 領域と Fc 領

域の性質が解析されました）．また，IgGは抗原結合部位を含む可変領域と，結合する抗原にかかわらず同一個体中の同一サブクラスでは構造が1種類の定常領域に分けられます．Fc領域は細胞上のFc受容体に結合することで，IgGやIgMでは抗体依存性細胞媒介性細胞傷害（antibody-dependent cell-mediated cytotoxicity：ADCC）や貪食の促進，IgEは脱顆粒誘導など生理的な役割を果たしています．しかし，抗体染色においてFc受容体発現細胞では，使用する抗体が目的分子に結合するだけでなく，Fc受容体に結合してしまうことを理解して，その対処法を知っておくことが重要です（**Q46**）．抗体はFabよりもFcの方が長く描かれることもありますが，FabとFcはほぼ同じ長さです（IgMではFc部分が長くなります）．

蛍光標識抗体による細胞の染色

　異なる波長の蛍光色素を各種の抗体に結合させることで，1つの細胞上の多数の分子を検出することが可能です（**Q18, 33**）．蛍光物質の色について，励起光の波長よりも蛍光波長の方が長いことや，虹の色の順番を覚えておくことはフローサイトメトリー解析を進めていくうえでとても役に立ちます（**Q5**）．図2では，緑色の色素FITCで標識したFITCラット抗マウスCD4抗体と，赤色の色素PEで標識した，PEラット抗マウスCD8抗体を用いた解析を模式的にあらわしています．これらの抗体は，ラットで作製した抗体で，マウスのCD4あるいはCD8分子に結合します．参考ですが，例えば，FITCラット抗マウスCD4抗体を，本当はおかしいのですが略して"FITC-CD4抗体"などと，ラボ内の会話では使用されています．胸腺細胞と，上記の標識抗体を混合すると，それぞれ，細胞表面のCD4あるいはCD8分子に結合します（図2）．抗原抗体反応が1対1の鍵と鍵穴の関係をわかりやすく示すには，▲や●の分子に，抗体のYやYのまたの部分で結合している図2A, Bのような表記も見かけますが，抗体の結合部位はFabの末端であり，IgGの抗原結合部位は2つあること（図1，図2D）を理解しておきましょう．また，図2では抗体，分子とも1つずつが描かれていますが，実際に

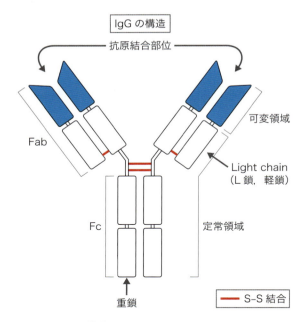

図1　IgGの構造

は多数の分子に対して多数の抗体が結合しています（後述）．

　蛍光標識抗体で染色した細胞浮遊液（図2A）を，フローサイトメトリー法で解析すると，図2Cのような FITC の蛍光強度を横軸，PE の蛍光強度を縦軸にとったドットプロットが得られます．1個の点が1個の細胞です．この内訳は，図2B, Dに示すように，FITC抗CD4抗体だけ結合した細胞はドットプロットの右下，PE抗CD8抗体だけ結合した細胞はドットプロットの左上，両方の抗体が結合した細胞は右上，いずれの抗体も結合しない細胞は左下に表示されます．

各細胞の蛍光の検出

　次にフローサイトメーターで，蛍光標識抗体で染色した細胞の蛍光を取得する過程の概要を理解しましょう．フローサイトメーターは，細胞の懸濁液を流して，順番に一つひとつの細胞にレーザーを当てて，出てきた蛍光を光学的に分離し（図3A，**Q2, 6**），各色を光電子増倍管（photomultiplier tube：PMT）で検出し，細胞1個1個の蛍光情報を記録，表示します．

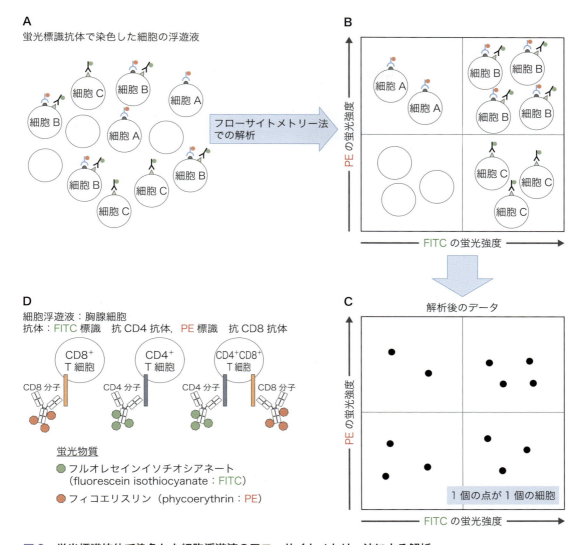

図2 蛍光標識抗体で染色した細胞浮遊液のフローサイトメトリー法による解析

　標識抗体で染色したサンプルにレーザーが当たると，散乱光や蛍光が生じます．前方散乱光（forward scatter：FSC）で細胞の大きさ，側方散乱光（side scatter：SSC）で内部構造の複雑さを検出します（図3B）．例えば，末梢血を解析したデータを，前方散乱光と側方散乱光を軸にとりドットプロットすることで，リンパ球，単球，顆粒球などの各細胞サブセットに分けられます（図3C）．実際の解析ではこれらゲートした細胞をさらに解析していきます．

　図3Aでは，4種類の蛍光標識抗体を結合した細胞を青色（488 nm）と赤色（635 nm）のレーザーで励起し，4色の蛍光を検出しています．この蛍光の検出には，側方散乱光（図3B）が用いられます．光学的に蛍光を分離しますが，蛍光波長には波長の幅があり（**Q5**），互いの検出器に漏れ込むため補正（コンペンセーション）が必要です．コンペンセーションはフローサイトメトリー解析において大切な概念ですので，たくさんのQ（**Q2，3，7，81**など）で触れられています．しっかりと理解しましょう．

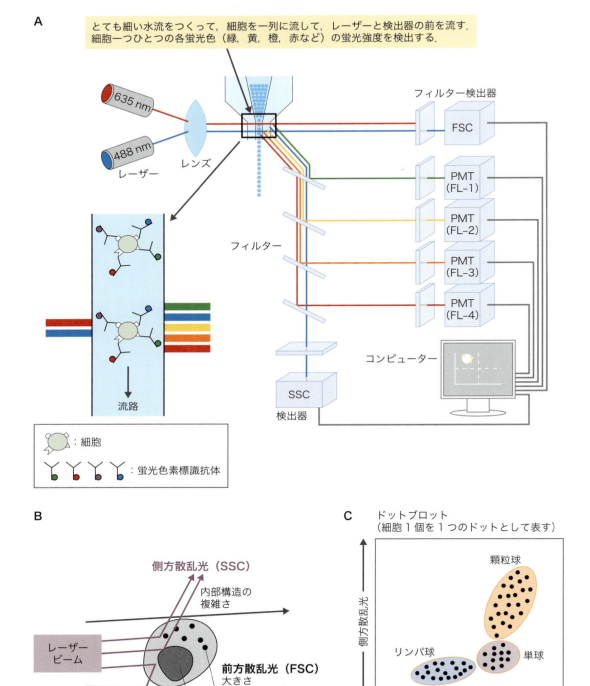

図3 フローサイトメーターによる蛍光の検出と表示
A）フローサイトメトリーの蛍光検出の原理．B）細胞にレーザーを当てたときに得られる前方散乱光と側方散乱光．C）末梢血の解析例．データを前方散乱光（細胞の大きさ）と側方散乱光（細胞の内部構造）を軸にとって展開することで，リンパ球，単球，顆粒球に分けられる．

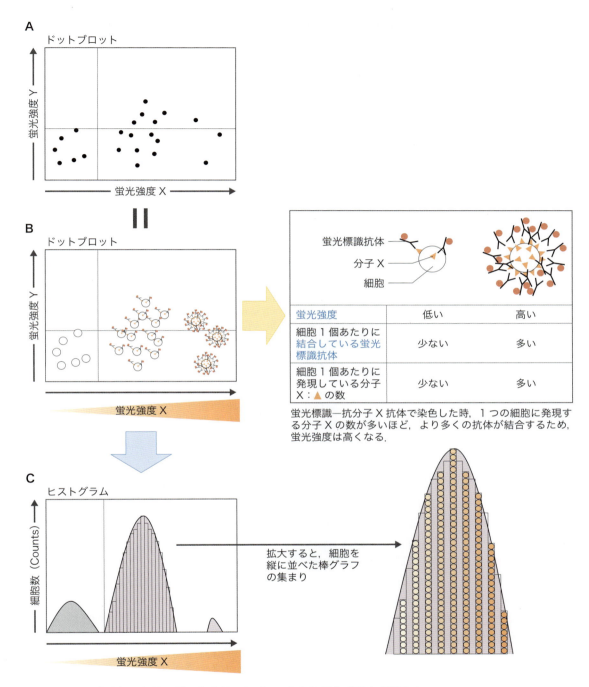

図4 フローサイトメトリーデータのドットプロットとヒストグラムの読み方
A，B，Cの横軸：分子X（▲）に結合した蛍光標識抗体から発せられた蛍光の強度．A，Bの縦軸：分子Yに結合した蛍光標識抗体から発せられた蛍光の強度．

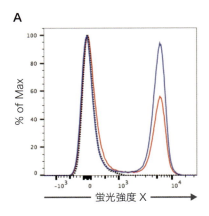 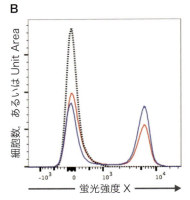

図5 ヒストグラムの縦軸のとり方による，複数データのオーバーレイでの表示・印象の違い

FlowJo での表示の変更方法：レイアウトエディター画面に，オーバーレイしたヒストグラムプロットをダブルクリックして設定画面（Graph definition）を開き，Specify が表示されていることを確認する．**A**）% of Max の表示方法：初期設定では，Y Axis は，Auto になっており，**A** の形で表示されている（FlowJo10 では count と表示）．Y Axis で"modal"を選ぶと，プロットの形は変化しないまま縦軸が **A** に示すように最大 100 となり，縦軸は"Normalized To Mode"と表示される．**B**）細胞数を合わせた表示方法：Y Axis で"Unit Area"を選ぶと **B** の表示となる．以前は手動で表示される細胞数を統一していたが，FlowJo10 では Unit Area（表示される面積が同じ＝細胞数が同じ）で自動的に表示してくれる．**A**，**B** の横軸：分子 X（▲）に結合した蛍光標識抗体から発せられた蛍光の強度．

表示されるデータの読み方

フローサイトメトリーのデータは，ドットプロットやヒストグラムなどのサイトグラムで表示されます（図4A，C）．ドットプロットでは，1つの点が1つの細胞で，上あるいは右に行くほど，細胞1個あたりの蛍光強度が高いことを示しています．また，ドットプロット以外にも，細胞密度に相関して色を変えるデンシティ（シュードカラー）プロット，等高線で示すコンタープロットなどでも示されます（Q86）．図4B 右に示すように，「蛍光強度が高い＝標識抗体が1つの細胞にたくさん結合している＝細胞にたくさんの分子が発現している」を意味しています（ここでは自家蛍光や細胞の大きさは無視しています）．

図4B のドットプロットと同じデータを，分子 X：▲の蛍光強度を横軸にとってヒストグラムを描きます（図4C）．すると，ドットプロットの分子 Y の情報は描かれなくなりますが，その分，横軸に示す各蛍光強度をもつ細胞の数が縦軸に示されます．わかりやすくするためにピークを拡大して模式的に示すと，ピークは縦に細胞を積み重ねた棒グラフの集まりとして表現されます（図4C）．

図4C では，ヒストグラムの縦軸を，"細胞数"でとりましたが，データのピークを 100％として，縦軸を"% of Max"とする表示もよく用いられます（図5A）．図5A と B は同じデータを前述の2つの方法で示しています．見てわかるように，複数のデータのオーバーレイでは縦軸のとり方で印象はかなり変わるので注意します．

縦軸を"細胞数"として，複数のデータをオーバーレイ表示する場合，表示する各群の全細胞数は統一します．この場合，陽性細胞のピークがあれば，その分陰性細胞のピークは下がります（図5B）．一方，"% of Max"では，各データのピークを最大値で合わせるため，陰性細胞のピークを合わせた分，陽性細胞のピークも高くなります（図5A）．どちらの方が伝えたいことを示すのに適切か考えてヒストグラムを作成するとともに，論文のデータを読むときも注意しましょう．表示の変更方法は図5 の説明文を参照してください．

（戸村道夫）

第1章

フローサイトメトリー解析をする前に知っておきたいこと

第 1 章 フローサイトメトリー解析をする前に知っておきたいこと

Q1 フローサイトメトリー解析とは，何を見るための実験手法でしょうか？何ができるのでしょうか？

関連するQ→概論, Q10, 21, 30, 31, 48～50, 52, 89～100

A フローサイトメトリー解析とは，シングルセルレベルで，高速かつ大量に，細胞の相対的な大きさ，内部構造の複雑さ，表現型，細胞機能などを解析するための実験手法です．フローサイトメトリーに用いる機器をフローサイトメーターとよび，解析を行うアナライザーと，解析結果に基づき目的細胞を分取する機能を有するソーターに大別されます．

フローサイトメトリーを使って解析できること

フローサイトメトリー解析とは，動物細胞，微生物，原生動物などにおける個々の細胞の複数のパラメーターを，高速かつ高感度に解析するための実験手法を指します．技術が確立されて以来50年以上にもわたり，免疫学，血液学，分子生物学，細胞生物学，植物学，海洋生物学など，幅広い多くの研究分野で活用され，それらの発展に長く貢献してきました[1)～3)]．

フローサイトメトリーで測定されるサンプルは，主にあらかじめ蛍光色素によって標識された細胞が対象になります．フローサイトメトリーでは，それらの細胞を高速に流しつつ，レーザー光を照射して，細胞一つひとつから得られる蛍光強度を検出します．すなわち，細胞のどういった要素を蛍光標識するかによって，フローサイトメトリーで得られる情報が変わります．一方，蛍光標識をせずとも，細胞にレーザー光を照射するだけで得られる情報もあります．1つは前方散乱光（forward scatter：FSC）とよばれるもので，主に細胞の大きさの情報を含んでいます．もう1つは側方散乱光（side scatter：SSC）とよばれ，細胞質内の顆粒など，内部構造の複雑さに基づいた情報を含んでいます（概論）．フローサイトメトリーは，これらの散乱光と蛍光から，細胞の相対的な大きさ，内部構造の複雑さ，表現型，細胞機能などを解析する手法です．

最も一般的な蛍光標識対象は，細胞表面抗原です．細胞表面には糖タンパク質などから構成されているさまざまな分子が発現しており，この違いを見分けることで，細胞の種類を同定したり，活性化状態を把握したりすることが可能です．その目印として一般的に用いられているのが細胞表面抗原であり，CD（cluster of differentiation）分類として，2017年5月の時点で371種類がHCDM（Human Cell Differentiation Molecules）により定められています（**Q21**）[4)]．

細胞の内部に目を向けると，DNAが主な標識対象の1つであり，細胞生存率，細胞周期，アポトーシスなどが解析可能です．一例として，死細胞では細胞膜が損傷し，細胞代謝の低下がみられるため，核染色蛍光色素が細胞内に浸透し，DNAの二重らせん分子にインターカレートすることでDNAに結合します．

一方，生細胞は細胞膜の損傷がなく，代謝が活発なので，染色されません．こうした違いを利用して，細胞生存率を解析することができます．細胞周期解析は，主に膜透過処理を施した細胞に核染色を行い，細胞周期に伴う DNA 量の変化を蛍光強度の変化として捉えることで，G_0/G_1 期，S 期，G_2/M 期の各期を求める手法です（**Q30**）．アポトーシス解析では，アポトーシスの初期段階と後期段階を，それぞれ細胞膜染色と DNA 染色で見分けます（**Q31**）．近年では，RNA を標識できる蛍光標識試薬も発売されており，シングルセルレベルでの遺伝子発現などが検出できます．これは，FISH（fluorescence *in situ* hybridization）法を応用させたもので，フローサイトメトリーで用いることから，Flow-FISH 法とよばれます．Flow-FISH 法のその他のアプリケーションとしては，テロメアを検出するものがあります．

　細胞内のタンパク質に注目すると，転写因子，サイトカイン，シグナル伝達分子などをフローサイトメトリーによって解析することが可能です（**Q48～50**）．DNA/RNA を蛍光標識対象とした場合と同様に，細胞の固定と膜透過処理を施すことにより細胞内への試薬のアクセスを確保し，目的のタンパク質を蛍光標識しますが，おのおのの解析に適した調製方法が必要になります．例えば，細胞内サイトカイン解析では，通常産生されるとすぐに細胞外に分泌されるサイトカインを，細胞内タンパク質輸送阻害剤を用いることでその分泌を阻害し，細胞内に蓄積させたうえで固定と膜透過処理を行います．これらの解析は，適切な蛍光標識試薬を選択することで，細胞表面マーカーと同時に解析ができるため，細胞集団の同定と，細胞機能やシグナル伝達の情報を，シングルセルレベルで一度に得ることができます．

　ここまでは蛍光標識試薬を用いた説明になりましたが，蛍光標識試薬を用いるだけでなく，目的の対象に蛍光タンパク質を発現させることでもフローサイトメトリー解析が行えます．GFP（green fluorescence protein）をはじめとして，さまざまな蛍光タンパク質が利用されており，単に特定の遺伝子のプロモーターに制御される形で細胞導入し，遺伝子発現を確認するだけでなく，FRET（fluorescence resonance energy transfer）というしくみを利用することで，それぞれのタンパク質の局在を観察することや，タンパク質の分子間相互作用の解析や定量化が可能になっています[5]～[17]．さらに，細胞周期に応じた蛍光タンパク質を発現する Fucci（fluorescent ubiquitination based cell cycle indicator）を利用した細胞周期の解析（**Q52**），Kaede とよばれる光変換蛍光タンパク質を用いた免疫細胞動態の可視化といった応用例もあります[18]．蛍光タンパク質も，適切に選択することで蛍光標識試薬と併用することが可能ですので，例えば後者の例ですと，複雑で多種多様な免疫細胞を詳細に同定しつつ，その細胞の動態を蛍光タンパク質で追う，といった応用が可能です．

アナライザーとソーターの違いと最新機器の特長

　フローサイトメトリーを行うための機器であるフローサイトメーターは，アナライザーとソーターの 2 つに大別できます．解析に特化した機器をアナライザー，解析後に分取する機器をソーターとよびます（**Q10**）．蛍光標識試薬と機器のたゆまぬ発展により，最新のアナライザーは，同時に解析可能なパラメーター数が近年顕著に増加しており，50 パラメーターが一度に解析可能な機器も発売されています．もともとフローサイトメトリーは，免疫学の発展に非常に大きな貢献をしてきた手法ですが，最近はがん免疫領域の盛り上がりによって，より詳細な免疫細胞の同定に加え，活性化状態やチェックポイント分子の発現を解析したいというニーズが高まっていることが，マルチパラメーター化を推し進めている一因であるといえます．最新のソーターでは，51 ものパラメーターを毎秒 70,000 細胞という高速でリアルタイムに分取することができるハイエンドソーターや，誰でも簡単にセットアップが可能なソーター，流路交換型でサンプル間のコンタミネーションを低減するソーター，細胞ダメージを低減するソーターなど，多様な分取方法が提案されていますので，実験目的に合わせて適切な機器を選ぶことで，分取後にさまざまな実験が可能です．1 つの細胞から包括的な情報を得るために，ソーティング後の遺伝子解析もさかんに行われています．

　ここで紹介した内容は，概論的で部分的な情報に過

ぎませんが，フローサイトメトリーを用いて，細胞のさまざまな情報を得られることを感じていただけたかと思います[19]．また，フローサイトメトリーでは，免疫細胞をはじめとした動物の体細胞以外にも，微粒子，海洋生物，細菌，酵母，精子などの解析が可能です（**Q89〜100**）．詳細は，後のQ＆Aをご確認ください．

文献・ウェブサイト

1）Roederer M：Curr Protoc Immunol, Chapter 5：Unit 5.8, 2002
2）De Rosa SC, et al：Nat Med, 9：112-117, 2003
3）Perfetto SP, et al：Nat Rev Immunol, 4：648-655, 2004
4）HCDM（http://www.hcdm.org/index.php）
5）Lippincott-Schwartz J & Patterson GH：Science, 300：87-91, 2003
6）Chapman S, et al：Curr Opin Plant Biol, 8：565-573, 2005
7）Shaner NC, et al：Nat Methods, 2：905-909, 2005
8）Müller-Taubenberger A & Anderson KI：Appl Microbiol Biotechnol, 77：1-12, 2007
9）Wang Y, et al：Annu Rev Biomed Eng, 10：1-38, 2008
10）Day RN & Davidson MW：Chem Soc Rev, 38：2887-2921, 2009
11）Nowotschin S, et al：Trends Biotechnol, 27：266-276, 2009
12）Wiedenmann J, et al：IUBMB Life, 61：1029-1042, 2009
13）Kremers GJ, et al：J Cell Sci, 124：157-160, 2011
14）Miyawaki A, et al：Nature, 388：882-887, 1997
15）Itoh RE, et al：Mol Cell Biol, 22：6582-6591, 2002
16）Giepmans BN, et al：Science, 312：217-224, 2006
17）McCombs JE & Palmer AE：Methods, 46：152-159, 2008
18）Tomura M, et al：Proc Natl Acad Sci U S A, 105：10871-10876, 2008
19）『実験医学別冊 新版 フローサイトメトリーもっと幅広く使いこなせる！』（中内啓光／監，清田　純／編），羊土社，2016

（二村孝治）

関連するQ→概論，Q3~7，9，55，76，81

Q2 フローサイトメトリーではどのような原理で細胞を解析するのでしょうか？

 特定の標的を蛍光標識しておいた細胞集団を，流体の流れを利用して一列に整列させ，順にレーザー光を照射して個々の細胞の散乱光や蛍光を定量し，それらの強度に基づいて細胞集団を分類して目的の集団を分取します．

フローサイトメーターの構成

　フローサイトメーターには，解析のみを目的としたアナライザーと，解析結果に基づいて目的細胞を分取するセルソーターに大きく分けられます．アナライザーは，細胞を一列に並べるフロー系，個々の細胞を光学的に検出する測定系から構成され，セルソーターにはさらに目的細胞のみを分取するソーティング系が装備されています（図）[1]．

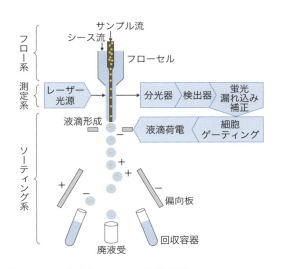

図　フローサイトメーターの概略図

解析するサンプルは細胞懸濁液

　フローサイトメトリーでは，水流に細胞を流して解析することから，解析サンプルは細胞懸濁液であることが必須です．血球系の浮遊性細胞はそのまま解析できますが，接着性の細胞は，細胞の接着性を除去あるいは低減させる処理が必要で，解析操作中も細胞塊を形成しないように注意する必要があります（**Q9，55**）．

解析する細胞サンプルを蛍光標識する

　細胞にレーザー光を照射して得られる散乱光や自家蛍光にも細胞の構造や成分に関する情報が含まれます．一般的には特定の生体成分の細胞表面あるいは細胞内での存在量を定量することが多く，その生体成分を特異的かつ定量的に検出するために蛍光標識を用います．標的の生体成分に結合する蛍光色素や，蛍光色素を結合させた標的特異的抗体がよく用いられます（**概論**）．細胞における複数の標的の存在量を解析したい場合は，それぞれの標的特異的な抗体に異なる蛍光スペクトルをもつ蛍光色素を割り当て，細胞が発する蛍光を各色素の最大蛍光波長付近の波長域ごとに分解（分光）して検出器で定量します（**Q6**）．特に多数の

標的を解析する場合には，標的の発現量，抗体の親和性，蛍光色素の蛍光波長と蛍光強度を考慮して，選択する標的，抗体と蛍光色素の割り当てを最適化する必要があります．

細胞を一列に並べる

フローサイトメトリーでは，細胞懸濁液中の細胞を高速の水流の中で一列に並べて流すことによって，個々の細胞の情報を1つずつ順に読み取っていきます．細胞を水流中で一列に並べるには，フローセルという部品の中での流体力学的絞り込み（hydrodynamic focusing）という原理を用います．フローセルにおいてシース（鞘）流とよばれる一定の流れの中央部分にシース流の圧力より少し弱い圧力でサンプル液を流すと，サンプル液の流れは非常に細い流れに絞り込まれ，結果としてサンプル液中の細胞が細い流路に一列に並んで連続的に流れていきます（図）．多くのフローサイトメーターのフローセルは，流体力学的絞り込みを採用していますが，マイクロキャピラリーを用いた装置や，音響絞り込み（acoustic focusing）とよばれる音波の節の部分に粒子を集積させる技術を採用した装置もあります[2]．

細胞からの光を分光する

フローセルを1つずつ通過していく細胞は，流路に直交するレーザー光に順に照射され，散乱光や蛍光が観察されます．散乱光のうち，前方散乱光（forward scatter：FSC）は細胞の大きさを，側方散乱光（side scatter：SSC）は細胞の内部構造の複雑さをそれぞれ反映します（概論　図3B）．レーザー光によって励起されて発生した各蛍光色素からの蛍光は，特定の波長以上または波長以下のみ反射するダイクロイック・ミラーと，特定の波長域のみを通過させる光学フィルターを組合わせることによって，各蛍光色素の蛍光波長域に分光され，それぞれ独立した検出器によって検出されます（概論　図3A，Q6）．

光学検出器からの信号の記録

高速でレーザー光束を通過する細胞から発生する微弱な蛍光を検出するために，光電子増倍管（photomultiplier tube：PMT）がよく用いられ，蛍光シグナル（光子）が電気信号（電子の流れ）に変換・増幅されます．PMTの検出感度を適正に調節することは，測定値のシグナルノイズ比やダイナミックレンジを大きく設定するうえで大切になります．電気信号はアナログ値ですので，コンピューターで解析可能なデジタル信号に変換され，個々の細胞ごとに測定した数値データとしてコンピューターに記録されます（概論図3A）．

蛍光漏れ込み補正

蛍光色素の発する蛍光スペクトルは，最大蛍光波長をピークとして特に長波長側に広がり，多くの場合，その色素に対応した検出器に加えて，検出波長域が隣接する検出器によっても検出されてしまいます（Q5~7）．言い換えると，各検出器で測定した蛍光は，細胞から発せられた全蛍光を特定の波長域に限定して検出したものであって，特定の蛍光色素の蛍光のみを検出したものではありません．このような検出器間の各蛍光色素からの蛍光の「漏れ込み」は，多数の蛍光色素のシグナルを同時に検出する場合には問題となるため，各蛍光色素についてそれぞれの検出器への漏れ込み量を測定し，漏れ込み分を差し引いて補正します（コンペンセーション，Q7，81）．この蛍光補正は古い機種ではアナログ電気回路で測定と同時に行っていましたが，最近のデジタルフローサイトメーターでは，デジタル信号として記録されたデータのデジタル演算で処理しており，測定時，測定後を問わず行えます．

細胞ゲーティングによる多次元データ解析

個々の細胞の散乱光および蛍光の強度は個々の細胞

ごとの多次元データとしてコンピューターに記録されます．多次元データを同時に見やすい形式で表示する方法はないことから，特定の2つのパラメーターで表示した二次元プロットから関心のある細胞集団のみを抽出し，別のパラメーターの二次元プロットやヒストグラムにデータを展開することをくり返すことで多次元データによる細胞集団の定義を行います．定義された細胞集団は，頻度や個々の集団ごとの特定のパラメーター値など（解析対象となっているタンパク質の発現など）を比較解析できます．このようにあるパラメーターの特定の値域の細胞群を抽出して別のパラメーターの分析を行うことを細胞ゲーティング（Q76）とよびます．

細胞の分取

　セルソーターでは液滴荷電方式の細胞分取装置が多く用いられています．この装置は，フローセルとノズルに一体化された液滴発生装置，液滴を荷電させる装置，荷電した液滴の進行方向を変える電場を発生する偏向板から構成されます（図）．フローセルとノズルを固有の振動数で超音波振動させると，ノズル先端から噴出されたシース流が途中から液滴に変化します．前述の細胞ゲーティングであらかじめ決めておいた細胞ゲートのパラメーター値をもつ細胞が検出される

と，その細胞を含む液滴を正または負に荷電させます．その後，荷電した液滴は高電圧の偏向板により形成される電場によって進行方向が変えられ，回収容器などに回収されます．フローサイトメーターでは細胞にレーザーを照射して分析する部位から細胞を含む液滴に荷電させる部位まで細胞が移動するまでにタイムラグがあり，細胞を分取する場合は細胞の検出と液滴荷電を完全に同期させることが最も重要な要素となります．

　最後に，本稿では，技術的な詳細の解説は割愛しましたが，こちらに関しては BD Biosciences 社，ベックマン・コールター社のフローサイトメトリーの基礎教育コーナー[3][4] や文献 5 が充実しており参考になります．

文献

1 ）Herzenberg LA & Herzenberg LA：Annu Rev Immunol, 22：1-31, 2004
2 ）Goddard G, et al：Cytometry A, 69：66-74, 2006
3 ）BD Biosciences 社：トレーニング（http://www.bdbiosciences.com/jp/services/training/elearning/flow_principle/index.jsp）
4 ）ベックマン・コールター社：FCM の原理入門講座（https://www.bc-cytometry.com/FCM/fcmprinciple.html）
5 ）「実験医学別冊 新版 フローサイトメトリー もっと幅広く使いこなせる！」（中内啓光/監，清田 純/編），羊土社，2016

（金山直樹）

第 1 章 フローサイトメトリー解析をする前に知っておきたいこと

関連するQ→Q2, 4~7, 33~35, 53, 58, 76

Q3 フローサイトメトリー解析の実際の流れを教えてください．特別な実験手技や，コンピューターの知識は必要でしょうか？

A

解析対象の分子を選定したら抗体と蛍光色素を割り当て，細胞の蛍光染色強度やフローサイトメーターの検出器設定の最適化を行います．マルチカラー解析を行う際には，蛍光漏れ込み補正を行いましょう．特別な実験手技やコンピューターの知識は解析対象や使用する機器によっては必要になる場合があります．

フローサイトメトリーで分析する分子を厳選する

細胞に発現する異なる分子の発現量を，異なる蛍光標識を用いてマルチカラーで多次元解析することにより，細胞機能に関する多くの情報を得ることができます．しかし，パラメーターを増やすごとに校正用サンプル調製や機器設定が多くなるため，解析対象とする標的分子は必要な情報が得られる最小限の組合わせに厳選します（図1）．その際，解析対象となる分子に対する抗体およびその蛍光標識物の入手の可否も判断材料となります（**Q24**）．

抗体や蛍光色素を割り当てる

解析対象の分子に対する抗体への蛍光色素の割り当ては，使用するフローサイトメーターのレーザー光源や分光フィルターのセッティングから同時使用できる蛍光色素の種類と数が決まります．また，細胞上の標的の分子数（発現量），使用できる抗体の性能，蛍光色素の蛍光特性（励起波長，蛍光波長，明るさ，検出器間の蛍光の漏れ込み）は，マルチカラー解析においては蛍光色素の割り当ての大きな判断材料となります（**Q33~35**）．この割り当てをサポートするウェブツールも機器メーカーや試薬メーカーにより公開されています[1)~3)]．市販品で蛍光標識抗体がない場合は，蛍光色素で抗体を化学修飾する操作が必要になることもあります（**Q29**）．

測定用サンプル，校正用サンプルの調製

フローサイトメトリーは単一細胞に分散させた細胞懸濁液を解析する手法ですので，付着性の細胞を扱う際には細胞浮遊液の調製法を検討する必要があります．調製した細胞は，割り当てた蛍光標識抗体で免疫染色します．免疫染色の条件は各抗体によって異なりますので，陽性・陰性が判別できる必要な条件を個々に検討していきます．蛍光の漏れ込み（**Q5**）は蛍光強度に比例することから，あまり強く染色すると蛍光の漏れ込みの補正（**Q7, 81**）が難しくなります．蛍

光補正のためには各蛍光色素の単染色サンプルを校正用サンプルとして用意します．また，マルチカラー解析においては各細胞集団の境界（陰性・陽性の境界）を確定させるために1色を抜いたFMO（fluorescence minus one）コントロールも必要です（**Q53, 84**）．

セルソーターで細胞を分取する場合は，細胞密度も重要なファクターになります．細胞密度が倍になれば，必要な細胞数を分取する時間は半分になりますので，細胞が凝集塊を形成しない程度に細胞密度を高めに調製します（**Q58, 65, 69**）．

フローサイトメーターの最適化

フローサイトメーターには多数の調整項目があり，機器のセットアップが煩雑ですが，最新の機種ではコンピューター制御によって多くの部分を自動で行えるものが増えてきました．

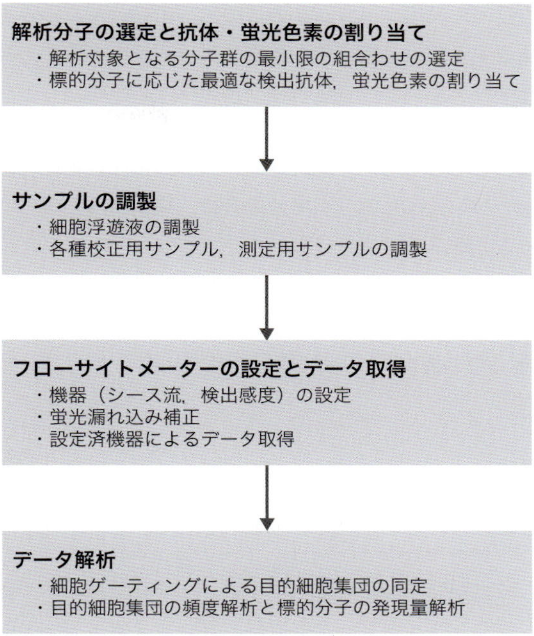

◆ シース流の調整

シース流は，細胞へのレーザー光の照射時間や液滴形成に大きな影響を与えるため，安定したデータ取得，細胞分取のためにはシース流が安定している必要があります．シース液および細胞懸濁液は，各容器を加圧してフローセルに注入しているため，加圧容器内の圧力が一定になるまでの時間は機器ごとに指示があります（**Q16**）．

◆ 検出器の検出感度の最適化

散乱光や蛍光の検出器の感度を，校正用サンプルを用いて最適化します．散乱光の場合は，解析対象となっている細胞集団が，前方散乱光（FSC）と側方散乱光（SSC）の二次元プロットにおいて大きさや形態の異なる他の細胞集団や，死細胞断片などのデブリと十分に分離するように検出感度を調節します．蛍光チャンネルは，陰性コントロールと単染色の陽性コントロールを用いて，陰性細胞集団と陽性細胞集団のどちらもがドットプロットあるいはヒストグラム上に表示され，かつそれらが良好に分離するように検出感度を調節します．検出感度は，PMT検出器の電極電圧で調節しますが，低すぎるとノイズが多くなります

図1　フローサイトメトリー解析の流れ

し，高すぎると陰性集団と陽性集団の差が逆に小さくなったり，他の蛍光色素の漏れ込み蛍光のレベルも高くなって蛍光補正が難しくなったりします（**Q7, 81**）．

初代細胞などの多種の細胞集団の混合物や，それらを*ex vivo*, *in vitro*培養後の細胞集団では，散乱光の二次元プロットでの目的細胞集団の特定が難しいこともあります．その場合は，目的細胞のマーカーとなる分子を発現する細胞集団を，散乱光の二次元プロット中に表示して特定する，通常とは逆の細胞ゲーティング（バックゲーティング）をとることで解決することがあります（**Q76**）．

◆ 蛍光漏れ込み補正係数の決定

蛍光色素から発せられる蛍光は，最大蛍光波長をピークとして波長域に広がりがあるため，割り当てた検出器以外の検出器にも，その蛍光が漏れ込むことがあります．この漏れ込みは複数の蛍光色素を用いた場合には問題となるために，単染色の陽性コントロールを用いて他の検出器への漏れ込み分を測定し，漏れ込み量を差し引く設定をします（コンペンセーション）．漏れ込まれる側の検出器の感度を変更すると，漏れ込

む蛍光の検出レベルが変わるので，蛍光の漏れ込み補正をする前に全検出器の感度を決定しておきます．補正がうまくいかない場合は，検出感度の設定からやり直します．漏れ込む側の蛍光強度が強くても漏れ込みは大きくなるので，漏れ込みの大きい蛍光色素を発現量の多い分子に割り当てた場合は，染色強度も調整することがあります（**Q35**）．

ソーティングの場合は，この他にノズルの交換，レーザー光軸の調整，液滴形成の調整，偏向電圧の調整，ディレイタイムの調整が必要になります（**Q4, 66**）．

サンプルの解析

設定が完了したフローサイトメーターを用いて，測定用サンプルのデータを取得していきます．データ取得する細胞数は，解析対象の細胞集団の割合に依存し，低頻度の場合は測定の再現性が維持できるレベルの母集団数を確保しておく必要があります（**Q82**）．データ取得後の解析はすべてコンピューターの解析ソフトウェアで行います．例えば，前方散乱光／側方散乱光の二次元プロットで展開した後，解析集団を抽出して蛍光標識抗体を割り当てた標的分子の発現強度の二次元プロットに展開していく，という操作をくり返して目的の細胞集団ゲートを決定します（**Q2, 76**）．

フローサイトメトリーでは，同一の細胞であっても蛍光測定値は一定の幅をもった分布となります．蛍光漏れ込み補正において漏れ込み値も幅をもった分布となるため，漏れ込みを差し引いた値の分布は補正前の分布より広がり，蛍光強度が強いほど補正後の分布の広がりが大きくなります（**図2**）．マルチカラーで補

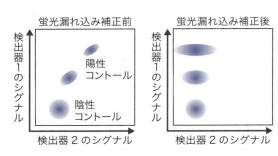

図2　蛍光漏れ込み補正前後の蛍光測定値の変化
検出器1で観察したい蛍光の，検出器2への蛍光の漏れ込みを補正した場合の二次元プロットの例を示す．検出器1の蛍光シグナルが大きいほど検出器2への蛍光の漏れ込みは大きくなり，補正後も検出器2の値の幅が広くなる．

正した場合は，補正すればするほど集団の分布が広がり細胞集団の境界が不鮮明になりますので，FMOコントロールのデータを用いて，陽性細胞集団と陰性細胞集団の境界を決定していきます（**Q53, 84**）．

決定した細胞集団ゲートに含まれる細胞の頻度や，その細胞集団における標的分子の発現量を示すパラメーターの平均蛍光強度などはコンピューターで簡単に算出することができます．

文献・ウェブサイト

1）Thermo Fisher：蛍光スペクトルビューアー（https://www.thermofisher.com/jp/ja/home/life-science/cell-analysis/labeling-chemistry/fluorescence-spectraviewer.html）
2）BD Biosciences：BD FLUORESCENCE SPECTRUM VIEWER A MULTICOLOR TOOL（http://www.bdbiosciences.com/jp/research/multicolor/spectrum_viewer/index.jsp）
3）BioLegend：Fluorescence Spectra Analyzer（https://www.biolegend.com/spectraanalyzer）

（金山直樹）

関連するQ→Q2, 3, 6, 14, 16, 58, 66〜68, 74

細胞をソーティングするにはどうすればよいですか？ セルソーターのセッティングから具体的な流れを教えてください．

ソーティングを行う際の細胞染色条件の予備検討を事前に行っておきます．ソーティングは，まず，細胞の調製と細胞回収容器の準備を行います．セルソーターは，ノズル径，レーザー照射位置，液滴形成，サイドストリーム形成，ディレイタイムなどを順に調整します．ソーティング中も必要に応じて機器の調整を行います．

ソーティングの操作の流れ

　細胞のソーティングは，細胞の調製からはじまり，セルソーターのセッティング，ソーティング，取得細胞の解析と多くの作業と時間を必要とするため，機器の操作だけでなく前後の実験も含めて事前に理解して綿密に計画を立てておきます（図）．

ソーティング条件の予備検討

　選択した抗体・蛍光色素パネルによって目的の細胞集団がどのようなパターンで出現するか，セルソーターをアナライザーとして用いて予備検討しておきます．抗体の染色強度は，抗体の濃度だけでなく，細胞密度，染色液の総体積，染色に使用する容器などによっても変わることがあるため，他の細胞集団との分離が難しい細胞集団のソーティングでは，可能な限り予備検討をソーティング時と同一機器・同一条件で実施することをお勧めします．

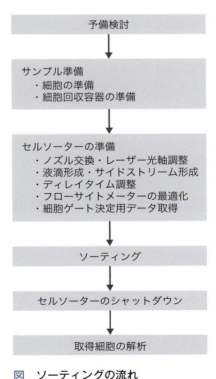

図　ソーティングの流れ

27

第 **1** 章　フローサイトメトリー解析をする前に知っておきたいこと

ソーティング条件に合わせた細胞の準備

　取得したい細胞がもとの細胞集団中にどの程度の頻度で存在しているか，ソーティングをする前に調査しておいて，実験に必要な取得細胞数に応じて調製する細胞の必要量を見積もっておきます．また，ソーティングでは，フローセル先端のノズルから噴射された目的細胞を含む液滴のうち，2つ細胞が入った液滴や隣の液滴に目的外の細胞がある場合などは，他の細胞集団の混入を防ぐために回収されないような設定になっていることも多いため（**Q67**），回収率が低くなることも考慮しておきます．取得した細胞に何らかの刺激を加えて培養するなど，正常に機能する細胞を回収する必要がある場合は，もとの細胞集団の調製から培養の開始までの時間を短くするための工夫をします．そのためには，高速にソーティングするために凝集が起こらない程度にサンプルの細胞密度を高めにしておきます．

細胞回収容器の準備

　セルソーターのノズルから落下してきた細胞を含む液滴が回収容器底面に激突すると，取得した細胞が破壊されてしまう恐れがあるため，クッションとして培地や血清をあらかじめ回収容器に入れておきます（**Q74**）．また，細胞が容器壁面に付着すると遠心分離時に細胞の回収率が悪くなりますので，容器に入れた培地や血清を容器内側になじませておきます．

細胞に適したノズルへの交換とレーザー光軸調整

　細胞は種類によって大きさや形状，ソーティングのような物理的な操作に対する耐性が異なります．細胞に適したノズル径への交換，そのノズルに適したシース流の速度の設定を行います（**Q58, 68, 74**）．また，ノズル部品にレーザー光路がある場合には，交換ごとにレーザー照射位置を調整します．ただし，最近の機種ではこれらは調整不要であったり，自動化され

ていたりすることがほとんどです．レーザーを複数搭載している機種でレーザー光軸が異軸（**Q6**）の場合は，レーザー照射位置の間を細胞が通過するディレイタイム（**Q66**）の調整がシース流の流速に応じて必要です．

液滴形成とサイドストリーム調整

　液滴荷電方式のセルソーターでは，ノズルを交換後，シース流をフローセルに流したときに，ノズル先端から適切な液滴が形成される必要があります（**Q2**）．液滴形成のためにフローセルやノズルに与える振動の振動数は，たいていの場合は固有の基本設定値があり，振幅の調節によって液滴形成の位置を調節します．液滴の位置は次に説明するディレイタイムと関連があるため，液滴形成の安定はソーティング成功の重要なポイントの1つです．また，シース流の安定は安定して液滴を形成するための重要なファクターの1つです．最近の装置はシース流の乱れなどによる液滴位置のずれを自動で安定制御する機構を備えていますが，シース流を流して液滴を形成しはじめてから安定するまでの時間を少しとった方が良好な結果が得られます．

　サイドストリームは，荷電させた液滴が電圧を負荷した偏向板の間を通過するときに進行方向が曲がることによって形成されます（**Q2**）．液滴が回収容器の壁面ではなく，あらかじめ入れておいた血清や培地に落ちるように偏向電圧を調節します．これらの設定も最近では自動化している機種も出てきました．ノズルやフローセルの汚れ，フローセル内の気泡の付着は液滴形成やサイドストリームを乱す原因となりますので，ノズルやフローセルの使用前・使用後のメンテナンスは大切です（**Q16**）．

ディレイタイム調整

　フローサイトメトリーを用いた細胞分取装置では，細胞にレーザー光を照射して分光分析する部分と液滴荷電させてソーティングする部分が流路上で離れてい

るため，レーザー光が照射されてから流れてきた細胞を含む液滴が荷電されるまでにタイムラグ（ドロップディレイ，**Q66**）が生じます．そのタイムラグは物理的な距離と流速で決まりますので，古い機種では計算でタイムラグを算出していましたが，近年の機種では蛍光標識したマイクロビーズを流して，ソーティング効率が最適化されるディレイタイムを手動または自動で設定するしくみになっています（**Q66**）．

フローサイトメーターの最適化とゲート決定用のデータ取得

フローサイトメーターは，校正用サンプルを用いて検出器の検出感度と蛍光漏れ込み補正係数を設定します（**Q2, 3**）．

調整したフローサイトメーターを用いてサンプルの解析を行い，取得する細胞ゲートを設定します（**Q2, 3**）．フローサイトメーターの設定や細胞ゲートは，過去の設定を使用可能ですが，実験ごとサンプルごとに染色状態が必ずしも一定しないこともあるので，サンプルごとに微調整する必要があります．

ソーティング

前述の設定に基づいて，目的の細胞集団をソーティングします．液滴形成やサイドストリームのブレは，ソーティング効率に影響を与えるため，ソーティング中も液滴形成の状態を監視して，必要に応じて調整します．最近の多くの機種では液滴形成やサイドストリームの形成を自動で安定化する機構により，ソーティング状態を常時監視する必要はありません．

細胞の解析

ソーティングした細胞は，すみやかに培養を開始したり細胞成分を抽出したりして，目的に応じた解析を行います．

機器のメンテナンス （Q14, 16）

セルソーターは，送液系・廃液系の流路に汚れが蓄積すると，正常に液滴やサイドストリームを形成できなくなります．したがって，セルソーターをよい状態に維持するためには，セットアップ時やシャットダウン時のメンテナンスをメーカーや管理者の指示通りに行いましょう．セルソーターの専任オペレーターがいない施設では，このような作業にかかる時間も考慮して実験計画を立てておきます．

（金山直樹）

第1章 フローサイトメトリー解析をする前に知っておきたいこと

  「蛍光発光の原理」と「励起波長」，「蛍光波長」について，知っておくべきことを教えてください．

 蛍光分子は励起光の照射によってエネルギーを得ることで励起状態に遷移します．蛍光分子が励起状態から基底状態に遷移する過程で蛍光が発生します．蛍光波長は励起波長より長く，波長に幅があります．また，蛍光色素の種類に応じて，励起できる光の波長が異なります．

フローサイトメトリーで使用する光の領域

　光は電磁波の一部です．電磁波は，波長の短い方からγ線やX線，光，そしてテレビやラジオ，携帯電話などで使用される電波に分けられます（図1）．フローサイトメトリーではこのうち，「350 nm 付近の紫外領域－可視光－800 nm 付近の深赤～赤外領域の光」を使用します．図1に示すように，可視光は波長の短い方から，紫，青，緑，黄，橙，赤，深赤の順になります．虹は太陽光（白色光）が大気中の水滴によって屈折率が異なるプリズム効果を生じた結果ですので，上記と同様の色の順番になります．この分光された光（色）の順番はフローサイトメトリーの色素を考えるときにたいへん便利なので覚えておきましょう．

蛍光は励起波長より長波長側にあり，波長には幅がある「蛍光発光の原理の概要」

　特定の波長のレーザーを照射された蛍光物質はエネルギーを得て，電子軌道が基底状態から励起状態に遷移します（図2）．励起状態の電子は，熱エネルギーの放出などですぐに励起一重項状態になり，そこからさらにエネルギーを放出して基底状態に戻ります．このとき，蛍光として放出されるエネルギーの大きさは蛍光の波長と相関します．励起エネルギーよりも蛍光で放出されるエネルギーの方が低いため（図2），蛍光波長は，励起波長よりもエネルギー値の低い，より長い波長になります〔例えば，青色の光（488 nm）を当てると緑色の蛍光（510 nm）を発します〕．

　また，この蛍光として放出されるエネルギーは均一ではなく幅をもっているため，この幅が蛍光波長の拡がりとなります（図3A，Q34）．

励起波長と吸収波長

　蛍光色素が励起される光の波長は一点ではなく波長幅をもっており，波長により励起効率が異なります．励起効率は，ちょうどその蛍光色素の光の吸収曲線で描かれます（図3A 点線）．フローサイトメーターでは，UV（355 nm 付近）から近赤外（800 nm 付近）までのいくつかの波長のレーザーを用いて蛍光色素を励起します．そのため，これらのレーザーで効率的に励起される蛍光色素が開発されています（Q33）．

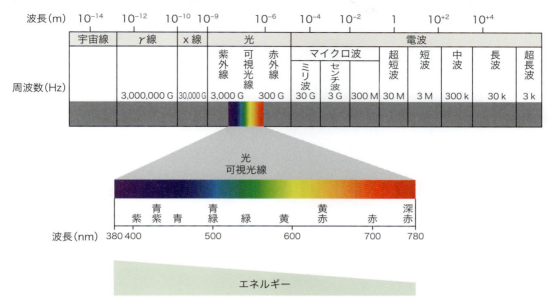

図1　光の波長とエネルギー

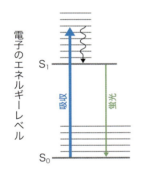

図2　蛍光発光の原理
励起（吸収）のエネルギーよりも蛍光のエネルギーは低いため，蛍光波長は励起波長よりも長くなる．S_0：基底状態，S_1：励起一重項状態

使用するにあたっての実践的なポイント

◆使用する蛍光色素の最大励起波長と最大蛍光波長を調べる

使用する蛍光色素の最大励起波長（excitation），最大蛍光波長（emission）は各製品データシートやメーカーのウェブサイトなどに記載されているので蛍光色素を購入する前にあらかじめ確認します（図3A）．また，マルチカラー解析を行う際は蛍光色素の蛍光波長が他の蛍光色素を検出する検出器にどれくらい漏れ込むかを確認します（図3B）．したがって，最大蛍光波長だけではなく，蛍光波長のスペクトルも確認しておくことをお勧めします．

◆使用するフローサイトメーターの仕様の確認

論文や共同研究先と同じ蛍光色素を使用したくても，使いたい蛍光色素を励起するのに適したレーザーが搭載されていないかもしれません．まずはじめに，使用するフローサイトメーターに搭載されているレーザーの波長と，使いたい蛍光色素に合った光学フィルターが検出器に入っているかを確認してください．

◆使用する蛍光色素の明るさ，特性などを把握する

使用する蛍光色素の情報は販売しているメーカーなどのウェブサイトなどで確認できますが，販売している蛍光色素の情報のみとなり，他の蛍光色素との相対的な明るさの比較や，実際の使い勝手などは記載されていないことが多いです．文献1や**Q33**では各蛍光色素の明るさや特性，スペクトルなどを紹介しているのでぜひ参考にしてください．

第1章 フローサイトメトリー解析をする前に知っておきたいこと

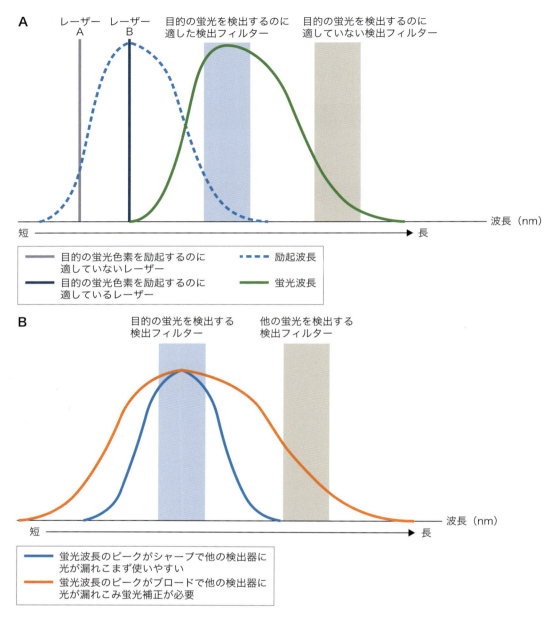

図3 励起波長と蛍光波長

文献

1) 戸村道夫：マルチカラー解析のための蛍光色素の基本，選び方からパネル作製の具体例まで．「実験医学別冊新版フローサイトメトリーもっと幅広く使いこなせる！」（中内啓光/監，清田 純/編），pp23-35，羊土社，2016

（齋藤 滋）

関連する Q → Q5

Q6 「レーザー光源」と「光学フィルター」について教えてください．「530/30」と記載されたフィルターは，どのような波長を検出するのでしょうか？ レーザーの「同軸」「異軸」の違いは何でしょうか？

A 各蛍光物質の励起に適した「レーザー光源」が用いられます．光学フィルターは発生した蛍光を波長に基づいて分光します．複数の光学フィルターを組合わせて目的とする波長の蛍光を検出器に導きます．「530/30」は530 nmを中心に幅30 nm（すなわち515～545 nm）の波長を透過するフィルターです．同軸レーザーでは複数のレーザーで励起されて発生した蛍光が同じ検出系に，異軸レーザーではそれぞれの検出系に導かれます．

「レーザー光源」と「光学フィルター」

　現在はさまざまな蛍光色素が存在していますが，蛍光免疫染色や蛍光タンパク質などを測定するためには，使用している蛍光物質に適した特定の波長の光源（励起波長）を当てなければ蛍光を発生させることはできません．フローサイトメトリーでは光源が1つのものから，より多くの蛍光色素に対応できるように波長の異なる複数の光源を搭載した機器まで存在しています．測定したい蛍光色素の励起波長が，使用する機器のレーザー光源で励起できる波長かどうか確認することが必要です．また測定したい蛍光色素の蛍光波長が使用する機器の検出器に対応しているかも確認が必要です．発生した蛍光は複数の光学フィルターによって蛍光を分けて検出器に入り電気信号に変換されます．サンプルに光を当てて発生した光はレーザー光源と同じ波長（色）の散乱光や場合によっては複数の蛍光色素による蛍光が混在して生じます．蛍光色素はその色素特有の波長を吸収してより長波長側（低いエネルギー）の光に変換します．散乱光はレーザー光源と同じ波長（色）で各蛍光はそれより長い波長であるため（**Q5**），色が異なります（図1）．そこで，混在するこれらの光を，光学フィルターにより波長を分けて検出器に導くことで多重染色の測定が可能になります．代表的な光学フィルターには後述のものがあります（図2）．

- ロングパスフィルター（LP）：特定の波長以上の長い光のみを透過させるフィルター
- ショートパスフィルター（SP）：特定の波長よりも短い波長のみを透過させるフィルター

- ダイクロイックミラーフィルター（DM）：特定の波長で光を2方向に分けるフィルターで，分けた波長の長い波長を透過させ，短い波長を跳ね上げるダイクロイックロングパスフィルター（DL）と逆に短い波長を透過させるダイクロイックショートパスフィルター（DS）がある
- バンドパスフィルター（BP）：特定の波長を中心に一定の波長幅の光のみを透過させそれより短い波長と長い波長は透過させないフィルター．例えば，「530/30」と記載されたフィルターは，530 nmの波長を中心として30 nm（±15）の光を透過するバンドパスフィルターです（図3）．

散乱光を含むさまざまな蛍光はダイクロイックロングパスフィルターなどで分け検出器に導入しますが，光学フィルターは100％曲げたり透過させることはできませんし，他の蛍光色素の漏れ込みなどがあるので検出器の前にBPフィルターを設置して最大蛍光波長付近の蛍光波長のみを測定するようにします（図4）．

レーザーの「同軸」「異軸」の違いは何でしょうか？

レーザーの設置方法には，サンプルに複数のレーザー光を照射する際にレーザーの設置位置（照射位置）を揃えて複数のレーザーを照射する同軸と，サンプルの進行方向に個々のレーザーの照射位置をずらし各蛍光の発生する時間差を生じさせて測定する異軸の方法があります（図5）．同軸では染色に用いた複数の蛍光物質が異なるものでも，同じ蛍光波長を生じる

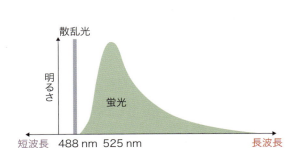

図1　光源を488 nmとしたときのFITCの蛍光と散乱光の例

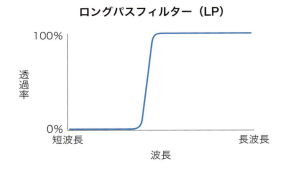

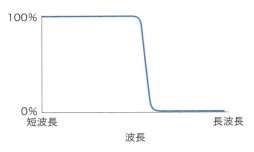

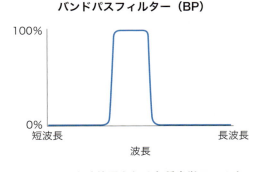

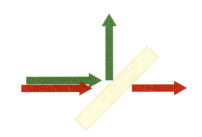

図2　FCMでよく使用される各種光学フィルター

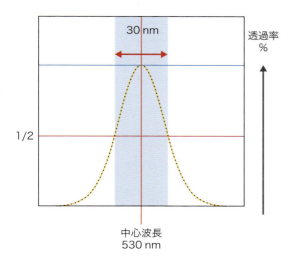

図3 バンドパスフィルター（BP）の特性
「530/30」と記載されたフィルターを例に示す．このフィルターは青で塗りつぶされた範囲の波長の光を透過させる．

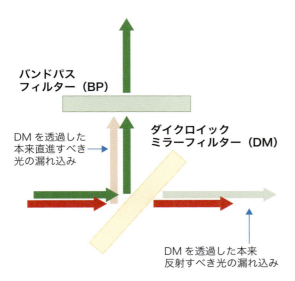

図4 フィルターの組合わせによる蛍光波長の分け方

ものは同時に染色するとどちらの色素由来の蛍光か区別がつかなくなります．例えば青レーザー（488

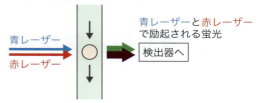

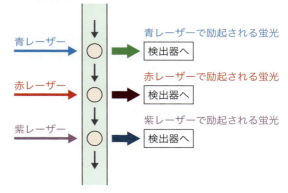

図5 同軸レーザーと異軸レーザーによる蛍光検出
A) 同軸レーザーでは，複数のレーザーで励起された蛍光をまとめて検出する．**B)** 異軸レーザーでは，流路中を流れる細胞を順次各レーザーで個別に励起して，各レーザーで励起された蛍光をそれぞれ検出する．

nm）励起の PerCP は 675 nm 付近の赤色蛍光を生じ，赤レーザー（640 nm）励起の APC も 675 nm 付近の赤色蛍光を生じますので，この 2 つの蛍光色素は光学フィルターでは分けることはできません（図5A）．異軸の場合はそれぞれの蛍光色素の蛍光する時間が異なることで，青レーザー通過時に生じた蛍光は PerCP，赤レーザー通過時は APC となるので測定が可能となります．ただし異軸は複雑な信号回路が必要になるために高度な多重染色の測定や細胞分取に採用されます（図5B）．

（長坂安彦）

第 1 章 フローサイトメトリー解析をする前に知っておきたいこと

関連する Q→Q5

Q7 コンペンセーション（蛍光補正）とは何でしょうか？

A 複数の蛍光色素を使用したマルチカラー解析の場合にデータに影響を与える「蛍光の漏れ込み」を専用回路で電気的または数学的に補正する作業をコンペンセーションといいます．

漏れ込みとコンペンセーション

検出器1および2を使用して2種類の蛍光色素Aおよびbで解析を行う場合を図1に示しています．図1の検出器1は蛍光色素Aの蛍光，検出器2は蛍光色素Bの蛍光の検出を目的としております．蛍光色素Aは検出器1で検出される極大蛍光波長領域（緑色領域）の蛍光と検出器2で検出される波長領域（橙色領域）の蛍光を同時に発生しています（図1左）．このように，発生した蛍光が目的外の検出器で検出される現象を「漏れ込み」といいます（Q5）．

蛍光色素Aの蛍光は漏れ込みにより目的外検出器（検出器2）でも検出パルスを発生させ，シグナルがデータ化されます．図1右で示すように，細胞を蛍光色素Aのみで染色・測定したデータをサイトグラム（ドットプロット）で展開すると（図1右上段），蛍光色素Aと結合した細胞（緑色）集団はあたかも

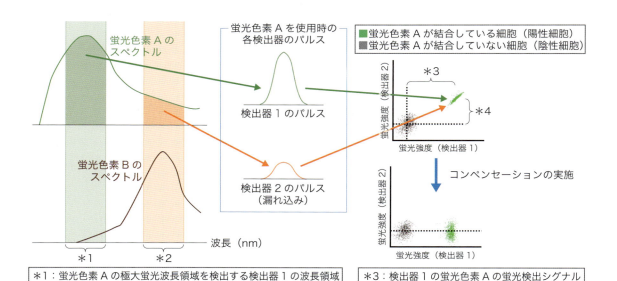

*1：蛍光色素Aの極大蛍光波長領域を検出する検出器1の波長領域
*2：蛍光色素Bの極大蛍光波長領域を検出する検出器2の波長領域
*3：検出器1の蛍光色素Aの蛍光検出シグナル
*4：検出器2へ蛍光色素Aの蛍光の漏れ込み

図1 蛍光の漏れ込みとコンペンセーション

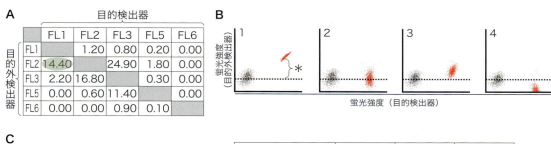
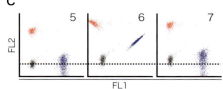

図2　コンペンセーションマトリックスと感度バランス
A）5種類の蛍光色素でのマルチカラー解析におけるコンペンセーションマトリックス例（Kaluza：ベックマン・コールター社）．
B）コンペンセーションと漏れ込みのバランス．C）検出器の検出感度とコンペンセーションの関係．

蛍光色素Bと結合しているように表示され，解析に支障をきたします．そのため，検出器2で漏れ込みにより発生したシグナルを差し引いて補正します．この作業をコンペンセーションといいます（図1右下段）．

コンペンセーションマトリックスと感度バランス

図2Aにコンペンセーションマトリックスの例を示しました．ここでは，横軸上段に目的検出器を，縦軸左側に目的外検出器を示しています．緑で示している14.40は目的検出器であるFL1の検出シグナルの14.4％に相当するシグナルを目的外検出器FL2の検出シグナルから数学的に差し引いて補正することを意味しています．使用する複数の蛍光色素の蛍光が相互に検出器への漏れ込みを起こしている場合には，各検出器でコンペンセーションを設定する必要があります．また，使用する蛍光色素の蛍光が複数の検出器へ漏れ込みを起こしている場合には，それぞれの検出器においてコンペンセーションを設定する必要があります．コンペンセーションの設定には解析に使用する各蛍光色素での単染色サンプル（陽性集団が存在）が主に使用され，漏れ込み量とコンペンセーションのバランスが適正になるように設定します（図2B）．

図2Bでは図2B1で示す蛍光の漏れ込み（*）に対していくつかのパターンでコンペンセーションを行った場合を示しています．図2B2は蛍光の漏れ込みに対して補正が適正に行われるようにコンペンセーションを設定した状態になります．漏れ込みに対してコンペンセーションが不足している場合はアンダーコンペンセーションと言い（図2B3），過剰にコンペンセーションを行っている場合をオーバーコンペンセーションと言います（図2B4）．

図2B2のようにコンペンセーションが適正に行われている場合は，使用する蛍光色素における陰性・陽性の集団の中心が，目的外検出器では同値を示すようになります．

適正なコンペンセーション値は目的外検出器シグナル/目的検出器シグナルの比により細胞の自家蛍光や各検出器の感度バランスの変化による影響を受けます（図2C）．図2C5は適正にコンペンセーションが行われている状態を示しており，その状態からFL2の検出感度を上げた状態が図2C6となります．青色の細胞集団に対しては目的外検出器のであるFL2の検出感度が増加したことで「FL2/FL1」のシグナル比が高くなり，適正なコンペンセーション値は大きくなったため，青色集団は図2C6ではアンダーコンペンセーションであることがわかります．一方で赤色集団については目的検出器であるFL2の検出感度が増加したことで「FL1/FL2」のシグナル比が低くな

るため適正なコンペンセーション値は小さくなったため，オーバーコンペンセーションになっています．検出感度の変動により適正なコンペンセーション値は大きく影響を受けますので，検出感度を決定した後にコンペンセーションを設定する必要があります（図2C7）．

　検出器の感度を設定する際にはバランスを考慮する必要もあります．目的外検出器シグナル/目的検出器シグナル比が100%を超えている場合は蛍光補正を正しく行えず，常にアンダーコンペンセーションの状態になります．図2Cを例にすると，FL2の検出器電圧を極端に高くした場合だけでなく，FL1の検出器電圧を極端に低く設定をした場合，「FL2/FL1」のシグナル比はどんどん大きな値となり，FL1からFL2へのコンペンセーション値は100%を超えることとなります．

　また，現在主流のフローサイトメーターで取得した測定データ（ファイル形式FCS3.0以上）はFlowJoやKaluzaといった解析ソフトウェア上でコンペンセーションの再設定（アフターコンペンセーション）が可能ですが，FCS2.0以前の形式の測定データファイルでは，アフターコンペンセーションが行えない，または結果パターンが正しく表示されない場合がありますので注意が必要です．

文献

1）「実験医学別冊 新版 フローサイトメトリー もっと幅広く使いこなせる！」（中内啓光/監，清田 純/編），羊土社，2016
2）ベックマン・コールター社：フローサイトメトリー技術情報（https://www.bc-cytometry.com/cytometry.html）

（方波見幸治）

関連する Q→Q54

Q8 フローサイトメトリー解析で得られるデータと蛍光顕微鏡・共焦点顕微鏡で得られるデータの違いは何でしょうか？

蛍光顕微鏡や共焦点顕微鏡では，細胞の組織内局在や形態，細胞内の分子の局在や動態が観察できるのに対して，フローサイトメトリーでは細胞集団の統計解析を行うことができます．

フローサイトメトリー解析と蛍光顕微鏡

フローサイトメトリー解析は蛍光標識抗体を使用して，解析する細胞集団に目的抗原を発現している集団が何％含まれるかといった統計解析（図1A，B）や既知の濃度の粒子を同時に測定することで目的細胞の絶対数測定（図1C）を検出部に細胞を流して行うことができます．一方，蛍光顕微鏡（共焦点顕微鏡を含む）では，同じく蛍光標識抗体を使用して観察面に付着している個々の細胞における抗原の発現や局在を観察し，イメージ画像を取得することができます（図1D）．フローサイトメトリーでは解析の最小単位は細胞であり，蛍光顕微鏡の解析最小単位は分子とな

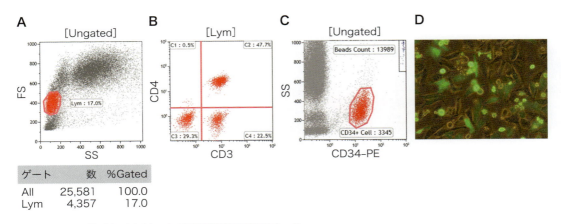

図1 フローサイトメトリーと蛍光顕微鏡の解析データ
フローサイトメトリーで溶血した末梢血サンプルを測定し，25,581個の粒子（細胞）のデータを取得したところ，リンパ球だと思われる細胞は4,357細胞であり，全体の17.0％であった（**A**）．さらに，このリンパ球を解析すると**B**のC2で示すCD3$^+$/CD4$^+$の細胞はリンパ球全体の47.7％であった（**B**）．ラテックス粒子であるベックマン・コールター社製Flow-Count（濃度985個/mL）を検体と同量添加して調製したサンプルをフローサイトメトリーで測定したところ，3,345のCD34$^+$細胞のデータを取得すると同時に13,989のFlow-Countのデータを取得した．そのため，検体中にCD34$^+$細胞が約236 cells/mL（＝985×3,345/13,898）存在していることがわかった（**C**）．GFP遺伝子を導入した細胞を蛍光顕微鏡で観察したところ，GFP遺伝子が導入された細胞内に発現しているGFPが緑色に発光している状態が確認できる（**D**）．**D**は中山祐二博士（鳥取大学生命機能研究支援センター）のご厚意による．

第1章 フローサイトメトリー解析をする前に知っておきたいこと

ります．そのため，フローサイトメトリーでは，蛍光顕微鏡のように細胞の形態や分子の局在・動態を示すようなイメージ画像を取得することが一般的にはできませんが，秒間数万個といった多数の細胞のデータを短時間で自動取得することが可能であり，客観的なデータ解析に有用であると考えられています．

フローサイトメーターと蛍光顕微鏡における解析手法の比較

フローサイトメトリー解析を行う装置であるフローサイトメーターと蛍光顕微鏡による解析手法の比較を表に示しました．フローサイトメーターで解析を行う

表　フローサイトメーターと蛍光顕微鏡による解析手法の比較

	フローサイトメーター	蛍光顕微鏡
浮遊細胞	◎	○ 観察面への付着が必要
接着細胞	○ 液体中に細胞を個々に浮遊させる必要がある	◎
組織切片	△ 液体中に細胞を個々に浮遊させることができれば可能	◎
データの取得	自動 （数万細胞/秒）	手動
データの再取得	× 測定後にサンプルは廃棄	○ 蛍光色素の退光の問題はあるが，観察位置（XY座標）の記録が可能
形態解析	×	◎
3D解析	×	◎ 共焦点機能が必要
目的細胞の取得	◎ ソーティング機能が必要	△ 熟練した手技を要する
分子の定量性	○ 蛍光強度と抗原量の検量線作成が必要	×

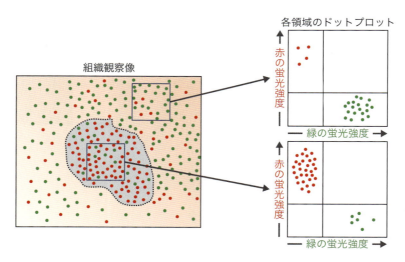

図2　イメージングフローサイトメーターの概念図

蛍光顕微鏡や共焦点顕微鏡で取り込んだ蛍光組織観察像から，蛍光強度などに基づいて，単細胞を粒子として認識させて抽出，各細胞の蛍光強度情報を取得する．組織観察上に領域を指定することで，設定した領域内の細胞の蛍光強度，分布をフローサイトメトリーと同様に示すことができる．一方，右のドットプロット上で，ドットを指定して，そのドットが，組織間撮像のどの細胞かを表示することもできる．

場合，測定する細胞は液体に懸濁・浮遊している状態でなければなりませんので，接着細胞や組織切片の細胞を解析する場合は，個々の細胞に単離しなければなりません．特に酵素処理により接着細胞を浮遊させた場合は，細胞表面抗原は使用した酵素の影響でエピトープを欠失し，解析目的の抗体との反応性が低下する場合がありますので，使用する酵素や抗体のクローンの選択には注意が必要となります．

イメージングフローサイトメーター

イメージングフローサイトメーターは，蛍光顕微鏡をベースに取得した画像を解析・数値化することでフローサイトメーターのように定量・統計解析ができる装置と，フローサイトメーターをベースに検出部を通過する細胞一つひとつの画像を取得する装置の2種に大別されます．本稿で詳細は述べませんが，データの取得速度や多重染色で使用できる色素数，目的細胞の分取の不可というフローサイトメーターには及ばない点がありながらも，フローサイトメーターおよび蛍光顕微鏡の短所を補う形で双方の機能を併せもつ有用な装置です（図2）．

文献

1）山崎 聡，他：イメージングサイトメーターの原理と応用．「実験医学別冊 新版 フローサイトメトリー もっと幅広く使いこなせる！」（中内啓光/監，清田 純/編），pp.293-301，羊土社，2016
2）「実験医学別冊 染色・バイオイメージング実験ハンドブック」（高田邦昭，他/編），羊土社，2006
3）ベックマン・コールター社：フローサイトメトリー技術情報（https://www.bc-cytometry.com/cytometry.html）

（方波見幸治）

第1章 フローサイトメトリー解析をする前に知っておきたいこと

関連するQ→Q7, 14〜16, 23, 36, 53, 58, 68, 69, 73, 74, 79〜81

Q9 フローサイトメトリー初心者が失敗しがちなポイントを教えてください．

A 不適切なサンプル調製とノズル系の選択による，フローサイトメーターのノズル詰まりが代表的なトラブルです．その他にはフローサイトメーター操作のミスによる装置トラブル，測定解析での失敗があります．フローサイトメトリー（FCM）の基本原理や，コントロールサンプルの設定，自家蛍光や蛍光色素の特性を理解することが，失敗を防ぐために重要です．トラブルが起きたときのログをとるようにし，同じ失敗をくり返さないようにします．

ソーティング時のノズル詰まりを防ぐためには？

サンプルの凝集塊，ゴミなどにより発生するノズル詰まりは，FCM実験で遭遇する最も代表的なトラブルです．ノズル詰まりが発生すると，装置を汚し，復旧に時間がかかる他，サンプルも失われることになります．以下の項目はノズル詰まりを低減させるためのポイントです．

◆フィルターなどにより細胞凝集塊やゴミを除去する

ノズル詰まりは，測定直前にサンプルとなる細胞混濁液を，カットしたナイロンメッシュ（30〜100μm線径）やセルストレーナー（細胞の凝集塊やゴミなどを除くためのフィルター）に通すことで低減させることができます．ほかにもサンプルライン側にストレーナーフィルターをつけることでも，ノズル詰まりはほとんど起こらなくなります．ただしフィルターにサンプルが付着しやすいため，フィルター側が詰まってサンプルが流れなくなったり，次のサンプルへ持ち込まれたり（キャリーオーバー）することもあります．これを防ぐには，フィルターをサンプルごとに交換するか，充分に洗浄する必要があります（**Q69**）．

◆エアバブルの混入を防ぐ

サンプルを吸い切ってしまうことによるエアバブル混入もノズル詰まりの原因となります（**Q73**）．混入したエアバブルがノイズとして検出され，サンプルの流れが不安定となり，データの乱れたものとなってしまいます．いったんエアが生じても，一度ストリームを切り，再度流すことで，簡単にエア抜きができる機種もあります．しかし，「ノズルをつけ直す」→「圧力安定までしばらく流す」→「光軸チェック」という操作を要し，復旧に時間がかかりますし，この操作は装置やフローセルに汚れを付着させる原因となるため，サンプルは吸いきらないよう注意をします．

◆細胞の凝集を防ぐ

また高速ソーティング機能をもつ機種では，組織由来細胞やがん細胞株など，付着性（接着性）の強い細

胞が凝集してノズル詰まりを生じる可能性があるので，通常の細胞濃度よりも低め（$5×10^6 ～ 9×10^6$ 個/mL）に調製します（**Q58**）．また他の実験における細胞調製でも当てはまることですが，遠心後に長時間放置すると凝集塊ができやすくなります．遠心後はすみやかに上清を捨て，タッピングでペレットを懸濁後，バッファーを加えるようにします．

◆ 適切なノズル径の選択をする（Q58，68，74）

細胞のサイズに対し，5倍程度の大きさのノズル径を選択することが基本です．例えば 15μm の大きさの細胞が含まれるサンプルのソーティング時は 85μm 以上のノズルを選択します．細胞片などの小さな debris が数多く含まれるサンプルは，適正サイズのノズルを使用しても，ノズル詰まりが起きる場合があります．この場合はより大きいノズルを選択した方が，詰まりの発生を抑えることができます．

◆ サンプルの粘性を抑える

死細胞が多く含まれるサンプルは，細胞から流出した DNA で粘性が上がります．高い粘性はノズル詰まりやサンプル流の乱流の原因となり，ソーティング効率が落ちたり，データが乱れたりするトラブルが起こりやすくなります．ゲノム DNA はセルストレーナーなどでは除くことはできないので，DNase I を $20 ～ 50 \mu$g/mL 添加するか，バッファー量を増やして，粘性を下げる必要があります．

現在ではノズル詰まりやエアを吸ったことを感知し自動で止まる機能をもつ機種も増えていますが，そうした感知機能は完璧ではありません．また長時間サンプルを流していると，細胞が沈殿してイベントレート（細胞が流れる速さ）が落ちる場合もあるため，定期的にソーティングの状況をモニターすることが大切です．

サンプル調製のポイント

サンプル調製に使用するバッファーは，細胞の生存率や凝集などに大きく影響します．使用している培養液をそのまま使用することは可能ですが，培地成分（フェノールレッド）によるバックグラウンドの上昇や，粘性

表　サンプル調製用バッファーの組成

Basic Staining （ソーティング）バッファー	
Cation-free 1×HBSS w/o Phenol-Red	1 L
0.5 M EDTA stock sol（最終濃度 1 mM）	2 mL
1 M HEPES（pH7.0，最終濃度 25 mM）	25 mL
Serum*（最終濃度 1～2%）	10～20 mL
ペニシリン/ストレプトマイシン（×100）（ペニシリン 100 unit/mL，ストレプトマイシン 100μg/mL）	10 mL
Total	約 1 L

＊ Serum には FCS，FBS，BSA を用いる．

が高い場合は液滴形成の不安定化によるソーティング効率の低下などの影響があります．表は，細胞染色とソーティングに使用される基本的なバッファーの組成です．

血液の含まれるサンプルは赤血球を除く処理をします

詳細は **Q36** でも解説しますが，血液や脾臓細胞などのサンプルで白血球などの解析をする場合には，溶血処理あるいは密度勾配遠心によって赤血球を除く操作が必須となります．溶血処理をしないで直接解析をすると，大量の赤血球が混入するため細胞処理速度が著しく低下し，データ容量を圧迫したり，白血球の蛍光シグナルが落ちたりするなど悪影響を及ぼします．また血餅の形成によりサンプルラインを詰まらせる原因にもなります．

FCM 解析では自家蛍光物質に注意が必要です

蛍光顕微鏡による細胞観察と同様に，FCM においても自家蛍光物質の存在を考慮する必要があります．

自家蛍光物質とは励起光により蛍光を発生してしまう自家（内在性）の蛍光物質のことで，代表的なものとしてフラビン類，NAD（P）H，Lipofuscin 類，コラーゲン，植物細胞であればクロロフィルなどが知られています．ある種の培養細胞や老化した細胞，組織から分離した細胞，死細胞などでも強い自家蛍光をもつものがあります．自家蛍光物質は幅広い蛍光波長をもつため，実際に使用している蛍光色素や蛍光タンパク質の蛍光波長と重なります．データの表示のしかた

によっては本来の蛍光シグナルを測定できず，単に自家蛍光が強い細胞を解析・ソーティングする可能性があります（**Q79, 80**）[1]．未染色の同一サンプルを測定し，あらかじめ自家蛍光の強度を確認します．

自動蛍光補正（オートコンペンセーション）の注意点

最近のフローサイトメーターは電圧調整や蛍光補正を自動で行う機能があり，特に多色解析を行う場合に，役立つ機能です．しかし自動蛍光補正（オートコンペンセーション）は，適切なコントロールサンプルの使用が前提となっており，コントロールの設定次第では，間違った蛍光補正値となり，データ解釈自体も間違える恐れがあります．

自動蛍光補正の流れ

陰性コントロールで各蛍光チャンネルの電圧を調整した後，各単染色コントロールのデータを取り込みます．陰性分画と陽性分画にゲートをかけた後，ソフトウェアが陰性，陽性分画の各チャンネルの蛍光強度平均値が等しくなるように自動計算を行い，補正値を算出します．

自動蛍光補正を正しく行うポイント

◆あらかじめ単染色コントロールのタイトレーションを行います

実際のサンプルの蛍光強度より低くならず，かつスケールアウトしないように，事前に抗体濃度を調整するためのタイトレーションを行います．

◆電圧調整を適切に行います

陰性コントロールで電圧調整を行った後，各単染色コントロールを流し，スケールアウトしていないか確認をします．もしスケールアウトしていた場合は，スケール内に収まるように電圧を下げて，陰性コントロールのデータ取り込みからやり直します．

特に PE-Cy7，APC-Cy7 などの長波長領域では，

細胞の自家蛍光が低いため，陰性コントロールの蛍光強度がかなり低くなります．この際に電圧を上げすぎると，スケールアウトが起こりやすくなります．

◆コントロールサンプルの設定（**Q7, 81**）

蛍光補正コントロールには，測定サンプルと同じ蛍光標識抗体を使用します．同じ種類の蛍光色素であっても販売会社や lot の違いにより差があるためです．特に PE-Cy7，APC-Cy7 などの FRET を利用したタンデム色素は，タンデム比率にばらつきがあるので，蛍光補正値に大きな差が出ます（**Q23**）．

◆抗体キャプチャービーズの使用

発現レベルの低い分子の場合は抗体キャプチャービーズをコントロールサンプルとして代用することができます（**Q53**）．ただし陰性コントロールのバックグラウンドレベルの差が大きい場合は代用できません．この場合はマニュアルで蛍光補正を行います．

フローサイトメーターのトラブルが発生したときは

フローサイトメーターのトラブルは，必ず起こります．トラブルの原因はサンプルの調製・フローサイトメーター操作のミス・装置の故障が考えられます．トラブル発生時に慌ててしまい，余計な操作をすると，さらなるトラブルが起きやすいです．また原因がどこにあるのかわかりにくくなるため，復旧に時間がかかります．いったん手を止め，トラブルが発生したときの状況がわかれば，どこに原因があるのか判明しやすくなります．各サンプルの解析・ソーティング設定の詳細な記録（ノズル径，圧力，使用レーザー，光学フィルター構成など）をとっておきます．

そうすることで，前のユーザー設定の変更時や，トラブル発生時に，適切な対応ができます．

日頃の機器の運用・メンテナンスについては，**Q14~16** も参考にしてください．

文献
1）「実験医学別冊 新版 フローサイトメトリー もっと幅広く使いこなせる！」（中内啓光/監，清田 純/編），羊土社，2016

（石井有実子）

第2章

フローサイトメーターの
購入・取り扱い，
その他装置の基本に関するQ&A

第 2 章　フローサイトメーターの購入・取り扱い，その他装置の基本に関するQ&A

関連するQ→Q11, 12, 14

Q10 フローサイトメーターの購入を検討しています．"アナライザー"か"セルソーター"か，"エントリーモデル"か"ハイエンドモデル"か，どのように考えればよいでしょうか？

A　フローサイトメーターで行う実験系から，購入装置に必要な性能を考えます．アナライザーは解析のみ，ソーターは解析とソーティングが可能な装置です．扱うサンプル種，同時解析マーカー数が少ない場合はエントリーモデルを選択します．逆に多い場合はハイエンドモデルになりますが，フローサイトメーターに関する知識も必要になります．

アナライザーとセルソーターの違い

◆アナライザー

解析のみ行う装置です．セルソーターと比較すると，初心者でも操作しやすく，メンテナンスも楽な装置が多いです．現在は低価格でも多レーザー搭載，多色解析可能な装置が出てきています．多検体の自動解析のために，オートサンプラーオプション（**Q11, 12**）が付いているのも特徴です．

◆セルソーター

解析に加えて細胞を生きたまま分取（セルソーティング）することができる装置です．解析可能な色素数はアナライザーよりも若干劣ります．アナライザーと比較して操作が若干複雑になり，定期的なメンテナンスも重要になります．

ソーティングはチューブなどに分取する方法（バルクソート）や96ウェルプレートなどにソートするプレートソートなどがあります．

エントリーモデルとハイエンドモデルの違いについて

エントリーモデルは低価格，自動セットアップ機能搭載などの特徴をもっており，フローサイトメーターに関して詳しくなくても，使用が可能な装置です．拡張性があまりないため，レーザーや検出器などの増設ができない場合が多いです．低価格フローサイトメーターのなかには，レーザーや検出器を安価なパーツにした装置があります．この場合，発現レベルの高い分子の検出時には問題がなくても，発現レベルの低い分子では検出できないなど，実際の測定に影響を及ぼす場合があります．事前に自分の希望する測定が，購入

表　エントリーモデルとハイエンドモデルの違い

	エントリーモデル	ハイエンドモデル
レーザー本数	1〜4	1〜7
測定可能パラメーター数※1	（アナライザー）　3〜14 （ソーター）　　　3〜6	（アナライザー）　4〜50 （ソーター）　　　4〜32
価格帯	（アナライザー）　300〜3,000万円 （ソーター）　　　1,000〜3,000万円	（アナライザー）　1,700〜7,000万円 （ソーター）　　　4,000〜9,000万円
拡張性	低い	高い
保守，維持費※2	100万円以下〜300万円/年	300〜1,000万円/年
操作性	簡単	若干難しい 蛍光色素などの知識が必要
拡張性	低	高

※1　同時測定が可能なパラメーター数ではなく，検出が可能なパラメーター数.
※2　保守契約の種類，装置の種類，使用頻度によって変動する.

予定の装置で可能か，確認することが重要です.

　ハイエンドモデルは高価格ではありますが，性能の高いパーツを使用しており，検出感度に優れた装置が多くあります. また拡張性にも優れているので，レーザーや，検出器を増設することで，新たなアプリケーションを使った測定をすることが可能です. ソーティング設定のカスタマイズができるため，サンプル種ごとに，最も効率のよいソーティングを行うことができます. ただし前述のようなカスタマイズを行うには，フローサイトメーターに関する知識があることが前提になります.

どちらのモデルを購入するか

　例えば多パラメーター解析を頻繁に行う研究室であれば，使用する蛍光色素に対応したレーザーや検出器が必要になるためハイエンドのアナライザーあるいはソーターの購入が妥当です.

　最初は2〜3カラーの解析しか行う予定しかないが，解析が進みさらにパラメーターを増やして測定したいといった場合にも，最初からハイエンドモデルを購入して，レーザーが必要になってから，アップグレードする選択もあります（**Q12**）.

　逆にGFPのような蛍光タンパク質を発現する細胞のソーティングしか行わない，蛍光色素としてFITCとPEしか使用しないというような場合には，488 nm

レーザー搭載4パラメーター解析のエントリーモデルのソーターでも，十分ということになります.

長く使い続けたい場合は，装置の維持費にも留意する

　他の高額大型装置と同様，フローサイトメーターも経常的に維持管理費用が必要になります. メンテナンス不良が測定結果に影響を与えることも多いため，定期的なクリーニングや精度管理が必須になります.

　ハイエンドモデルを購入時の注意点としては，レーザー自体が高額なため，突発的なレーザー故障時の財源の確保が必要になります. レーザーも含めた保守契約を行えば，突発的な出費は抑えられますが，費用はかなり高額です（**Q14**）.

可能であれば事前にデモを行う

　可能な場合は，購入前に実際に使用するサンプルで，デモを行いましょう. 自身が操作してデータ取得まで行うことで，装置の操作感がつかめます.

◆デモンストレーション時に確認するポイント
- サンプル測定の結果.
- 実際のサンプル解析速度，ソーティング速度.
- ソーティングの場合は再解析し，purity check（目

第 2 章 フローサイトメーターの購入・取り扱い，その他装置の基本に関するＱ＆Ａ

的の細胞が高純度で分取できていることの確認）を
する.
- スタートアップ，シャットダウンにかかる時間.
- 装置自体の操作性. チューブセットのしやすさな
  ど.

- 精度管理の方法.
- ソフトウエアの操作性. データ取得の方法（データ
  取得設定，データの追加ができるかどうか）.

（石井有実子）

関連するQ→**Q10, 12, 31, 54**

Q11 フローサイトメーターへの細胞の取り込み方法にはどのようなものがありますか？オートサンプラーとは何ですか？気をつけるべき点と合わせて教えてください．

サンプルチューブから細胞懸濁液を採取する方式には加圧方式，シリンジポンプ吸引方式，ペリスタポンプ吸引方式などがあります．オートサンプラーとは，チューブラックや96ウェルプレートなどから自動的にサンプルを吸引，データを取得するシステムで，多検体を扱うラボの生産性を飛躍的に高めます．

■ サンプルチューブから細胞懸濁液を採取する方式

◆ 加圧方式

サンプルチューブとサンプルポートを密着させたうえでチューブ内を加圧し，細胞懸濁液をサンプルラインへ流します．加圧方式は密閉状態を作り出すため，フローサイトメーターに合ったチューブを使用する必要があります．セルソーターのなかには，サンプルホルダーごと加圧するものもあり，この場合幅広いチューブ選択が可能になります．

◆ シリンジポンプ吸引方式

注射筒のような形状の容器に設定した液量のサンプルを吸引した後，シースラインへ流す方式で，解析するサンプル液量を正確に設定できるため，細胞の絶対数計測が可能です．密閉する必要がないため，幅広い形状のチューブや96ウェルプレートなどが使用可能です．一方で，イベントレートの安定まで時間がかかる，設定した液量を全量吸引してから解析ラインへ流すため，機種や設定によっては測定を中止しても吸引したサンプルを回収できない，などの短所もあります．

◆ ペリスタポンプ吸引方式

弾力のあるチューブを外部からローラーで潰し，媒体を絞り出すようにサンプル液を送液する方式で，安定した流速を維持できるためデータの安定性も高く，また流した時間と設定した流速から細胞数を定量することが可能です．一方，チューブの消耗により流速が微妙に変わるため，定期的に正確な流速を確認する必要があります（**Q54**）．

オートサンプラーの利点と注意すべきポイント

オートサンプラーとは，チューブラックや96ウェルプレートなどから自動的にサンプルを吸引，データを取得するシステムで，多くの機種では150〜250万円程度のオプションパーツです．マニュアル（1チューブずつ手差し）でサンプルをセットする場合，データ取得時間がそのまま作業者の拘束時間になり，多検体を扱うラボでは大きな負担になります．筆者のラボでは，長いサンプル調製の果てにフローサイトメトリーにたどり着き，疲労が蓄積した状態で数時間にわたる単調なチューブ交換作業に挑み，朦朧とした意識のなかで貴重なサンプルやデータを失った例が多々ありました．

オートサンプラーを装備したGallios（ベックマン・コールター社）を使いはじめてからそのような例はなくなり，実験時間自体も大幅に短縮することができました．筆者が担がんマウスの骨髄，末梢血，所属リンパ節，非所属リンパ節，腫瘍組織の5臓器を8匹分，計40サンプルについて細胞調製，染色，解析する例を示します．なお，使用しているGalliosは，32本の12×75 mmチューブをセット可能なサンプルローダーを搭載しています．酵素消化1時間，比重分離20分など，時間のかかる腫瘍画分の調製と並行して，比較的短時間で調製可能な他の臓器の細胞調製を進め，調製が終わった臓器から順次オートサンプラーにセットし，Flow-Countを用いて細胞数を計数します（Q54）．オートサンプラーにチューブをセットした後は手が空くので，残りの臓器の細胞調製を進めるといった具合です．順調に進むと腫瘍画分の調製

が終わるころには他の臓器のカウントが終了しており，スムーズに抗体染色へ移行することができます．

また，1サンプルあたり長時間のデータ取得が必要な希少細胞の解析や，多検体の解析などの際には，オートサンプラーの威力は絶大です．前述の実験の続きで2分/サンプルのデータ取得時間を設定し，40検体を2種類の抗体混合液で染色したサンプルを解析する場合，サンプルの入れ替えを含めて計80検体で3〜4時間程度要します．手動サンプリングの場合，この間に作業者がフローサイトメーターの前を離れることはできませんが，オートサンプラーを使用すると1.5時間おきに10分程度のサンプルセット時間を要するのみなので，この間他の作業を行うことができます．なお，このような長時間の解析をする際は，染色後のサンプルが凝集することもあるので，オートサンプラーにセットする直前にメッシュに通すようにしています．また，PI，7-AAD，DAPI（Q31）などの死細胞染色色素は，オートサンプラーにセットする直前に加え，できるだけバックグラウンドの上昇を防ぎます．

オートサンプラーの落とし穴として，流路の詰まりなどにより適切にデータを取得できなかった際に，リアルタイムで問題を把握できないことがあげられます．事後対応になりますが，サンプル切換のタイミングで必ず各サンプルのデータサイズを確認し，異常にデータサイズが小さいファイルがないか確認するなどで，問題を早期に把握し，再解析するなどの対応をとります．また，機種によってはサンプリングの際に問題が生じることもあるので，サンプル数とファイル数が一致しているか確認することも必要でしょう．

（上羽悟史）

関連するQ→Q6, 7, 18, 33, 81

Q12 新しく発売されたフローサイトメーター（アナライザー）を購入するときに注意することは何ですか？
レーザーは何本，何色検出できる必要がありますか？ 購入後にアップグレードすることはできますか？

解析速度のような基本性能以外に装置，ソフトウェアの扱いやすさも確認します．使用用途によって必要なレーザー数，検出器数は変わります．現在または将来使用予定の蛍光色素，蛍光タンパク質の数からレーザー，検出器数を選択します．レーザーのアップグレードは，機種によって異なるため購入前に確認が必要です．

アナライザー購入時のポイント

アナライザーはセルソーターと比較して，さまざまなユーザーが使用し，多数のサンプル解析，ルーチン解析を行うのに向いている装置になります．測定速度や最大データ取り込み数のような基本性能以外に，装置やソフトウェアの扱いやすさも確認します．

◆解析速度と最大取り込み数

サンプルの細胞濃度にもよりますが，解析速度が早いと，解析時間自体も短くなります．低頻度の細胞集団を解析する場合，解析に必要な全体の細胞数は大きくなります．したがってデータ取り込みの最大数が低い装置では，低頻度の細胞集団の解析は困難になります．全細胞でなく，前もってゲーティングした細胞の解析情報のみ保存する機能を有している場合はこの限りではありません．

◆スタートアップ，シャットダウンにかかる時間

スタートアップでは，装置の起動から実際のサンプルの測定までにかかる時間，シャットダウンでは測定終了から，装置をシャットダウンするまでの時間をみます．この時間が長いと，測定以外の時間が余計にかかることを意味します．自動シャットダウンのような便利な機能が付いている装置は，シャットダウンにかかる時間は無視することができます．

最近のアナライザーは，起動から5〜15分程度でサンプルの測定が可能な装置が主流です．それ以上かかるような場合，サンプル調製中などに，事前に装置を起動する必要があります．

第2章 フローサイトメーターの購入・取り扱い，その他装置の基本に関するQ&A

表　レーザーの種類と使用される蛍光色素（蛍光タンパク質）の一例

蛍光色素	光学フィルター※1	代表的な励起レーザーと検出が可能な蛍光色素					
		488 nm	561 nm	633 nm	407 nm	375 nm	345 nm
FITC，Alexa Fluor 488，GFP	530/30	○					
PE，DsRed	585/42	○	○				
PE-TexasRed，mCherry	616/23	○	○				
PerCP-Cy5.5	695/40	○	○				
PE-Cy7	760/60	○	○				
APC，Alexa Fluor 647，E2-Crimson	660/20			○			
Alexa Fluor 700	710/20			○			
APC-Cy7，APC-H7	780/60			○			
Pacific Blue，Brilliant Violet 421，Alexa Fluor 405	450/50				○		
Pacific Orange，Brilliant Violet 510，DAPI	525/25				○		
Brilliant Violet 605	610/20				○		
Brilliant Violet 650	660/20				○		
Brilliant Violet 711	710/50				○		
Brilliant Violet 786	780/60				○		
Hoechst 33342 Hoechst 33258	450/50（red），660/20（blue）				△※2	○	○
Brilliant Ultra Violet 395	379/28						○
Brilliant Ultra Violet 737	740/35						○

※1　構成される光学フィルターは装置によって異なる．
※2　検出は可能だが，感度の問題から細胞周期解析などでは使用しない．

◆ソフトウェアの確認ポイント

　アナライザーの場合，ルーチン解析を行う場合が多いので，ソフトウェアがシンプルで扱いやすいかが，重要なポイントになります．

- 測定までのワークフローがわかりやすい．
- プロット，ゲーティング設定が簡単に作成できる．
- データの取り込み設定のような入力が必要な部分の配置がわかりやすいかどうか．
- ファイルネームの変更が容易にできるかどうか．
- 自動蛍光補正が煩雑な手順を必要とするかどうか．正確な蛍光補正に必要なコントロールサンプルの条件が，自分の実験系で準備できるものかどうか．
- サンプル数が増え，データ容量が大きくなると，動作が重くなる，フリーズし，システムのパフォーマンスが低下するFCMソフトウェアが多々あります．パフォーマンスが低下するデータ容量が低い場合，頻繁にデータの削除が必要になり，データ管理に多くの時間がとられることになります．

◆オートローダーオプションの確認ポイント

　オートローダー（オートサンプラー）オプションは自動解析，ルーチン解析を助けるオプションです．設定の簡便さや操作時の柔軟性が求められます．

- 専用チューブ，プレートが必要かどうか．
- 撹拌や冷却機構が付いているかどうか．
- 96ウェルプレートなどで，サンプルが入っていないウェルをskipできるかどうか，skip時にサンプルデータの通し番号にズレが生じないかどうか．
- 測定に必要な最小サンプル量が多いと，測定中にエアーが混入しやすく，サンプル測定に失敗する恐れ

があります.
- 自動解析の設定から測定, 解析までにかかる時間を, 実際のサンプルで試しましょう.

装置の搭載可能レーザー数と, 色素数

検出できる蛍光色素数や種類は, 装置に搭載しているレーザーと, 検出器の数, 蛍光フィルターで決まります (表, Q18, 33).

レーザーを多く搭載するメリット

複数レーザーを搭載することで, それぞれの蛍光色素 (あるいは蛍光タンパク質) に最適な励起波長で励起できるため, 各蛍光分子の検出感度が上がります.

また, 使用可能な蛍光色素が増えるため, 同時解析ができる蛍光色素数も増えることになります. 異軸 (Q6) に配置されているレーザーの場合, 色素によっては蛍光補正 (Q7, 81) が簡単になるメリットもあります (例:GFP と PE).

レーザーの本数を多くすると, 蛍光色素の選択肢が広がりますが, レーザーごとに対応している蛍光色素の励起・蛍光波長などを把握する必要があります (Q18, 33). またレーザーの本数が増えるとそれだけ, 価格・維持費も上昇することになります. 最初から最大レーザー本数を搭載するのではなく, 使用していて実際に必要性が生じたときに, 後から新たなレーザーを増設するのもよいでしょう. 搭載可能なレーザーや検出できる色素数 (検出器数) は, 各社装置によって異なります. 購入前に確認をすることが重要です.

(石井有実子)

第 2 章　フローサイトメーターの購入・取り扱い，その他装置の基本に関する Q&A

関連する Q → Q2, 96

 各社からいろいろなセルソーターが発売されていますが，どのような違い・特徴がありますか？

 代表的なセルソーターは検出系に Jet-in-air 方式とフローセル方式を採用しています．Jet-in-air 方式はノズルを通過後にレーザー照射・シグナル検出を行います．フローセル方式は固定されたフローセル部で検出をします．
他にもソーティングをチップ内で行うマイクロ流路デバイスを利用した装置や，細胞塊や線虫のような，サイズの大きいサンプルを分取することが可能な装置などがあります．

従来のセルソーター

◆Jet-in-air 方式とフローセル方式

　従来のセルソーターの多くは液滴荷電方式を採用しています．サンプル流に振動をかけることで液滴を形成し，目的の細胞を含んだ液滴にのみ荷電します．荷電した液滴は，下流の偏向板により左か右に引き寄せられ，回収用容器にソートされます（Q2）．
　ソート部の原理は同じですが，シグナルの検出部分が機種によって異なり，Jet-in-air 方式とフローセル方式に分類されます．
　Jet-in-air 方式はノズルを通過後のサンプルストリームにレーザー照射を行いシグナルを検出します．水流に直接レーザーを照射し，サンプル流が絞られた状態でシグナル検出をするため，フローセル方式よりも細胞流速が早く，アボート率を低くすることができます．装置起動時やノズルの交換などで，水流の位置が変動した場合に，レーザー光軸の調整が必要です．またレーザー照射部からシグナルを検出するレンズまで距離があるため，出力の高いレーザーが必要で，検出感度もフローセル方式よりも劣ります．
　フローセル方式は，フローセル中にレーザーを照射，シグナル検出を行います．フローセルが固定されており，レーザーの照射位置が変動しないため（レーザー自体がずれない限り），光軸を調整する必要がありません．また検出レンズとレーザー照射部を近接させることができるので，シグナル検出感度は高くなります．ノズル詰まりなどでフローセルに汚れがつきやすく，汚れがひどくなると散乱ノイズが発生するため，定期的なクリーニングが必要になります．また大きなサイズの細胞や，粘性の高いサンプルを高速で流した際にフローセル中で乱流が発生しやすく，データにばらつきが生じることがあります．

従来のフローサイトメーター以外のセルソーター

◆マイクロ流路を使ったセルソーター

　セルソーティングをマイクロ流路チップ内で行う装

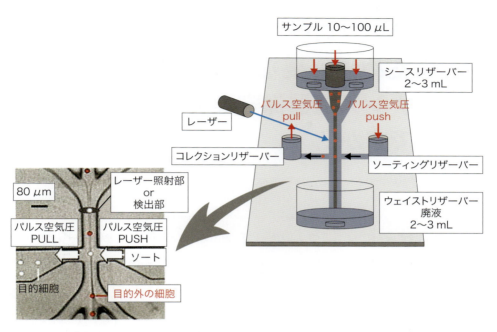

図　マイクロ流路セルソーターの概略図
レーザー照射部で検出した目的細胞は，ソーティングエリアでPush-Pull方式でパルス空気圧がかけられ，ソートコレクション部分に押し流される方式になっている．文献1より引用．

置です（図）．10～100 μL程度の微量サンプルのソーティングを行うため，シース液の消費量は少なくなります．チップ内でソーティングが完結し，チップ交換を行えばクロスコンタミネーションは起こらないため，通常のフローサイトメーターよりも無菌状態の維持が簡易になります．圧力変動が少ない条件でソーティングを行うため，圧力に弱い細胞種への悪影響は少ないと考えられます．

微量サンプルしか扱えないことと，細胞のソート処理速度が低い（20～50 cells/sec）のが現状の課題で，通常のフローサイトメーターで行うスケールのセルソーティングは困難です．解析・ソート速度の向上により，細胞の大量処理が可能になれば，再生医療のような臨床応用への用途拡大が期待されます．

細胞塊，サイズの大きなサンプルを分取するセルソーター

胚様体や，膵島，スフェロイドなどの細胞塊や，1,500 μmまでの大きなサンプル（線虫個体など）をそのままソーティングすることが可能な装置です（**Q96**）．検出シグナル数は限られ，ソート速度も低くなりますが，従来のセルソーターではソーティングができないサンプルを扱うことが可能です．

文献
1）Sawada T, et al：Cancer Sci, 107：307-314, 2016

（石井有実子）

第2章 フローサイトメーターの購入・取り扱い，その他装置の基本に関するQ＆A

Q14 快適にフローサイトメーターを使い続けるために必要なことは何ですか？ メンテナンス機器保守契約には入った方がよいですか？

A フローサイトメーターは，1秒間に数百〜数千個以上の細胞を解析する精密装置です．日々の精度管理の実施に加え，定期点検やメンテナンス契約への加入が推奨されます．メンテナンス契約に加入しない場合は，想定される故障内容およびその頻度と故障時の費用を前もって見積もり，リスクに備えることが大切です．

快適にフローサイトメーターを使い続けるために

フローサイトメーターは，毎秒数千個以上の速度で流路内を流れる直径10μm前後の細胞にレーザーを照射し，細胞から発せられる微弱な散乱光や蛍光を瞬時に検出する精密装置です．装置の流路内は常に細胞を流すシース液で満たされています．そのため，シース液の結晶化による流路の詰まりやバルブの固着，および検出部位であるフローセルの汚染を防止して安定稼働させるために，1週間に1回は機器を動作させてスタートアップ，シャットダウンの工程を実施して，内部のシース液を循環させることが推奨されます．また，長期間使用しない場合でも，メーカーの保証期間（通常1年間）が終了する前に必ず機器の動作確認を行い，初期不良などの問題がないことを確認しておくことも重要です．

日々の測定で，フローサイトメーターが正しく測定結果を出力していることを確認する指標として精度管理プログラムが搭載されています．近年，フローサイトメーターの自動化が進み，従来マニュアルでの設定が必要であったレーザーディレイの設定（複数本のレーザーを搭載する装置の場合）や検出器電圧の最適化などの項目も精度管理プログラムに含まれています．したがって，この精度管理プログラムの実行が，フローサイトメーターを用いて安定した正しい測定結果を収得するうえで非常に重要です[1]．また，プログラム内に日々蓄積されている精度管理データに含まれる，CV値や検出器電圧，レーザー出力などのパラメーターの変動から機器のトラブルを事前に察知することも可能です．

フローサイトメーターの消耗部品の定期交換，および各消耗部品のメーカー推奨実施期間内の交換も，装置のパフォーマンスを最大限に発揮し安定稼働するうえで重要です．消耗品の交換実施期間を過ぎると，部品劣化による誤った測定結果の出力やエラー表示により測定自体ができない状態となる可能性があります．ユーザーが交換できる消耗品は各製品のユーザーズガ

イドを参照して，ユーザー自身で交換できます．

保守契約プログラムには入るべきか？

　より安定して使用するために，少なくとも1年に1度，メーカーのエンジニアによる検出感度の校正や装置内部の消耗品交換など点検プログラムの実施が推奨されます．機器の校正や装置内部品の交換作業は，メンテナンスライセンスをもったエンジニアによる作業が必要になり，使用状況に応じた点検と年間契約としての保守契約がメーカーより提供されます．これら点検や保守契約は，フローサイトメーターの安定稼働だけでなく，信頼性のある測定結果を得るうえでの機器校正の証明においても重要となり，メーカーの保証期間終了に合わせた加入が推奨されます．

　しかし，現実的には，使用頻度や経費費用の関係で，メーカーの推奨する定期交換や保守契約への加入ができない場合も十分考えられます．その場合には，定期交換の期間を延長した場合のリスクを理解し，大切な部分だけを点検・交換することなども考えます．保守契約は保守管理とトラブルあるいは故障時の無償対応など，契約の項目により，かなりの金額になります．各社，保守契約はいくつかに分類され，オプションなどもありますので目的と金額に応じて選択します．機器によって，日常メンテナンスのしやすさ，トラブルあるいは故障の頻度は異なります．その機器についての情報を収集して，想定されるトラブルあるいは故障内容およびその頻度と，その故障時の支出を前もって見積もり，リスクバランスを考えてメンテナンス契約，あるいは適時対応のいずれが適当であるか（自己責任で）判断します．そのためにも，メーカーのスタッフには機器のメンテナンスについてもしっかりと相談しましょう．

文献

1）小川恵津子：VII章 業務管理.「スタンダード フローサイトメトリー 第2版」（日本サイトメトリー技術者認定協議会/編），pp129-131，医歯薬出版株式会社，2017

（清永信之）

Q15 フローサイトメーター・セルソーターはどのような部屋に設置すればよいのでしょうか？

フローサイトメーターはレーザー，流路および光学検出系より構成される精密機器です．安定稼働のために，温度，湿度，電源設備などの機器設置条件を満たして安定に維持でき，清潔度が保たれた実験室に設置します．さらに，窓際を避け，室内空調の気流をできるだけ受けない場所に設置します．

フローサイトメーターの推奨される設置条件

　フローサイトメーターの安定稼働に必要な設置環境温度および湿度条件は，メーカーおよび機種で異なります．納入業者およびメーカーに必ず確認するとともに，機器の設置仕様書を参照します．設置環境温度・湿度は，各メーカーが規定する範囲の中間値が一般的に推奨されます．季節および昼夜で温度・湿度が変化する日本では，温度・湿度変化が規定範囲を超えないように，空調の整った環境に設置します．装置を使用していない場合でも，装置の電子機器や光学フィルターの劣化などにつながる高温多湿を避けるため，部屋の温度・湿度は常に一定にコントロールします．また，金属部品の熱収縮などによる検出感度や光軸への影響を避けるために，装置に直射日光が当たる窓側など昼夜の温度変化が大きい場所への設置はできるだけ避け，やむを得ない場合は遮光などの対策を行います．

　設置電源条件も，メーカーおよび機種で条件は異なりますが，規定された電源電圧と電流の安定供給が必要です．非常に精密な電子機器であるフローサイトメーターでは，この電源電圧・電流が規定値を下回ると，装置本体に重篤な障害が発生する可能性もあります．したがって，複数の機器が稼働する実験室へフローサイトメーターを追加する場合は，電源電圧・電流が規定値を満たしているか施設の電気管理部門に確認します．必要に応じてトランス（変圧器）を設置して，安定した電圧・電流をフローサイトメーターへ供給します．

　精密機器であるフローサイトメーターは，清浄度が保たれた実験室に設置することも重要です．フローサイトメーターは機器内部を一定温度に保って安定稼働させています．そのため，実験室内の外気を機内に常時吸引して，機器内部で発生する熱を排熱して内部を冷却しています．一般的に吸引部にはエアーフィルターが設置されており，光学検出部は埃や塵の侵入を防止する構造となっていますが，清浄度が保たれる環境に設置することも，長期的な装置の安定稼働に重要です．また，吸引部のエアーフィルターは，防塵とともに装置の冷却効率を確保するために定期的に清掃します．

セルソーターの設置に関する
注意事項

　細胞のソーティングを無菌的に行うセルソーターの設置では，実験室内の空調による気流に注意します．空調の吹き出し口からの気流が直接装置に当たるような場合や，近くに吹き出し口があり埃が舞い上がる環境は，落下菌が測定サンプルや回収チューブ，およびプレートに混入する可能性を高めます．したがって，セルソーターはこれら空調によるコンタミネーションの影響をできるだけ受けない場所に設置します．ま

た，近年，セルソーターの取り扱いに関しては，これら無菌性の維持とともに，ヒト培養細胞を含め感染性が否定できないサンプルの使用者への曝露を防ぐため，バイオセーフティーキャビネット内への設置が国際学会の ISAC（International Society for Advancement of Cytometry）より推奨されています[1]．

文献
1) Holmes KL, et al：Cytometry A, 85：434-453, 2014

（清永信之）

第 2 章 フローサイトメーターの購入・取り扱い，その他装置の基本に関するQ&A

Q16 フローサイトメーター・セルソーターの起動時，シャットダウン時に気をつけることはありますか？

関連するQ→Q2, 16, 31, 56

A 起動時には溶液の補充・精度管理を行います．シャットダウン時には規定の方法とともに，使用サンプルに応じた機器流路の洗浄を実施して，特にサンプルラインとフローセル内部の汚れを十分に洗浄して取り除きます．

起動時の確認事項

　下記①〜④の起動時における一連の操作は，機器が正常に測定できる状態であることを確認する重要なステップです．一般的な確認項目としては，①シース液など溶液タンク内の液量のチェック，②セルソーターの場合はソーティング部分の清掃，③流路内の気泡の確認と除去，④規定の精度管理プログラムによる測定レーザー，光学検出器系，送液系の動作確認などがあげられます．

　まず，機器を始動する前にシース液や使用する溶液が補充されていること，および廃液の処理が完了していることを確認します．さらにセルソーターを用いて細胞のソーティングを行う場合は，ノズル周辺や偏向板など細胞を分離するソーティング領域，細胞回収用チューブホルダーの清拭を行い，コンタミネーションの要因となる塩析などの汚れがないことを確認します．

　溶液の確認および清掃後，機器を始動し送液を開始します．送液開始後は，各メーカーの手順書に従い，シースフィルターや流路内の気泡除去など起動時の確認項目を行います．フローサイトメーターにおいて細胞を検出する部位は数十μmと非常に狭い範囲のため，送液速度や細胞の流れの安定化，セルソーターの

液滴形成の安定化に対して変動要因となる，気泡や詰まりの除去は非常に重要な項目です．

　次に標準粒子を用い，機器の精度管理を行います．近年，機器精度管理プログラムを搭載した装置が普及しており，精度管理の大部分は自動化されています．精度管理の項目としては，圧力などの送液系動作状況の確認，レーザー出力やレーザーディレイ（2本以上のレーザーを用いる場合）の確認，バックグラウンドノイズや検出感度の確認，および検出器電圧の最適化（Q56）などが含まれます．これら精度管理の項目をパスした後，サンプルの測定に入ります．また，精度管理プログラムがパスしない場合は，一般的には気泡の除去や流路の洗浄操作を行い，解決しない場合は各メーカーへ問い合わせます．

シャットダウン時の確認項目

　機器使用後のシャットダウン操作は，測定に使用したサンプルや蛍光色素による汚染の影響を次の測定者に持ち越さないための重要な操作です．一般的な実施内容は，①サンプルラインやフローセルなどサンプルが接触する部分の洗浄，②廃液の処理とシース液など溶液の補充，③セルソーターでは偏向板など脱着可能

なパーツの洗浄，④ソーティング領域周辺の清掃・清拭などがあげられます．

サンプルラインの洗浄は各メーカーの手順書に従い，次亜塩素酸ナトリウムや界面活性剤を含む洗浄液を用います．特に，高濃度の核染色剤（PIや7-AADなど，**Q31**）を用いる細胞周期解析など流路に蛍光色素が残りやすい実験，細胞片や核酸の遊離により粘性の高い接着細胞や組織由来細胞を使用した測定後は，通常の洗浄操作に加え洗浄時間を延長し，光学検出部位であるフローセルと，サンプルの入ったチューブからフローセルに細胞を送るサンプルラインの内部の汚れを十分に取り除きます．細胞片など大きな汚れの蓄積は，サンプルが流れない詰まりや流速の不安定化と精度管理エラーを引き起こす要因となります．また，汚れが小さくとも特にフローセル内部の場合，散乱光や蛍光の検出感度の低下をもたらし，やはり精度管理エラーで測定に進むことができない原因ともなります．このようなトラブルを避けるために測定後の洗浄操作は必ず行います（**Q16**）．

また，洗浄操作後に，シース液の結晶化や流路の乾燥を防ぐため，蒸留水を吸引または蒸留水の入ったチューブをフローサイトメーターにセットしますが，この段階での注意点としては，常に新しい蒸留水を使用することが重要です．実験室では洗瓶に入った蒸留水を用いることもありますが，これらは必ずしも清浄度が保たれておらず（充填日やボトルの洗浄日も不明なケースが多い），滅菌蒸留水を使用時に分注し使用することが推奨されます．

洗浄後は装置の電源を切り，廃液の処分とシース液など各溶液の補充を行います．特にセルソーターへのシース液補充は後述の留意点より，実験終了後に行うことが推奨されます．セルソーターはピエゾ素子による振動で水流より毎秒数万個の液滴を形成し，目的の液滴だけに荷電して細胞を分離するきわめて精密な装置です．シース液を補充する際に発生する小さな気泡や，高圧状態からの急激な減圧で生じるマイクロバブルが流路に流れ込むと，ソーティングにおいて最も重要な液滴形成位置（ブレークオフポイント，**Q2**）の不安定化やソーティング純度の低下要因となります．

また，セルソーターを使用した場合は，シース液の飛散やサンプルが付着する可能性のあるソーティング領域，サンプルを回収するチューブホルダーなどの清掃も行います．特に高電圧がかかる偏向板の濡れや塩析を取り除くこと，可動部分を清掃し塩析による固着を回避することは，安定したソーティングとともにコンタミネーションを防止するうえでも非常に重要です．

文献

1）小川恵津子：VII章 業務管理．「スタンダード フローサイトメトリー 第2版」（日本サイトメトリー技術者認定協議会/編），pp129-131，医歯薬出版株式会社，2017

（二俣吉樹）

第 2 章 フローサイトメーターの購入・取り扱い，その他装置の基本に関するＱ＆Ａ

関連するQ→Q8

Q17 一般的な光電子増倍管（PMT）による検出以外にはどのような方法がありますか？

A

細胞の蛍光スペクトルを検出するスペクトル型フローサイトメトリー，高精細に細胞蛍光画像を取得するイメージングフローサイトメトリー，マルチパラメーター解析を実現する質量分析法を元にしたマスサイトメトリーがあります．

　一般的な光電子増倍管（photomultiplier tube：PMT）を用いた検出以外の手法として，主に3つの手法があり，いずれも製品として発売されています．1つ目は，ソニーイメージングプロダクツ＆ソリューションズ社より発売されている，スペクトル型フローサイトメーターです（図1）．従来のフィルター方式のフローサイトメーターとは異なり，プリズム光学系と32チャネルに分割されたアレイ状のPMTを用いた独自の光学系が採用されており，420 nmから800 nmの波長範囲の蛍光スペクトルを検出します．得られた蛍光スペクトル情報を活用し，独自のアルゴリズムによって計算するスペクトル・アンミキシングを用いて，近接蛍光スペクトル分離を実現します．これは，蛍光タンパク質や蛍光標識試薬を同時に多く用いるマルチパラメーター解析の際に非常に有用で

す[2)3)]．さらに，細胞種類ごとの自家蛍光スペクトルが測定できるため，自家蛍光スペクトルに注目した幹細胞分化のラベルフリーモニタリングの可能性も示唆されています[4)]．

　2つ目は，メルク社などより発売されているイメージングフローサイトメーターです．イメージングフローサイトメーターは，デジタル蛍光顕微鏡法とフローサイトメトリーを組合わせた画期的なシステムで，より詳細な細胞集団解析を可能にします（Q8）．技術的には，Time Delay Integration CCDを用いた独自の蛍光検出機構により，細胞を流しながら，高精細に細胞蛍光画像の取得を実現しています．最大7レーザーが搭載可能で，対物レンズも20倍，40倍，60倍から選択でき，最大12チャネルの解析を実現するカメラの増設や，被写界深度を拡張できるEDF

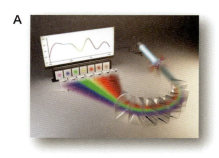
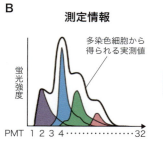
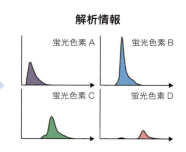

図1　スペクトル型セルアナライザーの検出方式（A）およびスペクトル・アンミキシング（B）の概念図
Bは文献1をもとに作成．

62　ラボ必携　フローサイトメトリー Q&A

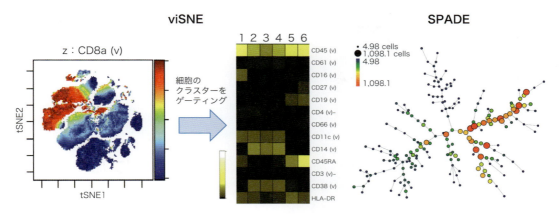

図2 マスサイトメーター（CyTOF）を用いたクラスタリング解析
ヒト末梢血を複数の細胞表面マーカーで染色後，CyTOFでデータを取得した．viSNE解析後，細胞のクラスターをゲーティングし，各クラスターの細胞表面分子の発現をヒートマップで示した．一方，SPADEでは，細胞表面抗原の発現パターンから同定されたサブセットの大きさと，発現の相関が樹形図で描かれる．

（Extended Depth of Field）機能の追加搭載も可能で，幅広い実験に対応できる柔軟性を備えています．アプリケーション例としては，赤血球分化の際の脱核の様子，細胞周期における有糸分裂期，T細胞と抗原提示細胞による免疫シナプス形成の観察，局在解析など，多岐にわたり，近年ではサブミクロンサイズの細胞外小胞である extracellular vesicles の検出にも広く利用されています[6,7]．

最後に，蛍光標識試薬の代わりに金属同位体を検出し，マルチパラメーター解析を実現する，質量分析法をもとにしたマスサイトメーターがあります（図2）．こちらは，フリューダイム社より販売されています．蛍光標識試薬を用いる解析の場合，蛍光色素のもつ最大励起波長や，最大蛍光波長，蛍光スペクトルの重なり合いなどにより，一度に解析可能なパラメーター数が制限されますが，マスサイトメトリーでは，蛍光標識試薬の代わりに金属同位体で標識された抗体を用いるため，理論的には100を超えるマーカーを同時に検出可能と言われています[8]．微量のサンプルでたくさんのパラメーターを一度に解析する必要のある貴重なヒトサンプルなど，マルチパラメーター解析の需要の高い，免疫学の領域を中心に活用されています．また，このマスサイトメトリーの登場をきっかけにして，マルチパラメーターデータの新しい解析手法の開発もさかんに行われています[9]．

文献

1) 古木基裕：スペクトル解析型セルアナライザー．「実験医学別冊 新版 フローサイトメトリー もっと幅広く使いこなせる！」（中内啓光／監，清田 純／編），pp284-292，羊土社，2016
2) Futamura K, et al：Cytometry A, 87：830-842, 2015
3) Schmutz S, et al：PLoS One, 11：e0159961, 2016
4) 二村孝治：光学，45：366-371, 2016
5) 山崎 聡，他：イメージングサイトメーターの原理と応用．「実験医学別冊 新版 フローサイトメトリー もっと幅広く使いこなせる！」（中内啓光／監，清田 純／編），pp293-301，羊土社，2016
6) Headland SE, et al：Sci Rep, 4：5237, 2014
7) Erdbrügger U, et al：Cytometry A, 85：756-770, 2014
8) Ornatsky O, et al：J Immunol Methods, 361：1-20, 2010
9) Saeys Y, et al：Nat Rev Immunol, 16：449-462, 2016

〈戸村道夫，二村孝治〉

第3章

抗体，色素の特性・選び方に関するQ&A

第 3 章 抗体，色素の特性・選び方に関するQ&A

関連するQ→Q23，24，31，33〜35，78，84

Q18 まず，4カラーを使いこなすには，どうすればよいでしょうか？ 分離のよい明るい蛍光色素の選択や，複数の蛍光色素を組合わせる際の注意点を教えてください．

従来，明るい蛍光色素といえばPEやAPCでしたが，より輝度の高い蛍光色素も開発されています．基本的には発現量の低い抗原には明るい蛍光色素を割り当て，複数の蛍光色素を用いる場合は，蛍光補正の少ない組合わせを選択します．

◆ 4カラーまでの解析で気をつけておくべきこと

今日，3本以上のレーザーを搭載したマルチカラーフローサイトメーターが普及しており，また，選択可能な蛍光色素の種類も50種類以上と，はじめてフローサイトメトリーを使用するうえでは，どの蛍光色素を選択するかは，非常に悩ましいことかもしれません．シングルカラーから4カラーまでの解析では，後述の蛍光色素の基本性質および機器の検出特性を理解することで，フローサイトメーターの性能を引き出した解析が可能となります．4カラー解析を使いこなせるようになってきたら，ここで紹介している色素についてのプラスアルファの情報（**Q33**），4カラー解析をさらに理解するためにも大切な蛍光波長の波形とマルチカラー解析（**Q34，35**）についても理解を深めておきましょう．

1カラー：蛍光強度の高い蛍光色素を選択し，単一分子の蛍光色素を優先します（BB515，PE，APCやBV421など）．また，シングルカラー解析でも偽陽性の要因となる死細胞除去を行うことが重要です（**Q31，78**）．

2カラー：蛍光強度が高く，かつ蛍光補正の少ない蛍光色素の組合わせを選択します（例えば，PEとBV421，BB515とAPCなど）．タンデム色素はロットやメーカー間で蛍光補正が異なることから（**Q23，24**），シングルカラー解析と同様に単一蛍光分子の標識抗体を優先して選択します．

3〜4カラー：対象となる抗原の発現量と蛍光色素の蛍光強度，および蛍光補正の割合から適切な蛍光標識を選択します．特にダブルポジティブを含む解析では，蛍光補正の少ない組合わせを選択します．また，3カラー以上の解析では，蛍光色素の組合わせにより，FMO（fluorescence minus one）コントロールの準備も必要となります（**Q84**）．3〜4カラーの組合わせの具体例は**Q34表**を参照してください．

◆ 蛍光色素の種類と明るさ

まず，蛍光色素には，単一分子とタンデム色素があります（**Q23**）．単一分子としては，低分子化合物のFITC，Alexa Fluor 488，Alexa Fluor 647，V450など，ポリマー分子のBV421，BV510，BB515など，蛍光タンパク質のPE，APC，PerCPがあります．ま

励起光源	蛍光強度			
	Very bright	Bright	Moderate	Dim
Blue (488 nm)	BB515 BB700 PE-CF594 PE-Texas Red PE/Dazzle 594 PE-Cy5	PE PE-Cy7	FITC Alexa Fluor 488 PerCP-Cy5.5 PerCP-eFluor 710	PerCP
Red (640 nm)		APC Alexa Fluor 647 APC-R700 eFluor 660		APC-H7 APC-Cy7 APC/Fire 750 APC-eFluor780 Alexa Fluor 700
Violet (405 nm)	BV421 BV650 BV711	BV480 BV605 BV786	BV510	V450 V500 Pacific Blue Pacific Orange eFluor 450

図1 蛍光色素と蛍光強度
Blue レーザー，Red レーザー，Violet レーザーで使用可能な代表的な蛍光色素を蛍光強度に応じて4段階に分類．

た，2つの色素を結合させたタンデム色素としては PE-Cy5，PE-Cy7，APC-Cy7，BV605 や BV650 などがあげられます．これら蛍光色素にはそれぞれ蛍光強度に違いがあり，**図1**では使用頻度の高い Blue レーザー，Red レーザー，Violet レーザーで励起可能な代表的な蛍光色素を，それぞれの蛍光強度により大きく4段階に分類しています．FITC や PE は，蛍光標識された抗体の種類も多く，汎用性の高い蛍光色素となりますが，蛍光強度の面からは BV（Brilliant Violet）や BB（Brilliant Blue）といった新しい蛍光色素も普及しています[1]．また，PE-Texas Red や PE-Cy5 のようなタンデム色素も明るい蛍光色素ですが，タンデム色素はロット間やメーカー間あるいは分解により，蛍光補正の割合や蛍光強度に違いが生じるため注意が必要です．BV605 や BV650 など BV シリーズも BV421 をドナーとしたタンデム色素となりますが，PE や APC など蛍光タンパク質とのタンデム色素と異なり，合成ポリマー分子へのアクセプター色素の導入部位は規定されることからロット間差は生じません．

これら蛍光色素の明るさに違いがあるのと同様に，測定する抗原の発現量にも違いがあります．**図2**はヒト末梢血リンパ球において1細胞あたりの抗原量を解析した例です（測定は抗原量を定量できる BD

Quantibrite beads を使用）．CD3，CD4，CD8 といった抗原は，1細胞あたりの発現量が高く，例えば PerCP や APC-Cy7 といった蛍光強度が低い蛍光色素でも十分に解析することが可能です．一方，CD25（IL-2Rα），CD127（IL-7Rα），CD194（CCR7）など非常に発現量が低い分子の解析では，蛍光強度の高い蛍光色素を割り当てることが重要となります．

図3は，発現量の低い CD197（CCR7）を例に，**図1**に示される蛍光強度の違いによる分離度の比較を行ったプロットとなります．発現量の低い抗原において，明るい蛍光色素と暗い蛍光色素では，その分離度に明確な違いが確認されます．このように，発現量の低い抗原，あるいは参考指標がない抗原を測定する場合は，まず，蛍光強度の高い蛍光色素の標識を用いることが有効です（活性化した細胞や強制発現させたトランスフェクタントを用いた実験では，暗い蛍光色素でも十分に検出できる場合もあります）．

蛍光補正が少ない組合わせを選択する利点

次に，2カラー以上の蛍光色素を用いる場合は，蛍光色素間の漏れ込みが最少となる組合わせを優先します（**Q34**）．また，蛍光の漏れ込みは，個々のフロー

第3章 抗体，色素の特性・選び方に関するQ&A

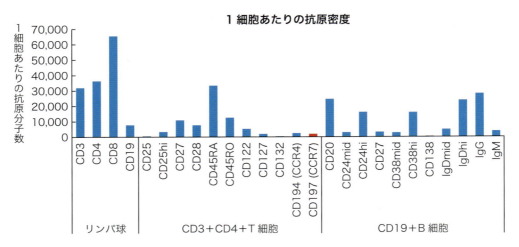

図2　末梢血リンパ球における1細胞あたりの抗原密度
測定は各PE標識抗体（抗体とPEの標識が1：1の製品）を用い，BD Quantibrite beadsにより検量線を作成し，抗原量を定量（グラフはn＝3の平均値）．

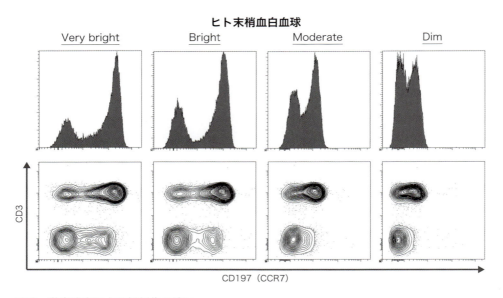

図3　蛍光強度による解析像の違い
ヒト末梢血白血球におけるCCR7発現を蛍光強度の異なる蛍光色素で測定した（ヒストグラムおよびCD3との2次元プロット）．CCR7など発現量の低い抗原の解析では，蛍光強度の違いが解析像に大きく影響する．

サイトメーターにおける光学フィルター構成やレーザー出力などの光学特性にも依存することから，実際に使用するフローサイトメーターを用いて検出感度および漏れ込み特性を理解しておくことも重要となります．図4は6種類（FITC，PE，PerCP-Cy5.5，PE-Cy7，APC，APC-Cy7）のCD4単染色コントロールを用い，2レーザーのフローサイトメーターの検出特性を解析した例となります．蛍光補正前の集団を赤，蛍光補正後の集団を青で示します．蛍光色素の漏れ込みは，赤枠のFITCとPEなど近接する波長領域，緑枠のPE-Cy7とAPC-Cy7などタンデム色素のドナー由来の蛍光，および青枠のPerCP-Cy5.5やPE-Cy7

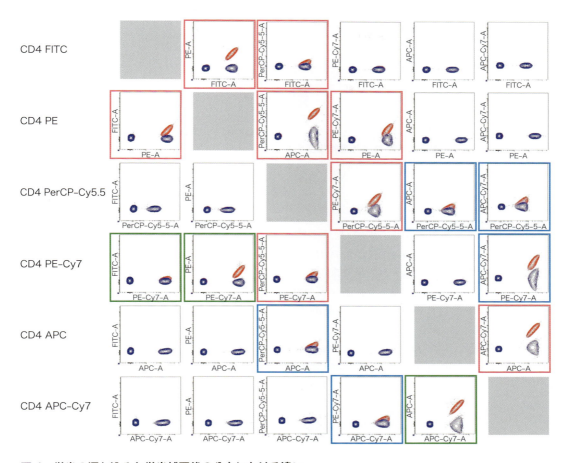

図4　蛍光の漏れ込みと蛍光補正後の分布における違い
各単染色を他の蛍光チャンネルとの2次元プロット．蛍光補正前の集団を赤，蛍光補正後の集団を青で表示．また，近接する波長領域での漏れ込みは赤枠，タンデム色素のドナー由来の蛍光の漏れ込みは緑枠，および複数のレーザーで励起される蛍光色素の漏れ込みを青枠で表示．

など複数のレーザーで励起される蛍光色素で生じることが確認されます（複数の要因が重なるケースもあります）．また，それぞれ蛍光チャンネルにおける補正後の集団（青色）の分布を比較すると，PerCy-Cy5.5とAPC，APCとAPC-Cy7，PE-Cy7とAPC-Cy7などにおいて，特に蛍光集団の分布の広がり（スプレッド）が確認されます．これは，フローサイトメーターで用いられる光電子増倍管やフォトダイオードの一般特性として，600 nm以降の長波長検出における量子効率の低下が要因となっています．

これら蛍光補正後のスプレッドは，特にダブルポジティブを含む2次元プロットの解像度に影響するため，注意が必要です．図5は蛍光補正が不要な2次元プロットと，蛍光補正を必要とする2次元プロットの比較例です．PEとAPC-Cy7の二次元展開のケースでは，両者間に蛍光の漏れ込みはなく，四分画マーカーのダブルポジティブ領域（ドットプロットの右上）に十分なスペースが確保されます．しかしながら，APCとAPC-Cy7のような蛍光補正が必要でかつ長波長同士の2次元プロットでは，両者の分布の広がりにより，ダブルポジティブを解析するスペースが限られ，弱陽性のダブルポジティブを解析するケースでは，その解像度が低下する可能性もあります．

3カラーや4カラー解析では，これらの蛍光補正が少ない組合わせを選択することが重要です．例えば，3レーザー（Blue/Red/Violet）のフローサイトメー

第 3 章 抗体，色素の特性・選び方に関する Q&A

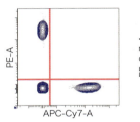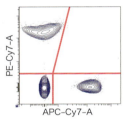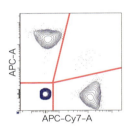

図5　蛍光の組合わせと細胞集団の分布
蛍光補正が不要または必要な組合わせにおける 2 次元展開（図 4 のデータより 2 つのデータを選択しオーバーレイ表示）．蛍光補正が不要な組合わせは，細胞集団のスプレッド（蛍光集団の分布の広がり）もなく，ダブルポジティブを含む解析では特に有用となる．

ターが使用可能な場合，PE，APC，BV421（**Q34**）を用いることで，蛍光補正が 1 ％以下で，かつ分離のよい測定も可能です[2]．しかしながら，現実的にはすべての蛍光補正を回避することは難しく，例えば，蛍光補正が必要となる組合わせを CD3$^+$ T 細胞と CD19$^+$ B 細胞の解析のようにダブルポジティブを含まない解析に割り当て，重要な解析ポイントに蛍光補正のない組合わせを適用するなどの工夫も必要となります．

文献

1）Chattopadhyay PK, et al：Cytometry A, 81：456-466, 2012
2）田中 聡，他：ソーターのセッティング② 日本ベクトン・ディッキンソン株式会社（BD FACSAria）．「実験医学別冊 新版 フローサイトメトリー もっと幅広く使いこなせる！」（中内啓光/監，清田 純/編），pp138-151, 羊土社, 2016

（田中　聡）

関連するQ→Q20, 28〜30, 31, 47, 51

Q19 細胞の蛍光標識方法には、どのような種類があるのでしょうか？

特異抗体による標識方法と細胞成分を直接標識する方法に大きく分かれます．前者では目的の細胞集団を選択的に標識できる一方，後者では細胞懸濁液中の細胞をすべて標識します．

特異抗体による細胞標識方法

抗体と抗原との結合は親和性が高いため，抗体は特定の抗原に特異的に結合します．特に同一クローンのハイブリドーマから産生されたモノクローナル抗体は抗原特異性が一定であることから，さまざまな蛍光色素で標識されたモノクローナル抗体がフローサイトメトリー解析に広く使用されています（**Q20**）．これらの蛍光抗体を使用すれば，特定の細胞集団を選択的に蛍光標識することが可能です．この手法では，種々の抗体を組合わせることにより，目的とする細胞集団の細胞数，分化・成熟段階，活性化，特定分子の発現量などさまざまな項目を解析できます．また，特異抗体を用いて標識した細胞はソーティング用のフローサイトメトリーにより，単離することも可能です．表1にマウスの細胞集団を標識するために使用される細胞表面分子の例をあげました．

特異抗体を用いた細胞標識では，個々の細胞集団を分離する必要がなく，不均一な細胞集団の中から目的の細胞集団のみを標識できるという利点があります．その一方で抗体結合分子の機能に影響を及ぼすことがあるため，その後の実験によっては注意が必要です．例えば，結合分子の機能を阻害するブロッキング抗体で細胞を標識した場合，その分子機能が抑制され，目的分子の機能を適切に評価できなくなってしまうことがあります．

また，抗体以外にも種々の蛍光プローブが開発され，細胞標識に利用されています．例えば，レクチンを用いて特定の糖鎖を標識（**Q30**）したり，オルガ

表1　特定の細胞集団に発現する細胞表面分子

細胞集団	発現分子
白血球全般	CD45
T細胞	CD3
ヘルパーT細胞	CD4
細胞傷害性T細胞	CD8
B細胞	B220（CD45R），CD19
樹状細胞	CD11c
マクロファージ	CD11b[※1]，F4/80
顆粒球	Gr-1，CD11b[※1]
赤血球	Ter119
血小板	CD41，CD61
血管内皮細胞	CD31，CD34[※2]
リンパ管内皮細胞	CD31[※2]，Lyve-1
上皮細胞	E-cadherin，EpCAM

マウスの各細胞集団に選択的に発現する細胞表面分子の例を示す．ただし，これらの細胞表面分子の発現パターンは細胞集団の分化や成熟段階，細胞亜集団などにより異なることがある．
※1：CD11bはマクロファージや顆粒球のほか，樹状細胞の一部などにも発現する．
※2：CD31およびCD34は白血球の一部にも発現する．

図　Calcein-AM による細胞標識
Calcein-AM はほとんど蛍光を発しないが，細胞膜を通過することにより，細胞内のエステラーゼによりエステル結合が切断され（左図），緑色の蛍光を発する Calcein となる（右図）．

ネラマーカーとなる蛍光色素を用いてリソソームなどのオルガネラを標識する〔LysoTracker（サーモフィッシャーサイエンティフィック社，フローサイトメトリーでの使用例は文献 1)〕ことが可能です．Annexin V はアポトーシス時に露出される細胞膜のホスファチジルセリンに強く結合することから，蛍光標識した Annexin V はアポトーシス細胞の標識に使用されます（**Q31**)[2]．

細胞成分を直接標識する方法

　細胞成分を直接標識する方法では，特定の蛍光色素を用いて細胞懸濁液に含まれる細胞をすべて標識します．このような蛍光標識試薬の多くは，細胞内に取り込まれた後にエステル基の切断など細胞内修飾によって蛍光を発するようになります．例えば Calcein-AM は Calcein のカルボキシル基がアセトキシメチルエステル化（AM 化）されることにより，細胞膜を透過することができます．Calcein-AM 自体はほとんど蛍光を発しませんが，細胞に取り込まれると，細胞内のエステラーゼによる加水分解を受け，Calcein となり，緑色の蛍光を発するようになります（最大励起/蛍光波長＝490/515 nm）．Calcein は細胞膜を通過できないため細胞内に長く留まります．したがって蛍光も数日間持続し，基本的に近隣の細胞に蛍光が移ることもありません（図）．一方，CMFDA，CMRA，CMTMR，CMAC の各蛍光色素は細胞膜を透過した後，細胞内のグルタチオン・トランスフェラーゼの作用によりチオール基と結合するため，細胞膜を透過で

表2　細胞成分を標識する蛍光色素

蛍光標識色素	最大励起/蛍光波長（nm）
Calcein-AM	490/515
BCECF-AM	482/528
CFSE	492/517
CMFDA	492/517
CMRA	548/576
CMTMR	541/565
CMAC	353/466

代表的な細胞膜透過型の蛍光色素とその最大励起/蛍光波長を示す．Calcein-AM，BCECF-AM，CFSE，CMFDA，CMRA は蛍光を発するために，細胞内でエステラーゼによる切断が必要である．CFSE はアミン反応性の，CMFDA，CMRA，CMTMR，CMAC はチオール反応性の蛍光色素である．

きなくなります．細胞成分を直接標識する蛍光色素の例を**表2**にまとめました（**Q30**)．

　このような蛍光色素を用いて細胞を直接標識する場合は，前もって目的細胞を調製する必要があります．また，特異抗体を用いる方法と異なり，特定の細胞集団を選択的に標識することはできませんが，蛍光標識された抗体と組合わせて使用することが可能です．細胞成分を直接標識する方法は細胞の局在や移動を追跡するときなどに使用されるほか，蛍光色素のなかでも CFSE は細胞増殖の解析に用いられます（**Q51**)．

　注意点として，標識の条件によって，細胞の機能に影響が出ることがあげられます．例えば，蛍光標識試薬の種類によっては高濃度で用いると細胞傷害性が現れたり，白血球では生体におけるトラフィッキングが低下したりすることが知られています[3]．したがって用いる細胞や実験の種類によりあらかじめ至適濃度を

決めてから本実験を行うことが推奨されます．

また，蛍光色素ではありませんが，ビオチンを細胞表面成分に共有結合させることで細胞をビオチン標識することができます（**Q28, 29, 47**）．ビオチン標識細胞は，蛍光標識されたストレプトアビジンを用いてフローサイトメトリーで検出可能です．例えば，NHS（*N*-hydroxysulfosuccinimide）–biotin を用いて細胞膜上の1級アミンにビオチンを結合させるキットが市販されています．

遺伝子改変動物を利用する方法

蛍光タンパク質を目的細胞に組み込んだ遺伝子改変動物が入手可能であれば，これらの動物由来の細胞を使用することも有効です．最近ではさまざまな遺伝子のプロモーターの下流に蛍光タンパク質の遺伝子を組み込んだトランスジェニックマウスや，目的遺伝子を蛍光タンパク質の遺伝子で置換したノックインマウスも入手可能です．また，基本的に全細胞で EGFP が発現するマウスも開発されていますので[4]，このようなマウスから単離した目的細胞は，長期間，安定した

蛍光シグナルが求められる実験に使用できます．

発現ベクターを使用して細胞を標識する方法

蛍光タンパク質の遺伝子を組み込んだ発現ベクターを目的細胞に導入し，蛍光タンパク質を発現させることで細胞を標識することできます．この方法では蛍光タンパク質の発現に時間が必要（少なくとも1〜2日）なことやベクターの導入効率が100%ではないため，主に培養細胞の解析で使用されます．一度，安定発現細胞株を樹立すると，蛍光シグナルは長期的に持続します．

文献

1）Chikte S, et al：Cytometry A, 85：169-178, 2014
2）沖田康孝，他：形態学的・生化学的変化を用いたアポトーシスの解析．「実験医学別冊新版フローサイトメトリーもっと幅広く使いこなせる！」（中内啓光／監，清田純／編），pp76-87，羊土社，2016
3）Nolte MA, et al：Cytometry A, 61：35-44, 2004
4）Okabe M, et al：FEBS Lett, 407：313-319, 1997

（梅本英司）

第 3 章 抗体, 色素の特性・選び方に関するQ＆A

関連するQ→Q48

Q20 ポリクローナル抗体とモノクローナル抗体のどちらを使うべきでしょうか？それぞれの長短所や注意点があれば教えてください．

A 双方の抗体が入手可能で同程度の強さに染色されるのであれば，最初はモノクローナル抗体をお勧めします．ただし，長短所を理解し，目的や状況によって使い分けます．

モノクローナル抗体の利点

一般に抗原は複数の抗原決定基（エピトープ）を有しています．動物を免疫すると複数のエピトープにそれぞれ対応する抗原受容体を発現した抗体産生細胞が増殖し，抗体を産生するようになります．1個の抗体産生細胞は1種類の抗原受容体を発現し，1個の抗体産生細胞から産生される抗体は1種類です．複数の抗原決定基に対する抗体の集合体をポリクローナル抗体とよびます．ポリクローナル抗体は抗原に対する特異性や親和性が異なる抗体が混在しています．通常，病原体の感染などで生体に誘導される抗体は，すべてポリクローナル抗体です．一方，1個の抗体産生細胞に由来し，抗体の特異性だけでなく，クラス，サブクラス，抗原に対する親和性なども均一な抗体分子群をモノクローナル抗体とよびます．このため，モノクローナル抗体は抗原分子上の1つのエピトープにのみ反応します（図）．

市販されているポリクローナル抗体は動物に抗原を免疫した後，血中の抗体を精製して販売されています．一方，モノクローナル抗体は，恒久的に増殖可能な抗体産生細胞であるハイブリドーマの培養上清などから精製されます．有限の寿命をもつ正常なモノクローナル抗体産生細胞と，無限に増殖を続けるミエローマ細胞（骨髄腫細胞）を細胞融合してハイブリドーマを作製する方法は，KöhlerとMilsteinによって確立され，これにより安定かつ大量のモノクローナル抗体の産生が可能となりました．

抗体の作製方法から，目的のタンパク質以外と交差反応を示す抗体がポリクローナル抗体中には含まれている可能性が高く，モノクローナル抗体は交差反応を示す可能性は低いです．

また，ポリクローナル抗体作製時，免疫動物から回収した血液中には目的分子以外にも非特異的に結合する抗体が含まれる可能性があります．市販されているポリクローナル抗体は，非特異的に結合する抗体を取り除く精製過程を経ていますが，モノクローナル抗体と比較するとバックグラウンドシグナルが高くなる傾向があります．

ポリクローナル抗体は一般に異種動物を免疫して作製されるため，同一の品質の抗体を得ることが難しく，抗原に対する親和性などに関してロット差がみられることが多いです．このためロットが変わった場合，抗原特異性，使用濃度などの最適化をお勧めします．それに対し，モノクローナル抗体は単一の抗体産

	ポリクローナル抗体	モノクローナル抗体
由来	さまざまな抗体産生細胞由来	単一の抗体産生細胞由来
認識するエピトープ	複数	単一
交差反応性を有する可能性	ある	低い
ロット差が生じる可能性	高い	低い
発現の低い分子の検出	検出しやすくなる可能性がある	検出しにくいことがある
（固定処理などによる）エピトープの変化に対して	強い	弱い

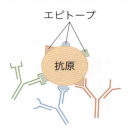

図　ポリクローナル抗体とモノクローナル抗体の違い

生細胞によって産生されるため抗体の品質が安定しており，ロット差はほぼありません．このため，通常購入している蛍光標識モノクローナル抗体は，異なるロットでも条件の最適化は一般的には不要です．

ポリクローナル抗体の利点

ポリクローナル抗体は抗原の複数のエピトープと結合できるため発現量の低い分子でも，モノクローナル抗体と比較してより明るく染めることができる可能性があります．また，サイトカイン染色などで細胞内染色（**Q48**）を行う場合，固定処理により抗原分子の一部が変化してしまう可能性があります．この場合，1つのエピトープを認識するモノクローナル抗体よりも，複数のエピトープを認識するポリクローナル抗体の方が，抗原分子に対する反応性が消失する可能性は一般的に低い傾向があります．

前述の様にポリクローナル抗体，モノクローナル抗体にはそれぞれに長短所があります．目的によって使い分けてください．

（守屋大樹）

第 3 章 抗体，色素の特性・選び方に関する Q&A

Q21 カタログにある抗体の「CD 分類」と，各種免疫細胞の識別に用いる抗体の組合わせを教えてください．

「CD 分類」とは，細胞表面に存在する分子に結合するモノクローナル抗体の国際分類ですが，研究現場では分子の名称として用いられています．各種細胞の特徴となる CD 分子は，その細胞を分類するマーカーとして使用でき，CD 分子に対する抗体によって，各種免疫細胞を識別できます．

「CD 分類」の歴史的背景

　白血球やその他のさまざまな細胞は，細胞表面にその細胞の特徴となる分子を発現しています．この分子の違いを見分けることで，細かい細胞の違いを識別することが可能です．これらの分子は，モノクローナル抗体が結合する細胞表面抗原として識別することができ，分化抗原，細胞表面マーカーともよばれます．しかし，異なるモノクローナル抗体が同じ細胞表面抗原に結合することがあり，混乱を生じていました．そこで，WHO（世界保健機関）の監修のもとで，ヒト白血球分化抗原に関する国際ワークショップ（HLDA ワークショップ，Human Leukocyte Differentiation Antigen Workshop）にて，細胞の表面分子に対するモノクローナル抗体を反応特異性に基づいてクラスター解析で群別し，その抗体群に CD（cluster of differentiation）番号が付与されました．これを CD 分類とよび，本来モノクローナル抗体の分類ですが，モノクローナル抗体が認識する表面抗原の名称にも用いられます．HLDA ワークショップは 1982 年にパリで第 1 回が開催され，現在に至るまでに計 10 回が開催されており，CD371 までが付与されています．CD 分類は，当初はヒト白血球分化抗原の分類に限定されていましたが，現在では赤血球や血管内皮細胞など他の細胞の分化抗原にも拡大され，細胞内の抗原にも適用されるとともに，マウスなどヒト以外の動物種の分化抗原にも適用されています[1]．

各種免疫細胞のマーカーとその抗体

　各種細胞を機能面や分化段階から細かく分類した亜集団（サブセット）を，識別，解析する際に，細胞表面分子をマーカーとして使用します．これらのマーカーの多くは CD 分類に基づくものですが，すべての細胞表面分子が CD 分類されているわけではなく，T 細胞受容体（T cell receptor：TCR）や主要組織適合遺伝子複合体（major histocompatibility complex：MHC）などのように，CD 分類から除外されている non-CD 分子もあります．

　例えばリンパ球サブセットの場合，代表的なものとして CD4$^+$ T 細胞，CD8$^+$ T 細胞，B 細胞などが知られています．これらの細胞は，顕微鏡下での形態観察により区別することはできませんが，それぞれ CD4，CD8，CD19 分子などに対する蛍光標識モノクローナ

ル抗体を使用することで，フローサイトメトリーにて識別，解析が可能となります．

各種免疫細胞のサブセット[2][3]，分化段階[4]に応じた細胞表面マーカーのリストを示した試薬メーカーのウェブサイトは，充実しており有用です．これらの情報やテキストの情報を使用するにあたって，各マーカー分子の使用しやすさ，信頼度を考慮し，後述の点に注意し，自分の目的に合ったマーカー分子を適宜選択して使用します．

● 1つの細胞のマーカー分子でも発現強度の高低があるので，細胞のゲーティングに使用しやすい分子としにくい分子がある．

● 使用するマーカーが，自分が解析したい細胞だけでなく，他のどの細胞で発現しているのかを理解しておく．マーカー分子自体は複数のサブセットに発現していることが多いので，T細胞系列，B細胞系列など，同じ細胞系列に含まれるサブセットで共通に発現するマーカー分子がある．一方で，全く異なる細胞系列で発現している場合もある．例えば，CD11cは樹状細胞のマーカーとして一般的に使用されるが，あくまでCD11cはインテグリンの一種であり，一部のNK細胞などにも発現する．また，B220はCD19などとともにB細胞のゲーティングに用いられているが，樹状細胞サブセットのプラズマサイトイド樹状細胞にも発現しており，活性化したNK細胞などにも発現する．

● ヒト細胞とマウス細胞でのマーカー分子の違いを理解する．共通のマーカー分子も多いが，どちらかだけで使用できるマーカー分子も多い．レビューやテキストなどでは，ヒトなのかマウスなのか表記されていないことも多いので実際の使用例を確認する．また，ヒトT細胞は活性化すると，MHCクラスII分子や，制御性T細胞以外でもFOXP3分子を発現するなど，マウスとヒトでは活性化などの刺激による分子の発現パターンも異なるので注意する．

● 自分が目的とする細胞が発現しているマーカー分子と，それをゲーティングするために必須のマーカー分子は異なる．また，解析時にどのマーカー遺伝子を用いて順番にゲーティングしていくのかも重要である．用いるマーカー分子の組合わせとともに，実際の解析例を前もって確認して自分の実験に適用するのがよい．

文献・ウェブサイト

1) HCDM（Human Cell Differentiation Molecules）（http://www.hcdm.org/）
2) ベックマン・コールター社（http://www.beckmancoulter.co.jp/）
3) BioLegend 社：Cell Markers（https://www.biolegend.com/cell_markers）
4) BioLegend 社：Maturation Markers（https://www.biolegend.com/maturation_markers）

（奥山洋美，戸村道夫）

第 3 章 抗体，色素の特性・選び方に関する Q & A

関連する Q → Q5, 6, 12, 30, 34

 22 フローサイトメトリーに用いる蛍光色素と，蛍光顕微鏡観察に用いる蛍光色素に使い分けはありますか？

 各機器に対応した蛍光色素を使用する必要があります．特に蛍光顕微鏡観察で用いられるオレンジ・赤色系の蛍光色素は，フローサイトメーターに装備されているレーザーの種類によって検出できないことがあるので，注意が必要です．

フローサイトメーターのレーザーに対応した蛍光色素を使用する

　蛍光色素の電子は，光エネルギーを吸収することで励起され，基底状態に戻る際に余分なエネルギーを蛍光として放出します（Q5）．この励起光および蛍光の波長域はそれぞれの色素に特有であり，その光特性を蛍光スペクトルといいます．各蛍光色素がフローサイトメトリーに使用できるかどうかは，各蛍光色素の蛍光スペクトル（励起波長と蛍光波長）とフローサイトメーターに装備されているレーザーの特質（光源波長と検出フィルターの種類）によって決まります（Q5, 6）．一般的なフローサイトメーターではバイオレットレーザー（405 nm），ブルー（アルゴン）レーザー（488 nm），レッドレーザー（633 nm）の3種類のレーザーを装備していることが多く，使用したい蛍光色素がこれらレーザーの検出領域に対応するかが鍵となります．

　注意が必要なのは，フローサイトメーターと共焦点顕微鏡では標準装備されているレーザーの種類が異なる点です．特に，共焦点顕微鏡で汎用されるグリーンレーザー（ヘリウムネオン光源：543 nm，クリプトン光源：568 nm）はフローサイトメーターには装備されていないことが多々あります．この検出域に対応する蛍光色素はオレンジ・赤系の色素であり，Cy3 や Alexa Fluor 568, Alexa Fluor 594 などの他，RFP や mCherry, tdTomato などフルーツ系の蛍光タンパク質も含まれます．これらの蛍光色素はフローサイトメーターではほとんど検出不可能か，検出されても本来のシグナル強度より低くなります．ただし，最近ではグリーンレーザーが装備されたフローサイトメーターも増えていますので，使用するフローサイトメーターのレーザー特性を各自で知っておくことが重要です（Q12）．

　また，核染色用の蛍光色素についても注意が必要です．Hoechst 33342 は DAPI に比べて細胞への浸透性が高いため，固定していない生細胞の核でも染色することが可能です（Q30）．Hoechst 33342 は DNA 結合時で最大励起波長 355 nm，最大蛍光波長 465 nm を示すことから，Pacific Blue などの検出に使われるバイオレットレーザー（405 nm）ではほとんど励起されませんが，UV レーザー（355 nm）を用いると効率よく励起されます．そのため，生細胞の核をフローサイトメトリーで検出するときは Hoechst 33342 で標識し，UV レーザーで検出します．

　なお，各蛍光色素がフローサイトメーターや蛍光顕微鏡で使用可能かどうかは，それぞれの蛍光スペクトルの特性だけでなく，各蛍光色素の安定性など他の要

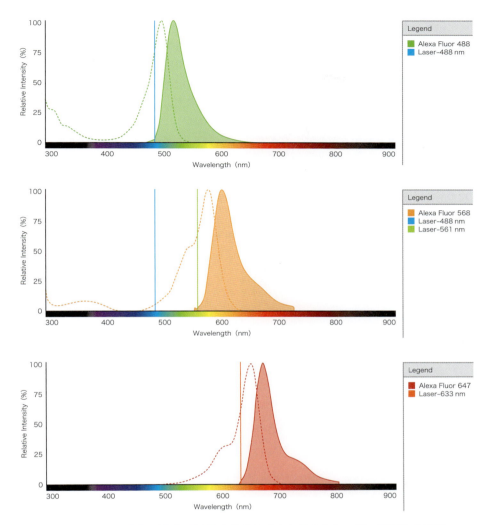

図　Alexa Fluor 488, 568, 647 の蛍光スペクトラムとレーザー光源との関係
サーモフィッシャーサイエンティフィック社の蛍光スペクトルビューアーを用いて作成した．点線は励起スペクトル，実線は蛍光スペクトルを示す．

因にも左右されます．例えば，フローサイトメトリーで汎用される PE は蛍光スペクトルの観点からは共焦点顕微鏡にも使用可能ですが，共焦点顕微鏡のレーザーではすぐ褪色してしまうため，共焦点顕微鏡解析にはあまり用いられません．これはフローサイトメトリーと共焦点顕微鏡での蛍光の検出方式の違いによるためです．フローサイトメトリーでは，レーザーは強いですが細胞に当たる時間は，レーザーの前を通過する 10 μsec 程度です．それに対し，共焦点顕微鏡では，観察視野に何回もレーザーを当てて観察や撮像す

るのが一般的です．そのため，フローサイトメトリーで一般的に使用される FITC や APC の代わりに，共焦点顕微鏡観察ではレーザーを長時間当て続けても褪色しにくい，後述の Alexa Fluor 488 や Alexa Fluor 647 が使われます．

蛍光スペクトルビューアーを活用する

最近では新しい蛍光色素も次々と開発されていま

第 3 章 抗体，色素の特性・選び方に関する Q & A

す．目的の蛍光色素がどの程度，フローサイトメーターのレーザーで効率よく励起されるか自分で判断するためには，蛍光色素やフローサイトメトリーを扱う企業がウェブ上で提供している蛍光スペクトルビューアーを用いると便利です（**Q34**）．

例として Alexa Fluor 488，568，647 の各色素がフローサイトメトリーで使用できるかを見てみます（図）．蛍光スペクトルビューアー上で蛍光色素として Alexa Fluor 488 を，レーザー光源としてアルゴンレーザーを想定して 488 nm を選択してみます．そうすると Alexa Fluor 488 の最大励起/最大蛍光波長は 490/525 nm であることが視覚的に表示され，これはアルゴンレーザーの光源波長とほぼ重なることから，Alexa Fluor 488 はフローサイトメトリーで問題

なく励起されることがわかります．一方，Alexa Fluor 568 は最大励起波長が 578 nm のためアルゴンレーザーではほとんど励起されません．しかし，グリーンレーザー（561 nm）であれば，Alexa Fluor 568 は効率よく励起されることが見てとれます．また，Alexa Fluor 647 は APC の検出に用いられるレッドレーザー 633 nm で励起されることから，フローサイトメトリーで使用できます．以上のように，蛍光スペクトルビューアーを用いると，馴染みのない蛍光色素でも，フローサイトメトリーのレーザーでどれくらい効率よく励起されるか見当をつけることができます．

（梅本英司）

関連するQ→Q7, 24, 25, 33, 35, 45, 48, 49, 53, 81

Q23 ダイレクト色素（単一）とタンデム色素は何が違うのでしょうか？ 長短所や注意点を教えてください．

タンデム色素はドナーとアクセプターから構成され，ドナーが励起されてアクセプターが発光します．ドナーとアクセプターの組合わせにより単一色素では得られない励起・発光波長特性および蛍光強度を得ることができますが，分解する可能性もあり保存・使用に注意が必要です．

タンデム色素の原理

　タンデム色素はドナー色素とアクセプター色素が共有結合でカップリングしています．ドナーがドナーの波長特性に基づいて励起され，エネルギーを分子内蛍光共鳴エネルギー移動（fluorescence resonance energy transfer：FRET）によりアクセプターに伝達し，アクセプターの波長特性により蛍光を発します（図A)[1)〜5)]．ドナーとアクセプターの組合わせにより，同じ励起波長でもタンデム色素の発色波長は変化します（例 PE-Cy5では667 nm，PE-Cy7では773 nm．図B)．

タンデム色素の長所

　ドナー色素の励起波長に比べて長波長に発色波長があるアクセプター色素をドナー色素と組合わせることで，ドナー色素の励起波長特性は残したまま，発色波長を長波長側にシフトすることができます．解析装置のフィルターおよび検出器の配置次第ですが，タンデム色素の導入により1本のレーザーで少なくとも3〜4色を検出することができ，現在の多重パラメーター解析を可能にしている縁の下の力持ちといえます．また，ドナー分子に対してアクセプター分子の比率を高めてカップリングすることが可能な組合わせでは，アクセプター色素単体で用いるよりも蛍光強度を増強することができます．

タンデム色素の短所および注意点

　タンデム色素には以下のような特長や制約があるため，保存・抗体の割り当て・染色アプリケーションには注意が必要です．

◆FRET効率は完全ではない

　FRET効率は100％ではなく，ドナー色素が保有する発光波長でも若干の発色が発生します[1)]．例えば，PE-Cy7ではエネルギーの大半はCy7側の発光特性に基づいて773 nm付近に大きなピークを形成しますが，一部はPE側の発光特性に基づいて578 nm付近にも小さいピークを形成します（図B）．

第3章 抗体, 色素の特性・選び方に関するQ＆A

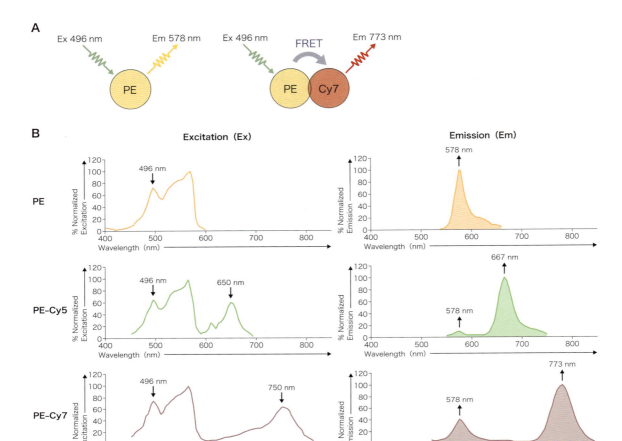

図　タンデム色素の作用機序

A) PE-Cy7 を例としたタンデム色素の作用機序. PE がドナー色素として働き, 青色レーザー（488 nm）あるいは緑色レーザー（532 nm）で励起され, FRET によりエネルギーをアクセプター色素（Cy7）に伝達する. アクセプター色素は, Cy7 の波長特性に従って 773 nm にピークをもつ発色を示す. Ex：励起光, Em：蛍光. **B)** PE, PE-Cy5 および PE-Cy7 の励起・発色スペクトラム. PE-Cy5 は Cy5 由来の 667 nm 付近に, PE-Cy7 は Cy7 由来の 773 nm 付近にピークをもつ発色を示すが, 両タンデム色素ともに一部は PE 由来の 578 nm 付近にも発色を示す. タンデム色素の発色スペクトラムは単一ピーク型ではなく, ドナー色素とアクセプター色素由来の波長が重なる, 複数ピーク型を示すことが多くなる.

◆アクセプター励起による漏れ込み

　タンデム色素を構成するアクセプターの励起波長でも刺激を受ける可能性があります. 例えば, PE-Cy5 では, ドナー（PE）の特性に従って青色レーザー（488 nm）や黄色/緑色レーザー（533 nm）だけで励起されると思い込みがちですが, アクセプターの Cy5 が励起 650 nm, 発色 670 nm なので, 赤色レーザー（633 nm）でも励起されます（図 B）. その結果, PE-Cy5 は赤色レーザーの検出器（APC, 660 nm）でも検出されます. ほとんどの場合蛍光補正（**Q7, Q81**）で解決できますが, 思わぬ漏れ込みがドナー色素の波長特性とは異なるレーザーや検出器で発生しうることに注意が必要です. また, アクセプター励起の特性も踏まえて多重染色パネルを決定する必要があります（本稿の「染色パネル構築」を参照）.

◆保存や染色条件による分解・褪色

　タンデム色素は, 以前に比べれば安定性は向上しているものの, 露光や不適切な保存・使用方法により, 分解・褪色する可能性があります（**Q25**）[6]. 抗体の

保存は4℃を厳守し，絶対に凍結してはいけません．至適条件下で保存しても長期間では徐々に変性するので使用頻度が低い抗体は小スケールでこまめに購入する工夫も必要です．染色温度も重要で，できるだけ4℃で染色します．また，染色およびデータ取得のすべてのステップにおいて可能な限り遮光する必要があります．タンデム色素は褪色が早いため，顕微鏡解析には向いていません．

◆ 製造ロット差

タンデム色素には製造ロット差があり，製造ロットごとに蛍光特性が異なる可能性があります．ほとんどの蛍光抗体試薬メーカーは製造ロット差が極小になるようにそれぞれの社内基準を設定して品質管理していますが，メーカー間では蛍光特性に無視できない差があることも経験します．したがって，同一シリーズの実験群内では抗体メーカーを統一する方が確実です（**Q24**）．

◆ 固定や浸透処理

タンデム色素は固定や浸透処理によっても分解する可能性があるため，可能であれば固定液への曝露を避けて数時間以内にデータ取得を実施する，あるいは固定せざるをえない場合は固定液の品質（純度）や固定時間（最長で30分まで）に注意する必要があります．固定後は洗浄してFACSバッファー（**Q45**）あるいはPBSに置換し，固定液に入れたまま数時間以上保存することを避けます．自作した固定液（4%PFAなど）を用いる場合は，事前にテストしておくと安心です．

サイトカインや転写因子などを対象にした細胞内染色の場合，細胞表面分子を染色した後に固定・浸透処理と引き続いて細胞内染色を行いますが（**Q48, 49**），細胞表面分子の染色にタンデム色素を用いると固定・浸透処理中に分解することがあります．したがって，多重染色パネルを決定する際には，タンデム色素は細胞表面染色ではなく細胞内染色に優先的に割り当てると分解のリスクを最小限にすることができます．

◆ アクセプターの種類

同一の検出器で用いられる類似のタンデム色素では，ドナー色素が同一であってもアクセプター色素が異なれば，タンデム色素としての蛍光特性や固定液への耐性は変化します．例えば，APC-Cy7とAPC-eF780とAPC-H7はいずれも633 nmレーザーで励起され，780 nm付近に発色ピークがある類縁色素ですが，APC-Cy7が露光や固定液への耐性が低く（変性しやすい）APCなどへの漏れ込みが多めに生じるのに対して，APC-eF780はAPCなどへの漏れ込みがやや緩和されている．APC-H7は蛍光強度がやや弱いものの露光や固定液への耐性が比較的高く，APCなどへの漏れ込みも少ないという差があります．このような差異を考慮して，どのようなゲーティングに用いるのか〔dump（**Q24**）として陰性ゲートに用いるのか，あるいは解析対象細胞を選択する陽性ゲートに用いるのか〕決定し，最適なタンデム色素を選択します（**Q35**）．

◆ 蛍光補正サンプルの重要性

前述の注意点があるため，タンデム色素の蛍光補正は慎重にかつ確実に行う必要があります．同じ種類のタンデム色素標識抗体（例えばCD8–PECy7）でも試薬メーカーごと，製造ロットごと，実験ごとに差がありうるので，実際に染色パネルで用いる抗体を使用して単染色コントロールを準備し，さらにアイソタイプコントロール（**Q53**）を加えて，毎回確実に蛍光およびバックグラウンド補正を行う必要があります．

◆ 染色パネル構築

タンデム色素はこれまで述べてきたようなさまざまな特性をもつため，どの抗体（抗原）をどのタンデム色素に割り当てるべきか，ということを事前によく検討する必要があります．特に，1つ前の項目で述べた蛍光補正を確実に行うことを前提としても，タンデム色素が分解やアクセプター励起により多少の漏れ込みを特定のチャンネルへ生じる可能性を考慮します．例えば，PE-Cy5の場合は，FRET効率限界や色素分解によりPEや，アクセプター励起によりCy5の近傍であるAPCへ漏れ込みが発生する可能性があります．したがって，PE-Cy5からPEやAPCへ漏れ込み

83

第3章 抗体，色素の特性・選び方に関するＱ＆Ａ

が生じても，PEやAPCで染色した分子の測定に影響がないように，PE-Cy5とPEとAPCに割り当てる抗体の組合わせを考慮するとよいでしょう．具体的には，PE-Cy5とPEやAPCに相互排他的な抗体（例えばB220 vs CD3など）を割り当てるなどの工夫をします．

文献

1）BioLegend社：Tandem Dyes（https://www. biolegend. com/tandem_dyes）
2）Johansson U & Macey M：Cytometry B Clin Cytom, 86：164-174, 2014
3）Le Roy C, et al：Cytometry A, 75：882-890, 2009
4）Edinger M：Multicolor Flow Cytometry, Principles of Panel Design（https://www.bdbiosciences.com/documents/BD_Webinar-MulticolorFlowCytometry_01_09. pdf）
5）サーモフィッシャーサイエンティフィック社：Flow Cytometry Frequently Asked Questions（http://www. ebioscience. com/resources/faq/flow-cytometry-faq.htm）
6）Hulspas R, et al：Cytometry A, 75：966-972, 2009

（倉知　慎）

関連するQ→Q23, 27, 29, 35

Q24 市販抗体を購入する際に，気をつけるべきポイントを教えてください．

A フローサイトメトリー用抗体の販売実績が豊富な試薬会社から，フローサイトメトリーで実績が確認されている抗体をクローン・アイソタイプ・標識蛍光色素の種類などに注意して購入します．

◆ 抗体を購入する前に確認すること

フローサイトメトリー用に市販の抗体を購入する場合には，以下の点に注意するとよいでしょう[1)2)]．

◆ 試薬メーカー

フローサイトメトリー用の蛍光色素標識抗体を販売している試薬メーカーは複数ありますが，大手の会社ですと製造ロットを含めて品質管理が厳しく行われているので，販売実績が豊富な会社を第一選択とするとよいでしょう．選択に困る場合は，研究室の先輩や同僚に聞いたり，同じ研究分野の論文を確認することも重要です．標識蛍光色素が同じでも，試薬メーカー間で明るさ・漏れ込み・分解耐性といった特性に差があることを経験したことがあるので，染色がうまくいかない場合はメーカーを変更することも考慮します（Q23）．

◆ フローサイトメトリーで実績があること

抗体が認識する目的抗原のエピトープに類似した部位を他のタンパク質も保有する場合があります．ウエスタンブロットの場合は，非目的タンパク質を含む複数のバンドが出現しても目的のタンパク質のサイズから特異的なバンドを同定することが可能ですが，フローサイトメトリーではすべてのシグナルが合算されてしまうため，非目的タンパク質からのバックグラウンド・シグナルを除去するのが困難です．したがって，フローサイトメトリー用に新規に抗体を導入する場合は，可能な限りフローサイトメトリーで使用実績がある，低バックグラウンドの抗体を選ぶ必要があります．フローサイトメトリーでデータがない抗体をはじめて使用するときには，陰性コントロールとしてノックアウトあるいはノックダウン細胞を準備することが理想的です．

◆ 抗体クローン

同じ抗原分子に対して複数の抗体クローンが利用可能な場合があります．一般論として，lineage markerのような主要抗原では抗体クローンによる差はあまり大きくないのですが，分化マーカーでは時に大きな染色性の差異を経験します．また，特定の抗体クローンが他の抗体の染色性を阻害する場合や，抗体結合により染色後の細胞のシグナル経路を活性化する抗体も存在します．ソーティングで細胞を分取した後にマウスなどに移入してfate-mappingを行う場合は，細胞表面に残存する抗体がdepletion抗体（抗体依存性細胞傷害により染色された細胞が排除される）として作用してしまうケースもあります．したがって，先行論文および試薬メーカーが公開している抗体の技術情報を参照して，自分のアプリケーションに最適なクローンを選択していく必要があります．また，クローンの特

性に合わせて，染色条件を調整したり，適切なコントロールを設定する必要があります．

クローンが異なってもエピトープが同じ，またはエピトープに結合する際に相互に干渉する場合もあります．身近なところでは，anti-mouse CD4 の GK1.5 の CD4 分子への結合は RM4–5 ではブロックされますが，RM4–4 ではされません．この性質を利用して，例えばマウスへの GK1.5 投与による CD4$^+$T 細胞の depletion の確認には，RM4–4 は使用せず RM4–5 を用いる，といったように使い分けられます（**Q35**）．

また，組織からの細胞分離で，コラゲナーゼなどの組織分解酵素を使用する場合，目的分子の酵素感受性にも依存しますが，目的分子のエピトープが消化されて，シグナルが減弱，あるいは消失してしまうことをよく経験します．そこで，目的の分子に対して複数のクローンを選択できるときは，エピトープが酵素処理の影響を受けにくいクローンを選択することもポイントです（**Q35**）．

◆ 免疫動物およびクラス

抗体をつくらせた動物（host あるいは source）と抗体の免疫グロブリンのクラスは，適切なアイソタイプコントロールを選択するために確認すべき情報です．また，未標識の抗体を一次染色に用い，免疫グロブリンに対する二次抗体で染色して検出する場合には，同じアイソタイプの一次抗体を複数使用できないため，適切な一次抗体と二次抗体の選択に重要な情報となります（**Q27, 29**）．

◆ 標識色素

最近バイオレットレーザー（405 nm）や UV レーザー（355/375 nm）が導入されるようになり，類似の色素名でも励起レーザーが異なるものが増えてきました．また，タンデム色素（**Q23**）もアクセプター側にさまざまな派生体が採用される例が増えています．これらの新しい色素には励起レーザーと検出フィルターの組合わせが一見してわかりにくいものがあるので，自分が利用する解析装置で使用できる色素であるか，購入前に確認をする必要があります．

◆ 抗体カクテル

存在頻度がきわめて稀な細胞集団（幹細胞など）を確実に検出するためには，分化した成熟細胞を染色して除去する必要があります．例えば，造血幹細胞を同定するためには，T 細胞・B 細胞・単球・赤血球・好中球へと分化した細胞を除いて，造血幹細胞に高頻度に発現しているマーカーを組合わせることで解析します．このために，CD3，CD45R，CD11b，Ter–119，Ly6G などを lineage marker として同一色素で染色し，除去（dump）ゲートとして用いることがしばしばあります．多種類の抗体を同一色素で買い揃えるのは経済的な負担が大きく，それぞれの抗体の最適希釈濃度を決定するのにも時間がかかるため，頻繁に同じ組合わせで使用される抗体群を単一のチューブに混合して抗体カクテルとして販売されています．特定の細胞集団にゲートをかける染色パネルを構築する際に便利です．

文献・ウェブサイト
1）MBL：抗体の選び方（http://ruo.mbl.co.jp/bio/support/method/antibody-select.html）
2）ベックマン・コールター社：抗体に関するよくあるご質問（https://www.bc-cytometry.com/support&service/FAQ-reag.html）

（倉知　慎）

関連する Q→Q23

Q25 抗体の保存方法や使用期限について教えてください．

A フローサイトメーターの測定に用いる蛍光標識抗体は，一般的に冷蔵（4℃）かつ暗所で保管します．使用期限は個々の製品ラベルなどに記載されている期限に従います．

◆ 蛍光標識抗体の保管条件と使用期限

　入手した蛍光標識抗体の保存方法は，販売メーカー指定の条件に従って保存してください．一般的な蛍光標識抗体は，購入メーカーより冷蔵品（2〜8℃）として配送されますので，開梱後はすみやかに冷蔵（4℃）かつ暗所に保存します．ただし，製品形態により，常温保存の凍結乾燥蛍光標識抗体や冷凍保存の精製抗体などもあり，試薬の保存方法はそれぞれのメーカーのデーターシートなどを参照します．蛍光標識抗体は微弱な光でも長期の露光により蛍光強度の低下を引き起こします．また，一般的なプラスチックバイアルや褐色のガラスバイアルでも光の侵入を完全に防ぐことはできません．よって，実験操作中は光への曝露時間を最小限にするとともに，冷蔵保管の際も，厚紙などの完全遮光の保存箱に入れたうえで保管します．遮光ガラスのショーウインドウ型試薬用冷蔵庫も光を完全には遮光しませんので注意します．また，蛍光標識抗体は凍結により，蛍光色素の劣化や凝集を生じる可能性があるため，一般的に凍結保存は推奨されていません．

　抗体製品の使用期限は，製品ラベルに記載されている期限に従い使用します．抗体の使用可能な期間は個々の試薬により異なりますが，一般的に標識のない精製抗体が最も有効期限が長く凍結保存も可能であり，次にビオチン標識抗体，そしてFITCやPEなど単一分子の蛍光標識抗体となります．PE-Cy7やAPC-Cy7などの2種類の蛍光色素を結合させたタンデム色素（**Q23**）は，蛍光色素の安定性より単一分子の蛍光色素と比較し短い使用期限となります．

◆ 蛍光標識抗体に凝集が生じた場合

　凝集がある蛍光標識抗体を使用すると，このような抗体と結合した細胞は図1に示されるように，異常な蛍光強度をもち，他の蛍光色素との蛍光補正もかからない集団として確認されることがあります．凝集の有無は，抗体ストックのチューブから抗体溶液をチップで吸い上げたときに肉眼で確認できることもあります．このような場合は，抗体を添加する前に10,000×gで1〜2分遠心して凝集塊をチューブの底に沈降させた後，上清を染色に用います（図1）．複数の抗体を混合した抗体カクテルの場合は，すべての抗体を混ぜ終わったものを遠心し，その上清を使用します．

◆ 蛍光標識抗体の品質の自己管理

　上記のように使用期限内でも適正な保管が行われていなければ実験結果の信頼性は低下してしまいます．一方，メーカーの定める使用期限はあくまでメーカーが品質試験を行った期間内で設定されています．FITC，PE，APC標識抗体のなかには使用期限を数年を超えて使用できている抗体も多数あり，実際，メーカーの定める使用期間を超えて，自己責任で標識抗体を使用されている研究室も多いと思います．タンデム色素の場合も，使用期限を数年超えてもそれほど分解が進んでいない例も経験していますが，使用期限にか

87

第 3 章 抗体，色素の特性・選び方に関する Q & A

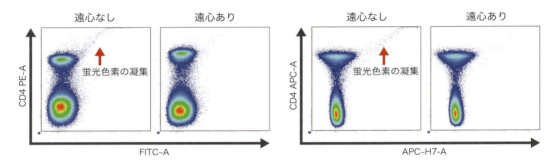

図1　凝集を起こした抗体の染色パターンと遠心による凝集色素の除去の効果
FITC など低分子の蛍光色素と比較し，PE や APC などタンパク質由来の蛍光色素は，長期保存において色素の凝集を生じる場合がある．これら蛍光色素の凝集は，抗体を添加する前に遠心することで除去可能である．

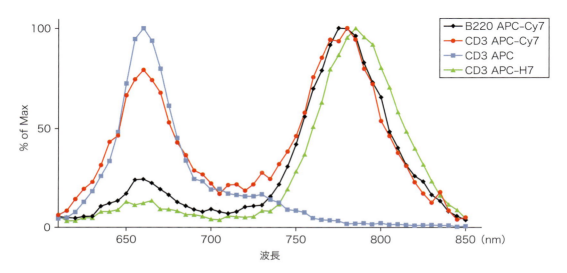

図2　蛍光分光光度計によるタンデム色素の劣化判定
660 nm 付近が APC（ドナー）の蛍光〔CD3 APC（──）〕，780 nm 付近が Cy7（アクセプター）の蛍光である．分解していない B220 APC-Cy7（──）や CD3 APC-H7（──）では，APC（ドナー）のピークは低く，高いアクセプターのピークが認められる．それに対し，分解の進んだ CD3 APC-Cy7（──）は，ドナーとアクセプターに差がない．この場合，一般的に PMT の検出感度は APC の方が APC-Cy7 より高いことから，APC の蛍光が APC-Cy7 より高く検出されてしまい蛍光補正がかからないケースとなる．

かわらず蛍光波長の変化および蛍光補正量の増加に注意します．タンデム色素の分解の度合いは，蛍光分光光度計で蛍光スペクトルをとることでも確認でき，アクセプターとなる Cy5 や Cy7 が外れると，ドナーである PE や APC の蛍光が増大します（図2）．もし，ドナーのピークがアクセプターを上回る場合は，タンデム色素として適正に使用することができません．

また，各研究室での保管方法だけでなく，標識している蛍光色素の種類，あるいは同じ蛍光標識でも抗体の種類により，劣化による標的分子の検出への影響は異なります．したがって，特に久し振りに以前購入した抗体を染色に用いる場合，また，継続的に使用している場合でも，想定されるシグナルの強さと特異性で目的の分子が検出できているどうかは，常に生データをみて確認することで，標識抗体の品質が保たれていることを確認し，実験データの信頼性を保証します．

（佐藤幸夫）

Q26 抗体の至適濃度（希釈倍率）の決め方，染色の条件（細胞数，懸濁液量，温度）を教えてください．

関連するQ→Q37〜39, 41〜43, 47, 93, 94

A 至適濃度および至適条件は抗原分子の発現量や使用する抗体の親和性などにより異なるため，予備検討し決定します．

抗体の至適濃度検討の流れ

実験条件（使用する組織，細胞，フローサイトメーターや感作の有無など）によって使用する抗体の染色の程度は変化します．このため予備検討し，最適化します．

各抗体メーカーのウェブサイトでは，$2×10^5$〜$2×10^8$ cells / mL の濃度で細胞懸濁液 100 μL（$2×10^4$〜$2×10^7$ cells）を等量（100 μL）の抗体希釈液に加えて冷暗所（2〜8℃ or 氷上）で15〜60分間静置するプロトコールが公開されています．しかし実際には，各研究室が染色方法のプロトコールをもち，例えば，できるだけ少量の抗体で安定に染色するように方法を工夫していると思いますのでそれに合わせて，上記の公開情報をもとに予備検討を行います．

筆者が行っている予備検討方法を記載します（図1）．

まず，染色に使用する組織および細胞数を決定します．解析する細胞集団中の染色分離したい細胞サブセットの割合について論文報告などを参考に推測し，解析（染色）に必要な全体の細胞数を推定します．その後，使用する抗体希釈液量および細胞懸濁液量を決定します．筆者は基本的に抗体希釈液を染色に使用する細胞数 10^6 cells あたり 10 μL（$3×10^6$ cells であれば 30 μL）加えています．細胞数に合わせて染色用の容器（1.5 mL マイクロチューブ，5 mL 丸底チューブ，サンプル数が多ければ96穴丸底プレート）に分注後，遠心し，ほぼ全上清を取り除いたうえで，抗体希釈液を加え染色を行っています．

続いて予備検討を行い使用する抗体の至適濃度を決定します．

予備検討に使用する抗体濃度の希釈は購入会社の抗体のページに記載している濃度を参考にして決定します．記載がない場合は，他社の同じ抗体の推奨量を参考にしつつ振り分けています．温度条件についても確認し，特別な記載がない場合，15分間氷上で静置することにより染色を行っています．

図2はマウスリンパ節細胞を使用し PE-抗 B220 抗体の至適濃度の予備検討を行ったときの図です．濃度の振り幅は，高価な抗体を使用する場合やレンジオーバーしやすい分子に対する抗体を使用する場合，2倍段階希釈で行い，そうでない場合は3〜5倍の希釈幅で行っています．推奨上限濃度（100倍希釈）を超える濃度では非特異的な結合により陰性細胞の蛍光が陽性側にブロードに拡がってしまいます（図2A）．上限濃度以下では，陰性細胞の蛍光強度は抑えられ，使用濃度を下げるに従い陽性細胞のシグナルは下がっていきます（図2A〜F）．以上のように，抗体使用量が少なすぎる場合，抗原を発現する全細胞を染色できなくなったり，陽性細胞の蛍光強度が弱くなり分離ができなくなる可能性があります（図2E, F）．また，多すぎる場合，非特異的な結合により陰性細胞の蛍光強度が上昇してしまい陽性細胞の分離が悪くなる可能性があります（図2A, H）．このため

第 3 章 抗体，色素の特性・選び方に関する Q&A

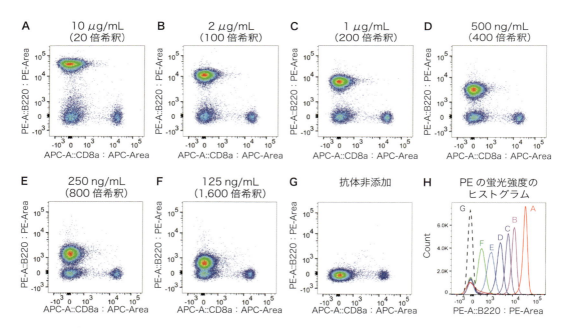

図1 抗体染色に使用する抗体の濃度および条件の設定方法

図2 PE-抗 B220（CD45R）抗体の至適濃度検討

マウスリンパ節細胞（$2×10^6$ cells）を用いて PE-抗 B220（CD45R）抗体（BD Biosciences 社）の至適濃度の検討を行った．抗体希釈液 20 μL に APC-抗 CD8 抗体（BioLegend 社）を 2 μg/mL（100 倍希釈），および図上部に記載した各濃度となるように PE-抗 B220（CD45R）抗体を加え，抗体溶液を作製した．氷上で 15 分間抗体染色を行った後，SP6800（ソニー社）で解析を行った．

非特異的結合を最小限に抑え，かつ目的の細胞を十分染め分けることができる抗体濃度を決定します．抗体染色は細胞数や染色直前の細胞懸濁液量のばらつきにより理想通りにいかないこともあります．このため至適濃度候補が複数（図2B〜D）の場合，コストの観点からなるべく低濃度を選択しますが，安定した結果を得るため，筆者は分離可能な下限の濃度ではなく1つ上の濃度（この場合1μg/mL，200倍希釈）を選択するようにしています．

その他に注意すべきこと

その他注意すべき点として，MHC Class II やCD45など発現量が高く，陽性細胞の蛍光強度がレンジオーバーしやすい分子では，染色に使用する濃度を，飽和する濃度よりも低く設定するときがあります．このような場合，抗体と細胞数のバランスがばらつくと染色結果にムラが生じやすいので，サンプル測定時には，使用する抗体量，抗体濃度，細胞数を常に一定に保つよう特に気をつけます．

また，リンパ組織（リンパ節，脾臓など）以外の組織（皮膚，腸，腫瘍など，**Q37〜39**）に存在する細胞を染色する場合や酵素処理を行う場合，皮膚や腫瘍細胞の混入，あるいは酵素処理による分子の発現量の低下などで，リンパ組織由来細胞染色時（**Q41〜43，93，94**）と比較して染色に必要な抗体量が多くなることがあります．この場合，予備検討に使用する抗体希釈濃度は推奨濃度よりも高い濃度から希釈して検討することをお勧めします．

MHC＋ペプチド–マルチマー（**Q47**）やCCR7などのケモカイン受容体分子は，室温あるいは37℃で染色することが薦められている場合が多いので注意が必要です．その場合，先に37℃でMHC＋ペプチド–マルチマーや，ケモカイン受容体を染色後，その他の抗体による染色を行います．

（守屋大樹）

第 3 章 抗体，色素の特性・選び方に関する Q & A

関連する Q → Q20, 24, 29, 53, 84

27 抗体反応のネガコンとして「アイソタイプコントロール」を用いると聞きましたが，それはなぜですか？
また，どのように選べばよいですか？

 検出に用いる抗体とアイソタイプが同じであれば抗体の定常部は同じであるため，アイソタイプコントロールを用いると定常部による非特異的結合を検出できます．アイソタイプコントロールには，染色する細胞に発現していない分子を認識する抗体を選びます．

アイソタイプコントロールとは．また，なぜ必要か？

　フローサイトメトリーでは，抗体の可変部の特異的な結合により，細胞表面や細胞質内の目的の分子の存在を検出しますが，目的分子以外への非特異的な結合も存在します．交叉反応と呼ばれる可変部の目的分子と類似した分子に対する結合や，定常部の Fc 受容体を介した結合（**Q29**）がよく知られています．それ以外にも，弱いながらも Fc 受容体を介さない抗体分子のアミノ酸配列の特徴による非特異的結合が考えられます．そのなかでも，定常部のアミノ酸配列は，IgG や IgM などの，さらに，抗体染色でよく使用するマウスやラットの IgG のサブクラスである，IgG1，IgG2a，IgG2b，IgG2c（ラット），IgG3（マウス）などの isotype（アイソタイプ，イソタイプ）により異なります．このアイソタイプの違いにより非特異的結合の強さが異なります．逆に，アイソタイプが同じであれば定常部のアミノ酸配列は同じです．したがって，目的分子を検出する抗体（検出抗体）とアイソタイプが同じで，細胞などの試料に可変部特異的な結合をしない抗体は，理論的には定常部のアミノ酸配列の特徴による非特異的結合を検出します．このネガティブコントロールとして使用する抗体をアイソタイプコントロール抗体（以下，IsoAb）と呼びます．IsoAb は，検出抗体と同じ蛍光色素を結合させた同種動物の同じアイソタイプの抗体で，同じ濃度で使用します．ビオチン化抗体のときは，ビオチン化アイソタイプ抗体を用います．アイソタイプを合わせるので，モノクローナル抗体が望ましいですが，実験によっては，動物の標準血清から精製したポリクローナル抗体（normal rat Ig や normal rabbit Ig など）を用いることもあります（**Q20**）．さらに，軽鎖にも 2 種類（κ，λ）あり，可能な限り検出抗体と合わせるのが望ましいと考えられています．

　図 1 A は，腫瘍細胞株における H–2K^b の発現を調べたときの結果です．網掛けが IsoAb の染色パターンで，無線色のヒストグラムに比べやや右にシフトしています．この IsoAb のヒストグラムをコントロールとして用います．また，図 1 B は，同腫瘍細胞株にいくつかの IsoAb を反応させた結果です．抗体を反応させない場合に比べ，3 種類の IsoAb が弱いな

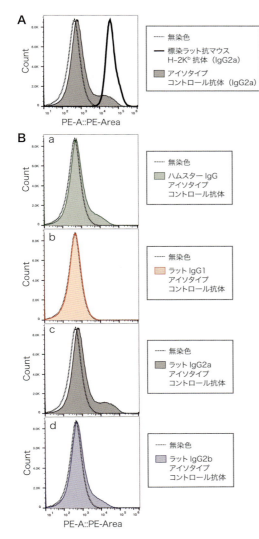
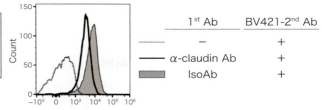

図2 細胞内染色におけるアイソタイプコントロールの一例

マウスリンパ球（CD4陽性T細胞）をメタノール固定後，抗体非添加（点線），ウサギ抗マウスclaudin12抗体（精製IgG，実線），あるいは，ウサギアイソタイプコントロール抗体（精製IgG，特異性不明，網掛け）を反応させた後，二次抗体としてBV421標識ロバ抗ウサギIgG抗体（精製IgG）を用いて染色した．網掛けで示すIsoAbは検出抗体を用いた場合（実線）より右にシフトしている．

図1 細胞表面分子の染色におけるアイソタイプコントロール

A) 細胞表面分子の染色におけるアイソタイプコントロールの一例．マウス腫瘍細胞株（E.G7-OVA）をPE（Phycoerythrin）標識ラット抗マウスH-2K^{b}抗体（IgG2a）で染色した（黒実線）．網掛けはPE標識ラット抗マウスアイソタイプコントロール抗体（IgG2a，特異性不明），点線は無染色を示す．同数の細胞に，同濃度の標識抗体を添加した．IsoAbは無染色に比べやや右にシフトしている．**B)** 4種類のアイソタイプコントロールとして用いる抗体での染色．マウス腫瘍細胞株（E.G7-OVA）にいくつかのPE標識アイソタイプ抗体を反応させた結果を示す．a〜dの点線は無染色のヒストグラムである．また，網かけは，それぞれa：ハムスターIgG，b：ラットIgG1，c：ラットIgG2a，d：ラットIgG2bアイソタイプコントロール抗体を，同じ濃度で添加したときのヒストグラムである．ラットIgG1以外のアイソタイプコントロール抗体は，少ないながらも右にシフトしていることがわかる．

がら反応していることがわかります．この反応が，各アイソタイプ抗体のもつ非特異的反応と捉えることができ，抗体を反応させない場合よりもさらに正確なネガティブコントロールになると考えられます．

抗体の定常部の糖鎖修飾や，抗体の精製度も非特異的な結合に関与すると考えられます．さらに，ターゲットとなる細胞の種類や処理も非特異的結合に影響します．図2には，マウスリンパ球におけるclaudinの細胞内染色の結果を示します．理論上考えにくいのですが，IsoAbの方が検出抗体よりシグナルが強くなっています．このように，メタノールで細胞固定後の細胞内染色などでは，同じ濃度でコントロール抗体の方が強く染まってしまうような場合を経験することがあります．アイソタイプコントロールは，多くの場合，適正なネガティブコントロールとなりますが，抗体分子のアミノ酸配列の特徴による非特異的結合は，当然ながらクローンごとに異なりますので，やはり，あくまでも便宜的なネガティブコントロールであり，確実なものではないことを認識しておく必要があります．以上のような場合，別のコントロール抗体を準備して試してみるなどの最善策をとります．それでも解決しない場合は，科学的な正確性と説明をきちんと担保したうえで抗体非添加群を表示しておく，などの対応が必要な場合があります．

アイソタイプコントロールの選び方

　市販の抗体を使用する場合，目的分子に特異的な抗体（できればモノクローナル抗体）を選ぶと，その抗体の情報提供文書などにアイソタイプが記載されています．それと同じアイソタイプで，染色する細胞に発現していない分子，例えば，キーホールリンペットヘモシアニン（KLH）のようなヒトなどの細胞には発現していない分子に対する抗体をIsoAbとして選びます．また，ターゲットとなる分子が不明なクローンもIsoAbとして販売されており，多くの場合，十分に使えます．多くの試薬メーカーの商品リストでは，このような抗体は，アイソタイプコントロールもしくはネガティブコントロール抗体として明示してくれています．さらに，使用濃度を合わせるため，また，非特異的結合を考慮できるようにするため，厳密には同じ精製度であることが望ましいと考えます．筆者は，検出抗体とアイソタイプコントロールは，できれば同じ会社で選んでいます．抗体の精製方法，濃度が統一されていると考えられるからです．市販されていないモノクローナル抗体を使用するときは，ハイブリドーマの培養上清や腹水から精製することになりますが，市販の場合と同じようにハイブリドーマを選定し，検出抗体，アイソタイプコントロールとも，できるだけ同条件で精製したものを濃度を合わせて使用します．

（楠本　豊）

関連するQ→Q5〜7，29，33，34，77〜79，81，82

Q28 できるだけ強くシグナルを検出するには，どのような方法がありますか？

なるべく明るい色素を使い，可能であれば染色パネル中の他の色素との関係を調整するとともに，2次・3次試薬による増感法を用いましょう．

強くシグナルを検出するコツ

2010年代に入って，タンデム色素に加えてBrilliant VioletやBrilliant Ultravioletなどの色素で標識された抗体も多く流通するようになり，蛍光色素の選択に大きな幅ができました．従来は明るい蛍光色素と言えばPEやAPCに行き着くことがほとんどでしたが，例えばBrilliant Violetシリーズのいくつかはこれらの古典的な明るい色素に匹敵あるいはそれを凌駕する明るさをもつものもあります（図）．できるだけ強くシグナルを検出する際にまず考えるべきことは，それらのなるべく明るい色素を効果的に選択できるよう染色パネルを組み立てるということです．各抗体メーカーが提供するデータシートや大まかな色素の明るさがまとめられた情報が公開されています[1)2)]ので，それらを参考にどの色素を使用するかを検討し，必要であれば（データシート上の染色が非常に弱い，あるいは強制発現細胞株でしか試されていない場合など）いくつか試してみましょう．

FITC，PE，APCなど長い間使用されてきた色素の場合にはほとんど問題になりませんが，Brilliant Violetなど比較的新しい色素を用いる際は，使用する機器に適切な検出フィルター（**Q34**）が備わっているかどうかも確認する必要があります．PEを用いる場合は，緑色レーザーが使用可能であればこれを使用することでより強く励起できるとともに，青色レーザーと異軸（**Q6**）であればFITCやPerCPなどの色素との間の漏れ込みが抑制されますので，総合的な検出感度の増加が期待できます（後述）．また，ビオチン化抗体や抗免疫グロブリン二次抗体の使用によっても増感が可能ですので（**Q29**），他の染色との兼ね合い，また対象とする細胞に対してこれらの方法が使用可能であれば積極的に使用するとよいでしょう．

多数の色素を同時に扱う際のポイント

染色パネルを拡大していくと，色素ごとの組合わせによって検出感度が低下してしまうことがあります（**Q33**）[3)]．そのため，目的の抗原を検出するチャンネルができるだけ他チャンネルからの強い漏れ込み[1)2)]による影響を受けないよう設定しましょう．例えば，GFP発現が非常に高い細胞を含むサンプルでPE標識抗体を用いると，GFPからPEへの漏れ込み補正（**Q7，81**）の結果，GFP陽性集団におけるPE陰性部分でのシグナルのバラツキが大きくなり，PEを用いた利点が（部分的とはいえ）損なわれてしまいます．同様の問題はPerCPとAPC，Brilliant Violet 711とAPC/Cy7やAlexa Fluor 700の間でも発生する可能性があります．この点が問題になるかどうかは染色パネルに依存しますので，最初に候補をいくつか選択したら予備実験で実際に試してみましょう．高感度での検出が必要なチャンネルに強く漏れこむ色素を

第3章 抗体，色素の特性・選び方に関するQ&A

不要な細胞集団のゲートアウト（**Q33, 77~79, 82**）に用いるのも有効な手段です．

自家蛍光を発生しやすい細胞群の解析のコツ

リンパ球を解析する場合にはあまり問題となることはありませんが，マクロファージや好中球といった骨髄球系細胞や内皮細胞といった自家蛍光を発生しやすい細胞群を解析する際には，自家蛍光波長（ほとんどの場合紫色から緑色にかけて）付近の色素（Alexa Fluor 488やBrilliant Violet 421など）を避けることで検出感度が多少改善することもあります．

文献・ウェブサイト

1) BioLegend社：Multicolor Staining Guide（https://www.biolegend.com/multicolor_staining）
2) Chroma Technology社：Chroma Spectra Viewer（https://jp.chroma.com/spectra-viewer）
3) Maecker HT, et al：Cytometry A, 62：169-173, 2004

（阿部　淳）

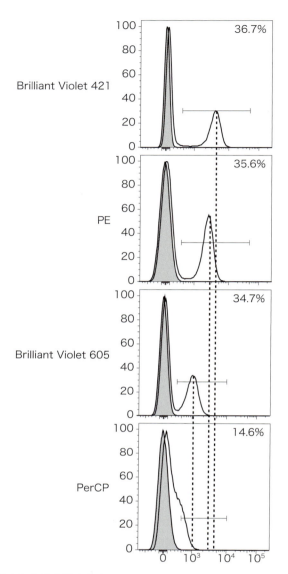

図　異なる明るさを示す蛍光色素の比較

セルストレーナーを用いて調製したリンパ節細胞をビオチン化抗CXCR5抗体（5 μg・mL^{-1}）で染色した後，各種蛍光標識ストレプトアビジン（2 μg・mL^{-1}）で染色した際に，得られるシグナルが色素によってどう変化するのかを示す（生細胞＞リンパ球＞単一細胞ゲート中）．上図から明らかなように，きわめて明るい色素（上2つ）を用いた際には非常に明確に陰性・陽性のピークが分かれるのに対し，やや明るさの劣るBrilliant Violet 605で染色した場合には2つのピークが近接しており，中間部分でピークの重なりが生じている可能性を否定できない．最下段のPerCPによる染色では陽性ピークが完全に陰性ピークに癒着してしまっており，正確な陽性率を測定することができない．なお，ここでは単染色での比較を行っているため（上段Brilliant Violet 421でややピーク幅が小さくなっているものの），色素（チャンネル）間で陰性ピーク幅に大きな違いはみられないが，他の色素との組合わせによっては陰性ピークの幅が広がってしまい，陽性ピークの位置は変わらずとも陰性との差が小さくなった結果，実質的な検出感度が低下することがある．グラフ右肩の数値は陽性率を示す．グレーのデータは蛍光標識ストレプトアビジンのみで染色した結果を示し，白いデータは各種蛍光標識ストレプトアビジンで染色した結果を示す．

Q29 非標識抗体しか入手できません．目的分子を検出するにはどのような方法がありますか？

関連するQ→Q28，46

二次抗体を用いるか，ビオチンや蛍光色素を標識することで検出できます．一般的には後者の方が多重染色は容易です．

二次抗体を利用する

　使用したい非標識抗体の動物種（マウス，ラット，ラビットなど）とアイソタイプ（IgG1，IgG2a，IgMなど）に結合する蛍光色素標識抗体を二次抗体として用いることで，目的分子を検出できます．図Aは非標識の一次抗体がマウス IgG1，κ の例です（動物種がマウス，アイソタイプが IgG1，軽鎖が κ の抗体）．この一次抗体に対して，二次抗体は抗マウス IgG，抗マウス IgG1，抗マウス Ig light chain κ のいずれの3種類でも検出できます．汎用性があるのは抗マウス IgG ですし，複数の非標識抗体を同時に用いた多重染色をする場合は，抗マウス IgG1 や抗マウス Ig light chain κ を選択する方がよいでしょう．

　複数の非標識抗体を用いて多重染色を行う場合は，同時に染色するすべての一次抗体の動物種やアイソタイプが違うことが条件です（図B）．また，難易度は上がりますが，同じ動物種と同じアイソタイプの一次抗体を複数用いたい場合は，非標識抗体が1つだけで，他が直接標識抗体ならば可能です．図Cを用いて説明すると，抗原Xを非標識一次抗体と二次抗体で染色後，検出分子に結合しない一次抗体と同種の抗体（販売されているアイソタイプ抗体でも，同じ動物種の血清でも可能）で，二次抗体の結合部位をブロックします．そして洗浄後に，直接標識抗体で染色することで，多重染色が可能になります．

　二次抗体を用いる際に注意すべき点は，望んだ一次抗体以外への結合です．図D左は，抗体が由来する動物種の選択ミスによる失敗例です．一次抗体の動物種は異なるものですが，二次抗体の動物種の選択を失敗しています．また，サンプルの動物種にも注意するべきです．例えば，B細胞受容体の構造は抗体とほぼ同様のため，マウスサンプルを染色する際に抗マウスIgGを二次抗体として使用すると，B細胞が染色されます．

　図D中央の失敗例は，二次抗体の動物種特異性が低かったために，二次抗体が複数の動物種の一次抗体に結合してしまったものです．特異性が低い二次抗体製品では，動物種間で保存されている部位に結合することがあります．このような製品の購入を防ぐためには，他動物種の抗体または血清で前吸収をした製品（「minimal x-reactivity」という宣伝文句が多い）や，他の動物種由来抗体と同じ動物種の別のアイソタイプに結合しないことを確認したモノクローナル抗体の製品を用います．これらは Jackson ImmunoResearch Laboratories 社，サーモフィッシャーサイエンティフィック社，BioLegend 社などで販売されています．

　図D右の失敗例は，サンプルの細胞組織への非特異結合が原因です（Q46）．一次抗体を入れないコントロールサンプルを用意すると確認できます．非特異結合の原因が二次抗体のFc受容体への結合の場合は，Fcが存在しないF(ab')2の製品を用いれば改善されます．また，手元にある二次抗体の非特異結合

第 3 章 抗体，色素の特性・選び方に関する Q & A

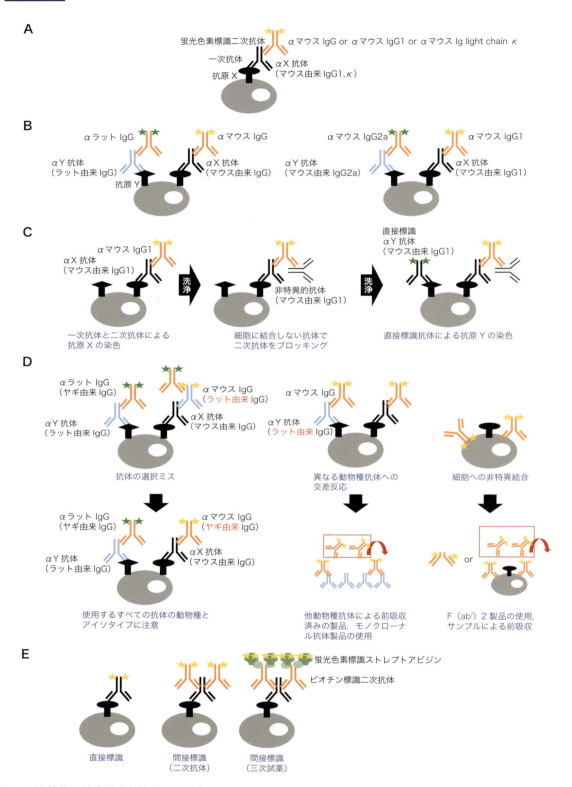

図　二次抗体の結合様式と注意すべき点
A) 一次抗体がマウス IgG1, κ の場合の二次抗体の選択肢．B) 異なる動物種，異なるアイソタイプの一次抗体を用いた多重染色．C) 同じ動物種とアイソタイプの一次抗体を用いた多重染色．D) 二次抗体を用いる染色の失敗例および対策．二次抗体の前吸収を行った場合，細胞の標識には赤枠で囲った二次抗体を用いる．E) 間接標識法を用いるメリット．

を抑える方法として，染色するサンプルを用いた前吸収があります．一次抗体を入れずに，希釈した二次抗体だけを細胞に添加し，通常通りの抗体反応後（4℃15分など），細胞を遠心あるいはフィルトレーションによって除去し，抗体溶液を回収します．この過程で，細胞に非特異的に結合する二次抗体は除去されるため，非特異結合を起こしにくい抗体溶液だけが手元に残ります．ウエスタンブロットや免疫組織染色でもよく行われる手法です．

二次抗体を用いる染色のデメリットとして，蛍光色素標識一次抗体を用いる場合よりも，染色と洗浄のステップが増える分，細胞のロスが増えるという点があります．逆によい点は，一次抗体に対して複数の二次抗体が結合するため，直接標識された一次抗体のみで検出するよりも明るく検出できることです（図E）．さらに，二次抗体にビオチン標識抗体（Q28）を，三次試薬として蛍光色素標識ストレプトアビジンを用いることで，かなり発現の低い分子を検出できます．文献1ではS1PR1という分子をこの方法で検出しています．

ビオチン，蛍光色素を標識する

カラー数の多い多重染色を行いたい場合は，ビオチンあるいは蛍光色素を標識した方がカラー選択が簡便になります．原理別に製品を紹介します．

◆（一次抗体を細胞に処理する前に）二次抗体による標識

サーモフィッシャーサイエンティフィック社のZenonシリーズがこれに当たります．よい点は1μgといった少量の抗体を10分で標識できる点にあります．つまり，一次抗体をその日使う分だけ標識できます．原理は単純で，一次抗体をサンプルに添加する直前に，蛍光色素標識された二次抗体（Fab）を一次抗体に反応させ，その後，余分な二次抗体は非特異的抗体によって吸着します．そのため，二次抗体と同様に明るく染色できます．精製も不要ですし，プロトコールは非常に簡便です．本製品は，日によって違う色を使用したい，抗体が貴重で大量に標識できないといった場合に非常に有効です．筆者のオススメです．

◆抗体のアミノ基またはチオール基に標識

Innova Biosciences社，サーモフィッシャーサイエンティフィック社，アブカム社など各社から多数のキットが販売されており，アミノ基に標識する製品がほとんどです．上記のZenonシリーズはなぜかラット抗体に対するラインナップがないため（2017年7月時点），必然的にこれらのキットを使用することになります．標識後の精製が不要である，数十分で全工程が完了する，BSA含有溶液中の抗体でも標識が可能であるなどさまざまな特徴の製品が販売されています．製品を選択する際には，「1回の標識に必要な抗体量」，「対応している抗体溶解バッファーの組成」，「蛍光色素のラインナップ」などには注意した方がよいでしょう．

筆者は精製不要で数十μgの抗体から標識できるキットを使用して，ほとんどの抗体で機能することを確認していました．しかし，親和性の低い抗体では，二次抗体による染色と比較して，検出感度が極端に落ちた経験があります．おそらく抗原結合部位への標識が起こったと考えています．このような場合は，別の原理の製品を用いるか二次抗体の使用を考えましょう．手持ちの抗体と実験目的にフィットする製品を選択しましょう．

文献
1）Arnon TI, et al：Nature, 493：684-688, 2013

（池渕良洋）

第 3 章 抗体，色素の特性・選び方に関するQ&A

関連するQ→Q19, 31, 32, 51

Q30 生きたまま細胞核，細胞質，細胞膜などを染色するのに適した色素にはどのようなものがありますか？ 細胞周期の解析もできますか？

細胞核には細胞膜透過性の核酸結合性色素，細胞質には細胞内で変換されてタンパク質に結合する色素，細胞膜には脂質や糖鎖結合性の色素を利用できます．また，DNA含量を調べることで細胞周期の解析もできます．

細胞核の染色

生きたまま細胞核を染色するためには，細胞膜透過性のDNA結合蛍光色素を使用する必要があります．このような色素には，Hoechst, DRAQ5, AO (Acridine Orange), SYTO色素などがあります．なお，これらの色素は生細胞だけでなく死細胞，固定や透過処理を施した細胞の細胞核も染色します．そのため，細胞膜非透過性であり死細胞のみの細胞核を染色できるPI (propidium iodide), DAPI (4´,6-diamidino-2-phenylindole dihydrochloride), 7-AAD (7-amino-actinomycin D) などと共染色することで生細胞と死細胞を区別することができます (Q31)．このとき，励起/蛍光波長の組合わせに注意する必要があります．

Hoechstは二本鎖DNAのAT塩基対に結合する蛍光色素で，Hoechst 33342がよく用いられます．紫外 (UV) レーザー (350 nm) や近紫外 (near UV) レーザー (375 nm)，または紫レーザー (405 nm) で励起することで，青色蛍光を発します (励起極大/蛍光極大 352/461 nm)．DRAQ5は二本鎖DNAに結合し，青レーザー (488 nm) または赤レーザー (633 nm) で励起することで，近赤外蛍光を発します (647/683 nm)．AOは二本鎖DNAに結合すると青レーザーによる励起で緑色蛍光を発し (500/526 nm)，一本鎖DNAまたはRNAに結合すると赤色蛍光を発します (460/650 nm)．このため，DNAとRNAの同時に定量解析できるという特徴があります．SYTO色素はDNAとRNAの両方に結合する蛍光色素で，青レーザーで励起して緑色蛍光を発するSYTO green (SYTO 9, 11〜16, 18, 20〜25；483〜521/500〜556 nm)，紫レーザーで励起して青色蛍光を発するSYTO blue (SYTO 40〜45；419〜452/445〜484 nm)，青レーザーまたは緑レーザー (561 nm) で励起して橙色蛍光を発するSYTO orange (SYTO 80〜86；528〜567/544〜583 nm)，赤レーザーで励起して赤色蛍光を発するSYTO red (SYTO 17, 59〜64；598〜654/620〜680 nm) があります．各SYTO色素によりDNAとRNAの染色性が異なりますので，サンプルに適した色素を選ぶ必要があります．また，SYTO色素の特徴として，HoechstやDRAQ5, AOに比べて細胞毒性が低いことがあげられます．

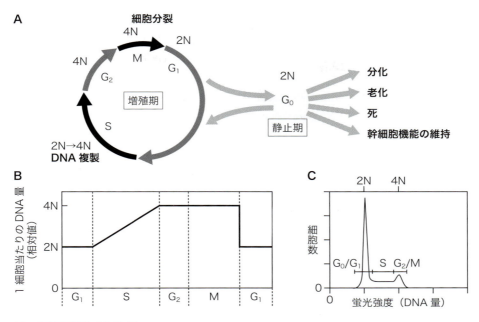

図 細胞周期と DNA 量

A）B）細胞周期は $G_1 \to S \to G_2 \to M$ 期と進行し、それぞれ DNA 量は 2N、2〜4N、4N、2N となる。C）増殖している細胞の DNA のヒストグラムは、DNA 量が少ない G_0/G_1 ピークと多い G_2/M ピーク、その間の S 期領域からなる。A は文献 3 をもとに作成。

細胞質の染色

　細胞質の染色に最もよく使用される色素には CFSE〔5–(and 6–)carboxyfluorescein succinimidyl ester〕があります。CFSE の前駆体である CFDA-SE〔5–(and 6–)carboxyfluorescein diacetate succinimidyl ester〕は、細胞膜透過性の非蛍光低分子化合物であり、拡散により細胞内に入るとエステラーゼによって加水分解を受け蛍光性の CFSE に変換されるとともに、スクシンイミジル基を介して細胞質内タンパク質のアミノ基に共有結合することで、細胞質に長期的に保持されます。また、CFSE には核膜透過性もあるため容易に核内にも拡散し核内タンパク質とも共有結合し得るため、核でも同様に長期的に保持されます。その後、細胞分裂ごとに標識タンパク質が娘細胞に均等に分配されるため、蛍光強度が半減していきます。そのため、*in vitro* および *in vivo* において標識後の細胞分裂の回数（世代数）を調べることができます。

　CFSE は青レーザーで励起により黄緑色蛍光を発しますが（495/519 nm）、サーモフィッシャーサイエンティフィック社の CellTrace Cell Proliferation Kit〔Violet（405/450 nm）、Green-Yellow（546/579 nm）、Far Red（630/661 nm）〕など同様の原理で他の蛍光色を用いた色素が販売されています（**Q51**）。

　CFSE の他、Calcein-AM も生細胞染色試薬として用いられます（**Q19**）。非蛍光性の Calcein-AM は生細胞の非蛍光性の Calcein-AM は生細胞の膜を容易に通過し、細胞質で細胞内エステラーゼによって膜不透過性、緑色蛍光 Calcein（494/517 nm）へと加水分解されます。Calcein は細胞増殖や走化性といった細胞機能を阻害しないことが知られています。また、Calcein は細胞質のタンパク質と共有結合しません。このため、例えば、Calcein で標識された標的細胞を、細胞傷害性 T 細胞が傷害すると Calcein が細胞外に放出されて蛍光を失うため、細胞傷害活性試験などへの応用も可能です。

第 **3** 章 抗体，色素の特性・選び方に関するＱ＆Ａ

細胞膜の染色

　細胞膜の染色に最もよく使用される色素には，DiI（1,1′-dioctadecyl-3,3,3′,3′-tetramethylindocarbocyanine perchlorate），DiO（3,3′-dioctadecyloxacarbocyanine perchlorate），PKH 色素（PKH2，PKH26，PKH67）などがあります．これらの蛍光色素は長鎖脂肪族末端を有し，この長鎖疎水鎖により脂質二重膜に安定してとどまることで細胞膜を染色できます．DiO（484/501 nm）と PKH2，PKH67（490/504 nm）は青レーザーで励起し緑色蛍光を，DiI（549/565 nm）と PKH26（551/567 nm）は青または緑レーザーで励起し赤色蛍光を発します．これらの蛍光色素は，細胞膜に安定するので長時間のモニタリングが可能であり，細胞毒性も低いので，染色した細胞の増殖や生理活性を調べることができます．

　このほか，蛍光色素標識レクチンで染色する方法もあります．細胞膜表面のタンパク質の多くは糖鎖を有しています．レクチンが特定の糖鎖に結合する性質を利用して，生細胞の細胞膜表面を蛍光染色することができます．蛍光標識 WGA（wheat germ agglutinin，コムギ胚芽凝集素）は，細胞膜上の糖鎖の N-アセチルグルコサミンおよびシアル酸残基に結合します．ただし，細胞の種類によって糖鎖の構造や種類が異なるため，染色性に差が生じます．

細胞周期の解析

　増殖期の細胞では細胞周期は G_1 期 → S 期 → G_2 期 → M 期の順に進行し，増殖期から脱出すると G_0 期とよばれる静止期（休止期）に維持されます．それぞれの状態における細胞の DNA 量は，G_0/G_1 期では2N，DNA が複製される S 期では 2〜4N，そして，細胞分裂により DNA が 2 つの娘細胞に分配されるまでの G_2/M 期では 4N となります．前述した Hoechst 33342，DRAQ5，AO で細胞を染色し，その蛍光強度により DNA 量を調べることで，G_0/G_1 期，S 期，G_2/M 期の割合を調べることができます（ただし，G_0 期と G_1 期，および G_2 期と M 期を区別することはできません．図）．これらの色素のほか，生細胞における細胞周期解析用試薬も販売されています（サーモフィッシャーサイエンティフィック社の Vybrant Dye Cycle など）．

その他の細胞内器官の染色

　ミトコンドリアや酸性オルガネラ，小胞体，ゴルジ体などを染色できる試薬が各社より販売されているので，研究の目的に応じて選択・使用することができます．

文献

1）Wlodkowic D, et al：Cytometry A, 73：496-507, 2008
2）滝澤 仁：CFSE を用いた細胞分裂頻度の高感度解析.「実験医学別冊 新版 フローサイトメトリー もっと幅広く使いこなせる！」（中内啓光/監，清田 純/編），pp70-75，羊土社，2016
3）武石昭一郎，他：DNA 量の変化などを利用した細胞周期の解析.「実験医学別冊 新版 フローサイトメトリー もっと幅広く使いこなせる！」（中内啓光/監，清田 純/編），pp50-61，羊土社，2016

（永澤和道，渡会浩志）

関連するQ→Q30, 32, 77, 78

Q31 死細胞を検出・除去するにはどうすればよいですか？アポトーシスとネクローシスは分離できますか？

死細胞（後期アポトーシス細胞およびネクローシス細胞）は，7-AADやPIを用いて検出するのが一般的です．さらに，初期アポトーシス細胞はAnnexin V染色の追加によって検出できます．

死細胞は7-AADかPIを用いた核染色で検出する

死細胞は，抗体などが非特異的に結合しやすい，自家蛍光を強く発するなどの性質をもつため，生細胞と区別して解析しないと間違った解釈をする可能性があります．細胞表面マーカーに対する抗体染色と同時に，死細胞を検出するには，7-AAD（7-aminoactinomycin D）かPI（propidium iodide）を用いて核を染色するのが一般的です．死細胞では細胞膜が損傷しているため，これらの色素が細胞膜を通過し，核が染色されます．つまり，生細胞は非染色細胞として区別されます．図Aは，PI陽性と陰性のリンパ球が異なる蛍光パターンを発している例です（点線の丸）．

染色方法は非常に簡便です．抗体染色と洗浄を終えた細胞懸濁液に，7-AADまたはPIを加え，数分待つだけです．洗浄の必要はありません．筆者は，7-AADの場合0.5 μg/mL，PIの場合1 μg/mLになるように添加して2～3分後にフローサイトメーターに流します．ただし，試薬添加後，大幅に時間が経過すると生細胞も染色されます．サンプルが多数ある場合は，随時染色するようにしましょう．

一般的なフローサイトメトリーならば，7-AADおよびPIのどちらを用いてもよいでしょう．ともに

488 nmの青レーザーで励起し，いわゆるPerCP/Cy5.5やPE/Texas Redの検出器により検出できます（最大蛍光波長は647 nmおよび617 nm）．7-AADは，PIよりもFITCやPEなどへの漏れ込みが少なく，コンペンセーションの設定が容易なため，初心者にお勧めです．ただし，多くの研究者は，解析の際に死細胞を除去すること（ゲートアウト，**Q77, 78**）が目的なので，死細胞染色から他色への漏れ込みはあまり気にしなくてもよいという考え方もあり[1]，このような場合は7-AADよりも明るく染まるPIを使う場合も多いです．7-AADやPIとは違う色の検出器を用いたい場合は，DRAQ7やサーモフィッシャーサイエンティフィック社のSYTOXシリーズなどの他の試薬を使用してください（**Q30**）．

死細胞染色に対するポジコン細胞を作製するには，少量の細胞懸濁液を65℃で1分熱した後に，on iceで1分静置する方法が簡便です．その後，生細胞と混合して染色し，フローサイトメトリーに流すことで，染色具合や漏れ込みなどの確認とコンペンセーションの設定ができます．

注意点として，7-AADとPIによる死細胞染色は細胞を固定しない場合のみ有効です．細胞の固定と死細胞の検出がともに必要な場合は，**Q32**を参照してください．

103

第3章 抗体，色素の特性・選び方に関するQ&A

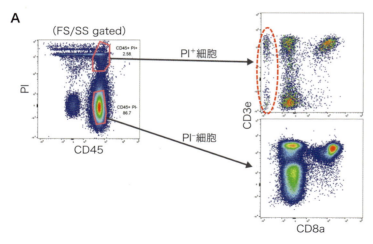
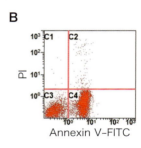

図　死細胞および初期アポトーシス細胞の検出
A）マウスCD45$^+$リンパ球における死細胞の検出．PI$^+$細胞が死細胞，PI$^-$細胞が生細胞．PI$^+$細胞では点線の丸のようにPI$^-$細胞で観察されない蛍光パターンを示す．B）PI$^-$ AnnexinV$^+$細胞が初期アポトーシス細胞（C4），Double Positive細胞が後期アポトーシス細胞およびネクローシス細胞（C2），Double negative細胞が生細胞（C3）．Bは文献2より転載．

初期アポトーシス細胞はAnnexin Vを用いたホスファチジルセリン染色で検出する

前の項目で述べた「死細胞」は，細胞膜が損傷した「後期アポトーシス細胞およびネクローシス細胞」のことを指します．アポトーシスの過程の初期段階では，細胞膜の損傷がないため，7-AADやPIでは染色されません．このような初期アポトーシス細胞の検出には，Annexin Vによるホスファチジルセリン（PS）の染色を用いるのが一般的です．初期アポトーシス細胞では，細胞膜構造を保ったままPSが膜表面に露出しています（後期アポトーシス細胞とネクローシス細胞でも同様です）．Annexin Vはカルシウムイオンの存在下においてPSと強く結合するため，7-AADかPIとの二重染色によって，初期アポトーシス細胞の検出が可能になります（図B）．

各社から蛍光色素標識されたAnnexin Vやバッファーなどを含むキットが発売されているので，それらのプロトコールに従って行えば，問題なく検出できるはずです．もし，キットを使わない場合は，1.5〜2.5 mM CaCl$_2$を含むバッファーでAnnexin Vを反応させることを忘れないでください．Annexin V染色と同時に細胞表面抗原に対する抗体染色もできます．

サンプルを洗浄できない場合，高濃度カルシウムイオンが実験結果に影響をもたらす場合などでは，Annexin V以外の試薬を使います．初期アポトーシス細胞の細胞膜を通過して核を染色する蛍光色素（YO-PRO-1など）や，細胞膜表面の電荷の変化に対して蛍光を示すプローブ（F2N12Sなど）があります．さらに，その他のフローサイトメトリーを用いたアポトーシス解析法として，ミトコンドリアの膜電位やカスパーゼ活性，DNAの断片化の検出があります．詳細は文献3，4を参照してください．

文献・ウェブサイト

1) 戸村道夫：マルチカラー解析のための蛍光色素の基本，選び方からパネル作製の具体例まで．「実験医学別冊 新版 フローサイトメトリー もっと幅広く使いこなせる！」（中内啓光/監，清田 純/編），pp23-36，羊土社，2016
2) Beckman Coulter. Annexin V（アネキシンV）キット（https://www.bc-cytometry.com/Data/db_search/Annexin_v.html）

3）Wlodkowic D, et al：Methods Mol Biol, 559：19-32, 2009
4）沖田康孝，他：形態学的・生化学的変化を用いたアポトーシスの解析.「実験医学別冊 新版 フローサイトメトリー

もっと幅広く使いこなせる！」（中内啓光/監，清田 純/編），pp76-87，羊土社，2016

（池渕良洋）

第 3 章 抗体，色素の特性・選び方に関するQ&A

関連するQ→Q30, 31, 77, 78

Q32 細胞固定をしても死細胞と生細胞を区別できる色素があると聞きました．原理と使い方を教えてください．

A 細胞固定や膜透過処理に対応したフリーアミン結合性蛍光色素で死細胞と生細胞を区別できます．生細胞と比較して，死細胞の方が細胞膜透過性が高く，強く染色されることを利用しています．

フリーアミン結合性色素の原理と使用にあたっての注意点

サイトカインや転写因子などの細胞内染色の場合も，細胞表面染色の場合と同様に，死細胞の除去（ゲートアウト，**Q77, 78**）が正しいデータ処理のために必須です．**Q31**で紹介した 7-AAD や PI による死細胞染色は，細胞固定と膜透過処理には対応していません．なぜなら，7-AAD または PI が，固定処理された生細胞の核内に達して染色してしまうためです．

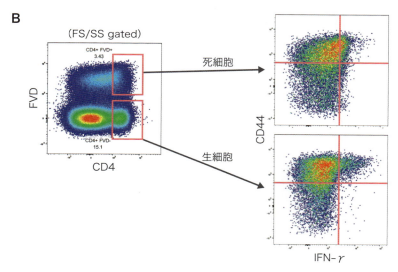

図 フリーアミン結合性蛍光色素の染色様式と実例

A) 生細胞では蛍光色素が細胞膜のフリーアミンに結合するだけだが，死細胞では細胞内も染色されることで，強い蛍光強度を発する．**B)** FVD eFluor 506 によるマウス活性化 CD4$^+$ T 細胞の死細胞染色．死細胞は生細胞とは違う蛍光パターンを示している．

フリーアミンに不可逆的に結合する膜非透過性蛍光色素を使えば，この問題に対応できます．本蛍光色素を細胞に添加すると，生細胞表面のアミンにも少量結合します．一方の死細胞に対しては，細胞膜の損傷部位から細胞内に浸透し，細胞質内の大量のアミンと結合するため，死細胞の方が生細胞よりも明るく染色されます（図A）．本蛍光色素の結合による染色は，その後の固定処理と膜透過処理に対しても安定です．

サーモフィッシャーサイエンティフィック社のFVD（Fixable Viability Dye），LIVE/DEAD Fixable Dead Cell Stain，バイオ・ラッドラボラトリーズ社のVivaFix，BioLegend社のZombie Dyesなどが前述の蛍光色素にあたります．各社とも，さまざまな色が販売されていますので，ご自身の多重染色に適したカラーを選びましょう．

筆者はマウスリンパ球をFVDシリーズで染色しています．一番明るく染まるという推奨プロトコールは制限が多く，FVD染色前にPBS（−）で2回洗浄する，FVD染色時もPBS（−）を使用する，抗体染色とFVD染色を同時に行わないなどが指示されています．これらはFVDがバッファー中のアミンにトラップされることを防止するための処置ですが，その分手間と細胞ロスは覚悟しなければなりません．一方，本製品では蛍光強度の低下を前提に，一般的な染色バッファー（アジ化ナトリウムとタンパク質添加PBS）での染色や，抗体染色との同時染色，溶血前の血液の直接染色などのプロトコールも紹介してくれています（FVDのマニュアル参照）．筆者の場合はこれらを考慮して，本ページのプロトコールでFVD染色を行っています．

図Bの染色例を見てもわかるように，実用的な蛍光強度で染色され，リンパ球中の死細胞が分離できています．多重染色におけるカラーチョイスが許される状況ならば，より明るい蛍光色素を使うことで分離能はさらによくなるでしょう．ご自身の実験目的に合うように，適宜プロトコールを変更してください．

（池渕良洋）

プロトコール

筆者が行う FVD 染色の流れ

①染色バッファーを用いた細胞表面の一次抗体染色
②PBS（−）による洗浄1回
③PBS（−）による二次抗体とFVDの染色
④染色バッファーによる洗浄
⑤細胞固定，膜透過
⑥細胞内染色

第 3 章 抗体，色素の特性・選び方に関する Q & A

Q33 市販されている蛍光色素標識抗体の全体像と特徴を教えてください．

関連する Q → Q5，22～25，34

蛍光色素は励起する波長により，青，緑，赤，紫および UV レーザー用に大きく分けられます．タンデム色素の開発によって，レーザーの種類が少なくても，得られる蛍光の色数が増えてきました．より明るく波長がシャープな蛍光を発する蛍光色素の開発が進んでいます．

蛍光色素の色と蛍光物質の分子構造

フローサイトメトリーの日常使用では知っておく必要はありませんが，最初に蛍光色素の色と分子構造までの関係を簡単に説明します．光のエネルギーは波長が短い方が高くなります（Q5）．正確には，光は粒子の性格を有し，1 個の光子のもつエネルギー＝hc/λ（h はプランク定数，c は光速度，λ は波長）で表されます．

FITC は，より高いエネルギーの青色を吸収して，よりエネルギーの低い緑色の蛍光を発します（表，Q5）．図 A の FITC の赤で囲った分子構造の電子共役系に存在する π 電子を励起するのに必要なエネルギーが，青色の光のエネルギーと同じため，青色の光を吸収します．そして，この π 電子の励起に必要なエネルギーは，電子共役系が長くなると下がります．例えば，より長い電子共役系を有するローダミン系化合物は，FITC よりも低い吸収エネルギー（より長い波長）を吸収し，赤色の蛍光を発します（図 A，Q5）．分子の直接の長さとは異なりますが，ラジオなどのアンテナがちょうど波長の合う電波を受信するのと同じように，電子共役系が長くなるとより長い波長の光（赤に近い）を効率よく吸収するようになります．

蛍光色素開発の歴史的な背景

蛍光波長は励起波長よりも長いため（Q5），各レーザーで使用される蛍光色素数は，"赤＜緑＜青＜紫および UV" の順に多くなります．蛍光色素の発展は，多色化の流れや，検出するフローサイトメーターの発展と関連しています．青色レーザーで励起できる色素として，FITC，PE，さらに PE のタンデム色素（PE-TxRed や PerCP-Cy5.5，PE-Cy5 や PE-Cy7）が開発され，色数が増やされてきました．赤色レーザーで励起できる色素として，APC と APC-Cy7，さらに Alexa Fluor 700 も使用されています．紫レーザー搭載機の普及とナノ粒子の Qdot やポリマー系色素の Brilliant Violet 系の開発は，紫レーザーでも 6 色を超える明るい色素の使用を可能にし，紫レーザー励起色素のマルチカラー解析における存在感と重要性を一気に増加させました．さらに UV 励起のポリマー系色素も発売されはじめました．

本稿では各蛍光色素の概要と特徴を説明します．表には，すべては網羅できませんが，使用頻度の高い色素の特徴をまとめました．各色で複数の色素があるので特徴を比較しながら，詳細な情報を各社のウェブサイトから得て使用してください．また，ウェブサイト

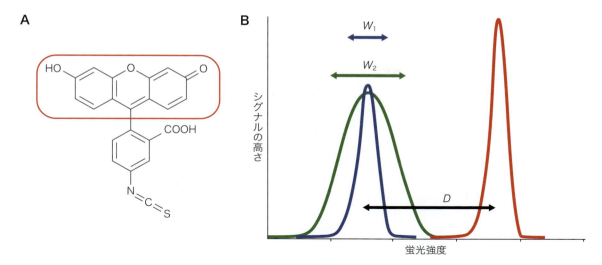

図 代表的な蛍光色素の化学構造と，染色時の陰性細胞と陽性細胞の蛍光特性
A）FITC の構造式．B）各蛍光色素のヒストグラムとステインインデックス．ステインインデックス＝D/W の式であらわされる．D；陽性細胞と陰性細胞の蛍光平均強度の差，W；陰性細胞の蛍光の標準偏差の2倍．図中，W1の方がW2よりも波長の拡がり（標準偏差）は小さいので，Dが同じ場合，ステインインデックスの値は大きくなる．ステインインデックスが高い方が，陰性細胞と陽性細胞のシグナルの差が大きく陰性細胞の拡がりが狭いということを，知っておくと便利である．Bは文献2より引用．

で公開されているカラーチャートも便利です．色素選びには蛍光の強さに加え，波長も大切です．各社のスペクトルビューア（Q22, 34）で合わせて確認しましょう．

絶対値は異なりますが色素間の順位は変わりません．本稿では，数値は引用していませんが，ステインインデックスの順位と表に示す明るさを含む使いやすさは経験的にほぼ一致します．

ステインインデックス

カタログなどで，蛍光色素の明るさと使用しやすさの指標としてステインインデックス（Stain Index）が示されることがあります[1]．ステインインデックス＝D/W の式であらわされ，Dは「陽性細胞と陰性細胞の蛍光平均強度の差」，Wは「陰性細胞の蛍光の標準偏差の2倍」を示します．したがって，ステインインデックスが高い方が，陰性細胞と陽性細胞のシグナルの差が大きく陰性細胞の拡がりが狭いことを示します（図）．蛍光色素は陰性集団にも非特異的に結合します．ステインインデックスは，陽性細胞の蛍光強度の分布のシャープさよりも，むしろ，陰性細胞の拡がりを重視している点がポイントです．比較したい蛍光色素を同じクローンに標識した抗体でサンプルを染色したときのデータ（図）から計算します．用いるクローンなど測定条件の違いでステインインデックスの

各チャネルの蛍光色素の特徴

◆ 青レーザー（488 nm）励起蛍光色素

FITC チャネル系色素

FITCとほぼ同波長で褪色に強い Alexa Fluor 488 もよく使用されますが組織染色でない限り FITC でも十分です．FITC よりも明るい，VioBright FITC（ミルテニーバイオテク社）や，BD Horizon Brilliant Blue 515（BD Biosciences 社）の抗体ラインナップもはじまっています．目的分子の標識抗体が見つかったら，FITC 標識抗体よりも高価なのでコストと明るくする必要性を考えて使用するとよいでしょう．

◆ 緑レーザー（541 nm 周辺）励起蛍光色素

もともと赤色の色素は緑色レーザーの方が励起効率は高いのですが，青レーザー励起でもそれなりに明るい蛍光シグナルが得られることから青レーザー励起で

第 3 章　抗体，色素の特性・選び方に関する Q & A

表　よく用いられる蛍光色素とその特徴

励起レーザー	検出チャネル（中心波長/波長幅）	最大励起波長	最大蛍光波長	蛍光色素	明るさ	タンデム色素	コメント
青	FITC（530/30）	494	525	FITC	3		緑の定番色素で標識抗体のバリエーションも多い．PE＞PerCPCy5.5 の順に強く漏れ込み PE-Cy7 には漏れ込まない．
		495	519	AlexaFluor 488	3〜4		FITC と同様に使用．FITC よりも若干明るい．ブリーチングしにくいので免疫組織染色を同時に行う人には FITC よりもお勧め．
		490	515	BD Horizon Brilliant Blue 515	5		誘電性ポリマー色素．FITC の7倍明るい．FITC よりもピーク波長が短く赤色蛍光色素とのより分離は容易．目的分子の標識抗体が発売されていればコストと明るくする必要性を考えて使用する．
		496	522	VioBright FITC	4		FITC を通常より多く結合．目的分子の標識抗体が発売されていればコストと明るくする必要性を考えて使用する．
		490	510	CF488	3		FITC よりもピーク波長が短く赤色蛍光色素とのより分離は容易．各分子への標識抗体はほぼないが，二次抗体として使用は可能．
		493	518	DayLight 488	3		各分子への標識抗体はほぼないが，二次抗体として使用可能．FITC よりもブリーチングしにくい．
	PE（575/26）	496, 564	575	PE	5		染まりが弱く検出しにくい分子のヒストグラム検出に最適．シグナルが強く一番使用しやすい．青レーザーの色素すべてに漏れ込む．
緑	PE-Texas Red（610/20）	305, 540	620	PI	5		死細胞除去．直接手に付かないように注意．
		496, 564	606	PE/efluor 610	3〜4	○	いずれも PE とのタンデム色素．全体的に明るい．各社が明るさと他の色素との波長分離，を競っているので，目的分子の標識抗体が見つかったら比較して使いやすい色素を選ぶ．
		496, 564	612	PE/Dazzle 594	3〜4	○	
		496, 564	614	PE-CF594	3〜4	○	
		496, 564	319	PE-Vio 615	3〜4	○	
	PerCP-Cy5.5（695/40）	546	647	7AAD	5	○	死細胞除去．
		496, 564	670	PE/Cy5	5	○	とても明るいが，APC に強く漏れ込むので APC との同時使用はシグナルが弱いときに限る．
		482	675	PerCP	2		PerCP/Cy5.5 よりも若干暗い．青レーザーの4色目に使用可能．
		482	690	PerCP/Cy5.5	3	○	PE-Cy7 に多く漏れ込み，漏れ込みはきれいに補正しきれないが，青レーザーの4色目に使用可能．
		482	710	PerCP/eFluor 710	4		PerCP/Cy5.5 よりも明るい．
	PE/Cy7（780/60）	496, 564	774	PE/Cy7	3	○	強く染めた場合，PE，APC/Cy7 への漏れ込みに注意．明るさを逆に利用し不要な細胞のゲートアウトにも使用．
		496, 564	775	PE-Vio770	3〜4	○	PE/Cy7 よりも若干明るい．固定に強い．
赤	APC（670/30）	650	660	APC	4〜5		染まりが弱く検出しにくい分子のヒストグラム検出に最適．APC-Cy7 への漏れ込みに注意．
		650	668	Alexa Fluor 647	4		APC と同様に使用．APC よりもブリーチングしにくいので免疫組織染色を同時に行う人には APC よりもお勧め．
	AlexaFluor-700（730/45）	696	719	Alexa Fluor 700	1〜2		APC-Alexa Fluor 700 よりも暗いが十分に使用可能．APC と APC-Cy7 への漏れ込みに注意．赤レーザーの3色目に使用．
		650	723	APC-Alexa Fluor 700	2	○	Alexa Fluor 700 よりも明るいがタンデム色素なので注意．APC と APC-Cy7 への漏れ込みに注意．赤レーザーの3色目に使用．
	APC/Cy7（780/60）	650	774	APC/Cy7	2	○	APC への漏れ込みを考え強く染めない．APC からの漏れ込みを考えて使用．PE/Cy7 からも弱いが漏れ込む．固定に弱い．APC への漏れ込み低い．

励起レーザー	検出チャネル (中心波長/波長幅)	最大励起波長	最大蛍光波長	蛍光色素	明るさ	タンデム色素	コメント
赤	APC (670/30)	633	780	APC/eFluor780	2	○	固定に弱い. APC への漏れ込みが低い.
		650	785	APC-H7	1	○	固定に強い. APC への漏れ込みが低い. 単球への非特異的結合が低い. 長期保存性 APC/Cy7 よりもよい.
		650	750	APC/Fire750	2	○	固定に強い. APC への漏れ込みが高い. 単球への非特異的結合が低い. 長期保存性 APC-H7 よりもよい.
		650	775	APC-Vio770	2	○	固定に強い. APC への漏れ込みが低い. 長期保存性は APC/Cy7 よりもよい.
紫	Pacific Blue (450/50)	401	455	Pacific Blue	1		検出波長が他と独立しているため使用しやすい. 明るさは1だが APC よりも若干弱いシグナルが得られる.
		404	450	BD Horizon V450	2		Pacific Blue よりも波長域が狭く, 明るい.
		405	450	eFluor 450	2		Pacific Blue よりも波長域が狭く, 明るい.
		405	421	Brilliant Violet 421	5		染まりが弱く検出しにくい分子のヒストグラム検出に最適. 高価なので十分なシグナルが得られるときは Pacific Blue で十分.
		359	461	DAPI	4		DNA 含量検出. UV レーザーで一般的には解析されるが紫レーザーでも解析可能.
	AmCyan (525/25)	415	500	BD Horizon V500	2		以前使用されていた Pacific Orange よりも明るく, AmCyan よりも FITC への漏れ込みも少なく使用しやすい.
		405	510	Brilliant Violet 510	4		Orange 系で一番明るく使用しやすい.
	(585/42)	405	570	Brilliant Violet 570	4	○	PE と同じフィルターで検出可能. 代用可能な色素：eFluor 565NC Qdot-545, Qdot-565
	(610/20)	405	603	Brilliant Violet 605	5	○	緑レーザーを用いたときは, PE, Tx-Red チャネルへの漏れ込みに注意. 代用可能な色素：eFluor 605NC Qdot-605.
	Qdot 655 (670/30)	405	645	Brilliant Violet 650	4	○	APC と Alexa Fluor 700 チャネルへの漏れ込みに注意.
		350〜635	650	eFluor 650[NC]	5		シグナルが強く使用しやすい. APC チャネルに漏れ込むので染色強度は中程度がよい. 代用可能な色素：Qdot 655.
紫	(710/50)	405	711	Brilliant Violet 711	4	○	Alexa Fluor 700 および PerCP/Cy5.5 チャネルへの漏れ込みに注意. 代用可能な色素：eFluor 700NC, Qdot-705.
	(780/60)	405	785	Brilliant Violet 785	3 (4)	○	他のチャネルへの漏れも少なく使用しやすいので, 紫レーザーの2あるいは3色目として使用している. 代用可能な色素：Qdot-800.
UV	(379/28)	348	395	BD Horizon BUV395	2		検出波長が他と独立しているため使用しやすい.
	(465/30)	352	461	Hoechst 33342	3		細胞膜透過性の DNA 結合蛍光色素. DNA 含量測定による細胞周期解析や, 幹細胞の高い排出能を利用して幹細胞のソーティングに使用.
	(515/30)	348	496	BD Horizon BUV496	2	○	アクセプターが紫レーザーで励起されるため, AmCyan チャネル（525/25）への漏れ込みが強い.
	(585/42)	348	563	BD Horizon BUV563	4	○	アクセプターが青レーザーで励起されるため, PE と Tx-Red チャネルへの漏れ込みが強い.
	(670/25)	348	661	BD Horizon BUV661	4	○	アクセプターが赤色レーザーで励起されるため, APC と Alexa Fluor 700 チャネルへの漏れ込みに注意.
	(740/35)	348	737	BD Horizon BUV737	4	○	アクセプターが赤色レーザーで励起され, 漏れ込みが大きく Alexa Fluor 700 などとの同時使用は不可.
	(820/60)	348	805	BD Horizon BUV805	2	○	アクセプターが赤色レーザーで励起されるため, APC/Cy7 チャネルへの漏れ込みに注意.

上記の表は, BioLegend 社, BD BioSciences 社, サーモフィッシャーサイエンティフィック社, ミルテニーバイオテク社の各社のウェブサイトおよび掲載資料をもとに作成した. 色素の明るさについては, 各社で若干異なる. コメントには, 筆者の使用経験からの意見を加えている. 本表に記載していない蛍光色素も市販されている. 文献3をもとに作成.

使用されます．ハイエンドモデルでは緑レーザーによる，より強いシグナル取得と蛍光分離が行われています．

1）PEチャネル系色素

赤色の定番色素であり，明るく使用しやすいです．

2）Texas redチャネル系色素

以前はPE-Texas-Redなどしかなく，標的分子のラインナップも貧弱であったため，使用頻度が少ないチャネルでした．しかし多色化の流れのなかで，この検出波長チャネル（590～620 nm付近）に蛍光波長をもつタンデム色素（性質，使用上の注意は**Q23，25**を参照）を各社が競って投入しています（表）．各社のカタログ情報だけでは甲乙をつけるのは難しいです．それぞれ特徴があるので比較して使用するとよいです．私たちも一度は比較してお気に入りの色素を決めて使用しています．

3）PE-Cy7チャネル系色素

以前はPE-Alexa Fluor 750標識抗体なども多数発売されていましたが，現在はオリジナルのPE-Cy7とPE-Vio770がメインです．

◆ 赤色レーザー励起蛍光色素

1）APCチャネル系色素

APCとAlexa Fluor 647標識抗体が頻繁に使用されます．Alexa Fluor 633標識抗体は同様に使用できます．

2）Alexa Fluor 700チャネル系色素

タンデム色素のAPC/Alexa Fluor 700の方が，Alexa Fluor 700よりも励起効率が高いため明るいです．Alexa Fluor 700も明るい分子の検出であれば問題なく使用できるので，長期保存をする可能性が高い場合などは，Alexa Fluor 700の方が使用しやすいです．

3）APC-Cy7チャネル系色素

従来使用されてきたタンデム蛍光色素用のCy7を，新しい色素に代えたAPC/Cy7の改良版蛍光色素標識抗体が発売されています．各社とも明るさだけでなく，蛍光波長，固定や光に対する蛍光安定性，モノサ

イト（単球）に対する非特異的結合など特徴があります（表）．可能であれば実際のサンプルをマルチカラーパネルで染色して選択するのが好ましいです．

◆ 紫レーザー励起蛍光色素

405 nmレーザーの励起ではPacific Blue（最大蛍光波長450 nm近辺），BD Horizon V500（最大蛍光波長500 nm近辺）が使用されてきました．さらに，ナノ粒子技術を用いたQdot系の色素，そして最近，Brilliant Violetが登場し，紫レーザーで使用できる色数が大きく増えました．

1）Qdot系の蛍光色素

Qdot系の蛍光色素は，励起できる波長がブロードです．そのうえ，蛍光波長が長くなると励起波長も長くなり，青レーザーでもかなり励起されてしまうため，長波長側のQdotを使用する場合には注意を要します．短波長側のQdot系色素（Qdot ○○，およびeFluor ○○[NC]）は比較的使用しやすいです．

2）Brilliant Violet系色素

従来の蛍光色素に比べ，Brilliant Violetは明るく使用しやすいです．Brilliant Violet 421と510は単独分子の蛍光色素ですが，それより長波長のBrilliant Violet色素は，Brilliant Violet 421とのタンデム蛍光色素です．従来の標識抗体に比べ高価なため，従来の青，赤レーザー用の色素の使用で事足りている場合，そのまま用いた方が安価に済みます．今までに販売されたフローサイトメーターの紫レーザー用検出器は3チャンネルである場合が多く，この場合使用できる色素数が限られます．また，このような機種では，検出用のフィルターセットが新登場のBrilliant Violetの波長に適応していない場合も多いです．その場合は，検出用のフィルターセットを自前で準備する必要があります．

◆ UVレーザー励起蛍光色素

カルシウムシグナルの検出に使用されるIndo-1や，細胞膜透過性のDNA結合蛍光色素であり，DNA含量測定による細胞周期解析や，幹細胞から排出されやすい性質を利用して幹細胞のソーティングに

使用される Hoechst 33342 は UV レーザー励起です.

　また，BD Horizon BUV シリーズ 6 色が発売され
ています．BUV395 以外はタンデム色素であるため，
アクセプター分子が他のレーザーで励起されたときに
出る蛍光は，前述の青，赤，紫レーザー用蛍光色素の
検出チャネルに漏れ込みます．BUV737 のように，
既存のレッドレーザーのチャネルの色素が使用できな
くなる場合もあるため注意します.

文献・ウェブサイト

1) Maecker HT, et al：Cytometry A, 62：169-173, 2004
2) Maecker H & Trotter J: Nat Methods, 5, 2008(http://www.
nature.com/nmeth/journal/v5/n12/full/nmeth.f.229.html)
3) 戸村道夫：マルチカラー解析のための蛍光色素の基本，選び
方からパネル作製の具体例まで.「実験医学別冊新版フロー
サイトメトリーもっと幅広く使いこなせる！」（中内啓光／
監, 清田　純／編), pp23-36, 羊土社, 2016

（戸村道夫）

第 3 章 抗体，色素の特性・選び方に関する Q&A

関連する Q → Q7, 18, 30, 35, 98

34 マルチカラー解析で蛍光色素を追加していくときの順番を教えてください．

 使用している蛍光色素の蛍光波長のピークの間に，ピーク波長をもつ蛍光色素を加えていきます．紫レーザーが使用できるときは，紫レーザーで励起される蛍光色素を入れると追加が容易になります．

マルチカラー解析における蛍光色素の追加方法を紹介します．**Q35** とともに，"より詳細なマルチカラー解析のための蛍光色素選びから解析の実際"[1] についても参照してください．2レーザー（青/赤）に比べ，3レーザー（青/赤/紫）のフローサイトメーターが使用可能な場合には，多色化はとても容易になります．2レーザーのフローサイトメトリーでは6色程度までが使用しやすいです．一方，3レーザーでも，同時測定の蛍光色素数が8色程度を越えてくると1色増えるごとに難易度は急激に上昇していきます．

蛍光色素の追加と，マルチカラー染色パネルの作成を助ける蛍光スペクトルビューアー

新しく蛍光色素を増やすときは，すでに使用している蛍光色素のピーク波長とピーク波長の隙間にピーク波長をもつ蛍光色素を加えていきます．このとき，おのおのの蛍光色素の明るさ，およびピーク波長間の距離とともに，蛍光波長の拡がり（ピークの短波長側と長波長側の両側にブロード，あるいは，長波長側にブロードなど）を考慮して用いる蛍光色素を決定します．互いの蛍光の重なりと他の蛍光色素の検出チャネルへの漏れ込み具合は，蛍光スペクトルビューアー（BD Biosciences 社，BioLegend 社，サーモフィッシャーサイエンティフィック社他がウェブサイトで提供，図）を利用して確認しましょう．各蛍光色素の励起波長，蛍光波長を指定して蛍光タンパク質の励起効率を表示できます．また，BD Biosciences 社のそれでは検出フィルターを指定し各検出チャネルへの漏れ込み割合のコンペンセーションマトリックスが表示できます．使用するうえで以下の点に注意します．図で表示されている各蛍光色素の蛍光の高さは，レーザー波長による励起効率を考慮した（BD Biosciences 社），あるいは蛍光のピークを 100% とした（BioLegend 社）表示になっています．しかし，実際のサンプルでは，色素の明るさだけでなく解析対象の分子の発現量も異なるため，おのおのの蛍光色素のピークの高さは異なります（**Q18**）．漏れ込む光の割合（％）は一定ですが，漏れ込む光の量はピークの高さに依存します．したがって，漏れ込む光の割合（％）が低い方が望ましいですが，漏れ込む光の量への配慮はより重要です．漏れ込む光の量を考慮したマルチカラー染色パネル作成は **Q35** を参考にしてください．

一般的にマルチカラー解析に用いる染色パネル

最初に3から4色，5色を整理し，その後，6〜12色への蛍光色素の追加方法を，6+1色，8+1色，10+1色と数を増やしながら説明します．+1は「死

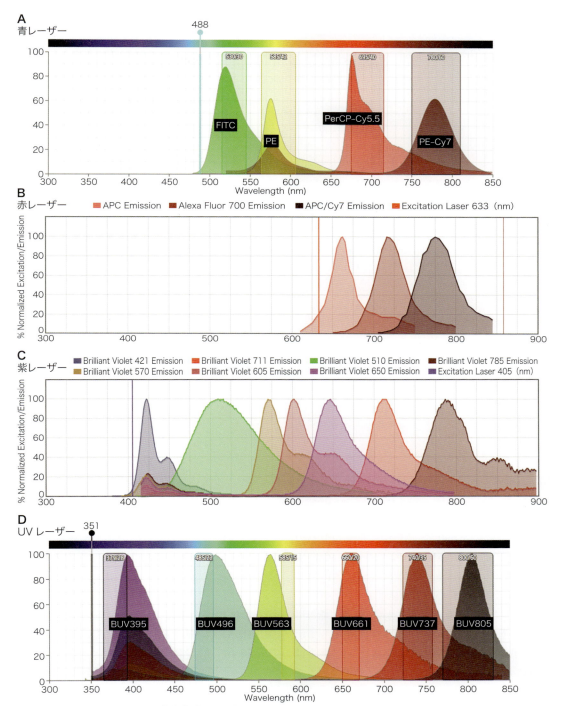

図　マルチカラー解析に用いる蛍光色素のスペクトル

マルチカラー解析に用いる蛍光色素のスペクトル，および検出フィルターを各社のウェブサイトの蛍光スペクトルビューアーを用いて表示した．A），D）青，およびUVレーザー（BD Biosciences社）は，励起レーザーの励起波長による励起効率を考慮して各色素の蛍光のピークの高さが調整されている．B），C）赤，および紫レーザー（BioLegend社）は，励起レーザーの波長にかかわらず各色素のピーク波長が100％になるように表示される．励起レーザーは縦線で，検出フィルターは長方形でそれぞれ示されている．横軸の波長を合わせるため変形した．A，DはBD Biosciences社，B，CはBioLegend社のウェブサイトをもとに作成．

表　マルチカラー蛍光染色パネルに用いられる蛍光色素の組合わせ

レーザー	蛍光色素	3~4色, 5色		6+1色		8+1色			10+1色			ヒストグラム/弱いシグナルの検出
青	FITC		1	1	1	1	1	1	1	1	1	
	PE	1	2	2	2	2	2	2	2	2	2	○
	PerCP/Cy5.5				3				3	3	3	
	PE-Cy7	4	4	3	3	3	3	3	4	4	4	
赤	APC	2	3	4	5	4	4	4	5	5	5	○
	Alexa Fluor 700 or APC-Alexa Fluor 700								6	6	6	
	APC-Cy7	4	4	5	6	5	5	5	7	7	7	
紫	Blliriant Violet 421	3			6	6	6	7	8	8	8	○
	Brilliant Violet 510					7	7		8	9	9	
	Qdot-655, Brilliant Violet 650					8		7	10		9	
	Brilliant Violet 785	4					8	8		10	10	
青	PI or 7AAD			7	7	9	9	9	11	11	11	

文献2より転載．

細胞除去のための1色」であり，PI あるいは 7–AAD を用います（表）．3 から 4 色，5 色では PI あるいは 7–AAD については言及しませんが，可能であれば加えましょう．

3色から4色：2レーザーのフローサイトメーターの場合は，開発の歴史が長くたくさんの標識抗体がラインアップされている FITC，PE，APC がよく使用されます．APC のかわりに，APC/Cy7 や，PE への漏れ込みに気をつける必要がありますが PE/Cy7 も使用できます．4色の場合は FITC，PE，APC に，PE/Cy7 あるいは APC/Cy7 を加えます．
　3レーザーのフローサイトメーターが使用可能な場合には，3色では PE，APC，BV421 を使用します（表，Q18）．4色目は，PE/Cy7，APC/Cy7，あるいは BV785 など紫レーザーで励起される色素を加えます（表）．

5色：前述の4色目の色素を複数加えることで5色目にします．研究室など手持ちの抗体を考えて上手く組合わせてパネルを組みましょう．

6+1色：2レーザー（青/赤）のフローサイトメーターの場合は，赤レーザー励起の Alexa Fluor 700 を加えます（図，表）．PerCP/Cy5.5 はピークもシャープで最後の1色としても用いられますが，PE，PE/Cy7 との漏れ込み補正が生じるため使用しにくいことや，通常2レーザー機では検出チャネル数も限られるため，PerCP/Cy5.5 を同時に使用する頻度は低いです．現実的には2レーザー機では6+1色くらいまでが使用しやすいです．3レーザーのフローサイトメーターの場合，前述の4色目の色素を3色加え，6色にします．

8+1色：6+1色に Brilliant Violet 510 あるいは BD Horizon V500 と，Qdot–655 あるいは Brilliant Violet 785 のどちらか1色を加えます．Qdot–655 や Brilliant Violet 785 の代わりに PerCP/Cy5.5，Alexa Fluor 700 あるいは APC-Alexa Fluor 700 を加えます．

10+1色：8+1色に PerCP/Cy5.5 と Alexa Fluor 700 もしくは APC-Alexa Fluor 700 の2色を加えます．さらに Brilliant Violet 510，BD Horizon V500，

Qdot-655, Brilliant Violet 785 のうちから 2 色を加えます.

◆ UV レーザー搭載機の場合

351 nm などの UV レーザーで励起される, 蛍光波長 400 〜 780 nm までの 6 色の BUV 色素標識抗体が発売されはじめています. UV レーザー用蛍光色素は色素により, 従来の青, 赤, 紫レーザー励起の蛍光色素の検出チャネルに漏れ込むので注意しながら色を追加していきます.

各社の蛍光スペクトルビューアーの特徴

BD Biosciences 社:レーザー波長と検出フィルターセットの波長を細かくプルダウンで設定できます. フィルターセットを指定するとコンペンセーションマトリックス (**Q7, 35**) で数値を表示できます.

BioLegend 社:レーザー波長はプルダウンで設定できますが, 検出フィルターセットの波長は入力が必要です. 他社が新しく開発した抗体標識用の蛍光色素

もラインアップされているので他社品との微妙な蛍光波長の比較が可能です.

サーモフィッシャーサイエンティフィック社:元々の同社の蛍光色素に加え, 同社が買収した Molecular Probes 社の蛍光色素〔Cell Tracker 色素 (**Q98**), SYTO (**Q30**) など〕も同時に表示できます.

文献・ウェブサイト

1) 戸村道夫:マルチカラー解析のための蛍光色素の基本, 選び方からパネル作製の具体例まで.「実験医学別冊新版フローサイトメトリーもっと幅広く使いこなせる!」(中内啓光/監, 清田 純/編), pp23-36, 羊土社, 2016

2) BD Biosciences 社:BD Fluorescence Spectrum Viewer A Multicolor Tool(http://m.bdbiosciences.com/jp/research/multicolor/spectrum_viewer/index.jsp)

3) BioLegend 社:Fluorescence Spectra Analyzer(https://www.biolegend.com/spectraanalyzer)

4) サーモフィッシャーサイエンティフィック社:蛍光スペクトルビューアー(https://www.thermofisher.com/jp/ja/home/life-science/cell-analysis/labeling-chemistry/fluorescence-spectraviewer.html)

(戸村道夫)

第3章 抗体，色素の特性・選び方に関するQ&A

関連するQ→Q18, 23, 28, 29, 34, 53, 84

Q35 マルチカラー解析のパネルを組む際のコツを教えてください．

A 各蛍光色素の特性（励起波長・蛍光波長の形・強度）と検出分子の発現量を考慮して，各蛍光波長の検出チャネルに互いに漏れ込む光の量を少なくします．蛍光シグナルが高い分子と低い分子の隣接を避け，「細胞サブセットのゲーティング」と「分子の発現強度の定量的な検出に用いるチャネル」を考慮してパネルを組みます．

検出したい分子, 色数を決定し, 検出したい分子に対する標識抗体を準備します

フローサイトメトリー解析の途中で1色（検出したい分子を1つ）増やそうとすると，欲しい蛍光標識抗体がない場合や，蛍光のシグナルの漏れ込み具合が変わってしまうなどの理由で，一度つくったマルチカラー染色パネルのつくり直しを迫られることがあります．検討開始前に検出したい分子を絞り込みます．蛍光色素標識抗体が入手できるかもポイントになります．標識抗体が市販されていない場合，タンデム色素でなければ自分たちで精製抗体を標識することもできます（**Q29**）．

マルチカラー解析における色素選び・染色パネル作成のポイント

互いの検出チャネルに漏れ込む光の割合（％）は低い方が望ましいが，漏れ込む光の量への配慮はより重要です（**Q34**）．漏れ込む光の量を考慮したマルチカラー染色パネル作成のポイントを表1にまとめ，詳細を後述します．

◆ **染まり具合が強い分子は暗い色素で, 染まり具合が弱い分子は明るい色素で検出する**

例えば，CD4, B220, MHC Class II などは染まり具合が強いので暗い色素で，一方，CD11c や CD69 などは染まり具合が弱いので明るい色素を選びます（**Q18**）．強いシグナルを得たい場合は，ビオチン化抗体＋蛍光標識ストレプトアビジンを組合わせます（**Q28**）．

表1 マルチカラー解析における蛍光色素選び・染色パネル作成のポイント

1）染まり具合に合わせた蛍光色素で検出する
2）それぞれのシグナルを染める強さは中庸が肝心
3）漏れ込みやすい蛍光色素，漏れ込みにくい蛍光色素の組合わせパターンを知る
4）漏れ込み元の蛍光色素のシグナルは弱く，漏れ込まれる蛍光色素のシグナルは強く
5）細胞ゲーティングと，ヒストグラム検出で蛍光色素を使い分ける
6）強く漏れ込む蛍光色素をゲートアウトに用いる

表2　7-1色のマルチカラー解析のコンペンセーションパネル

	FITC-A	PE-A	PerCP-Cy5.5-A	PE-Texas Red-A	PE-Cy7-A	APC-A	APC-Cy7-A	Pacific Blue-A
FITC-A		27.5	3.5	9	0	0	0	0
PE-A	1.2		16	36	3	0	0	0
PerCP-Cy5.5-A	0	0		0	19	4.2	2	0
PE-Texas Red-A	0	0	0		0	0	0	0
PE-Cy7-A	0	6.5	0	2.3		0	2.5	0
APC-A	0	0	0	0	0		8.5	0
APC-Cy7-A	0	0	0	0	6	17.5		0
Pacific Blue-A	0	0	0	0	0	0	0	

それぞれの数字は，上段のチャネルを解析するとき左列のチャネルに入ったシグナルの何％を引いて補正するか，その値を示している．例えば，上段FITC-Aと左列PE-Aの「交差するマトリックス」の27.5は，FITCからPEに漏れ込んでいるシグナルについて，FITCのシグナルの27.5％分を差し引く，ということを示している．したがって，漏れ込みが多い方が値は大きくなる．一方，0は該当する蛍光色素間ではコンペンセーションが不要であることを示している．文献1より転載．

◆それぞれのシグナルは必要以上には強くせず，染める強さは中庸が肝心である

蛍光シグナルが強いと他のチャネルに漏れたシグナルの漏れ込み補正は難しくなります．強すぎる場合は蛍光標識抗体の濃度を下げるなど工夫し，蛍光シグナルは必要十分に留めます．

◆漏れ込みやすい蛍光色素，漏れ込みにくい色素の組合わせパターンを知る

コンペンセーションを必要としない色素の組合わせがあります（**表2**）．一般的に短波長側の色素から長波長側の色素への漏れ込みの方が多いです（**Q34図**）．各レーザーの一番短い波長に近い検出チャネルの方が他からの漏れ込みは少ないです（**Q34図**）．タンデム蛍光色素では，例えば，PE/Cy7やAPC/Cy7はPEやAPCにそれぞれ漏れ込みます（**Q23**，**Q34図**）．

◆漏れ込み元の色素のシグナルは弱く，漏れ込まれる色素のシグナルは強くする

例えばPerCP/Cy5.5とPE/Cy7では，PerCP/Cy5.5からPE/Cy7への漏れ込みが強いです（**Q34図**）．この場合，PerCP/Cy5.5よりもPE/Cy7を強く染める方がコンペンセーションは容易です．

◆細胞ゲーティング用の色素と，ヒストグラム用データをとる色素を使い分ける

色素の組合わせパターンは，条件により以下の2つに分けられます．

ゲーティングする細胞集団のシグナルが独立している場合

分画したい目的の細胞集団と他の細胞集団の境界が，ネガティブ，ポジティブというようにはっきりと区別できる場合，コンペンセーションで完全に漏れ込みを補正できなくても両細胞集団を区別できればよいです．そこで，細胞分画を行う色素を漏れ込まれる側に設定，あるいは互いに強く漏れ混み合う同士（例えばCD4とCD8，CD3とCD19など）を組合わせます．

ゲーティングしたい細胞集団と他の細胞集団の境界が連続していて区別し難い場合，およびヒストグラムを検出する場合

コンペンセーションを試しても，特に検出チャネルのネガティブ集団のシグナルを補正しきれず上がりやすいです．そこで，使用するチャネルへの他の蛍光色素からの漏れ込みが最小になるように組合わせます．特にヒストグラムは，ネガティブ集団のピークとポジティブ集団のシグナルの差を最終結果として得たいので明るい蛍光色素を選びます．さらに，前述のように他の色素から一番短い波長チャネルへの漏れ込みは低いので，ヒストグラム用の蛍光の検出にはこのチャネルを当てます．紫レーザーではBrilliant Violet 421，

赤レーザーでは APC，青レーザーでは PE（FITC 染色なし）の順にわれわれは使用しています（**Q34 表**）.

◆ 強く漏れ込む蛍光色素をゲートアウトに用いる

目的としない細胞をゲートアウトする蛍光色素は明るい方がよい場合が多く，他のチャネルに漏れ込みやすくても構わないです．例えば，PE/Cy7 は，PE および APC-Cy7 に漏れ込むが中程度に明るいので，われわれは各種細胞マーカーが陽性の細胞をゲートアウトして，細胞集団（linage negative）をゲーティングするときなどに用いています．

コンペンセーションはほどほどに

カラー数が増えてくると，すべてのチャネルで完璧なコンペンセーションをすることは困難になります．細胞分画用のチャネルについては，コンペンセーションの目的は，きちんと欲しい分画を分けられることと割り切ります．また，特に少数の細胞で構成されている細胞集団は，コンペンセーションを完璧にかけて細胞を分散させてしまうよりも，むしろコンペンセーションを適度にかけて，細胞集団の集まりがみえることを優先します．

実際の測定による検証

得られたプロットをもう少し，確実な形にしたいときや自信がもてないときには以下で確認します．

◆ 単染色サンプルを用いた相互漏れ込み

単染色サンプルで，コンペンセーション前，コンペンセーション後について，すべてのチャネルの組合わせでドットプロットを描きます（**Q18**）.面倒でも一度行ってみると，自分の用いている蛍光色素の組合わせでの，蛍光色素の互いの漏れ混み具合がわかります．

◆ FMO（fluorescence minus one）

マルチカラー染色パネルから，1 色を抜いた FMO（fluorescence minus one，**Q53，84**）を作成することにより，抜いた色素が，他のチャネルにどれくらい漏れ込んでいるかがわかります．

◆ 異なる蛍光標識抗体の組合わせ

検出する分子の組合わせは変更せず，蛍光の色の組合わせを変えて，同じパターン，頻度で解析できることを確認します．

マルチカラー染色パネルの作成例

マルチカラー染色パネルの具体例を**図 1** に示します．**図 1** のなかに，①検出したいパラメーター，②解析過程，③考慮したい条件，④考慮したい条件をできるだけ満たすようにパネル作成時に考えたこと，の項目に分け，染色パネル作成に至る思考過程を示しました．さらに，その解析の流れを**図 2** に示しました．

文献

1）戸村道夫：マルチカラー解析のための蛍光色素の基本，選び方からパネル作製の具体例まで.「実験医学別冊 新版 フローサイトメトリーもっと幅広く使いこなせる！」（中内啓光/監，清田 純/編），pp23-36，羊土社，2016

（戸村道夫）

図1　マルチカラー蛍光染色パネル作成の実際

レーザー	検出チャネル	蛍光色素	色数 7+1色	分子	希釈倍率
青	FITC	FITC	1	CD62L	×100
	PE	PE	2	CD3	×100
	PerCP/Cy5.5	PerCP/Cy5.5	3	CD4	×400
	PE-Cy7	PE-Cy7	4	CD19	×100
赤	APC	APC	5	CD8	×100
	APC-Cy7	APC-eFlowr 780	6	CD44	×100
紫	Pacific Blue	Blliriant Violet 421	7	CD69	×50
青	Tx-Red	PI	8	PI	1 mg/mL

①検出したいパラメーター
1　B細胞，CD4$^+$T細胞およびCD8$^+$T細胞のナイーブ，メモリーサブセット，それぞれの頻度.
2　CD4$^+$T細胞およびCD8$^+$T細胞のナイーブ，メモリーサブセットにおけるCD69発現頻度.

②解析過程
1　PIで，死細胞を除去.
2　CD19とCD3で，生細胞をB細胞とT細胞に分ける.
3　CD4，CD8で，T細胞はさらに，CD4$^+$T細胞とCD8$^+$T細胞に分ける.
4　CD62LとCD44で，CD4$^+$T細胞とCD8$^+$T細胞それぞれのナイーブ，メモリーサブセットに分ける.
5　CD69でCD4$^+$T細胞とCD8$^+$T細胞それぞれのナイーブ，メモリーサブセットのCD69発現頻度を調べる.

③考慮したい条件
1　各分子を検出したときのシグナル強度：CD4，CD62L＞CD44，B220＞CD8＞CD3＞CD69
2　ヒストグラムを検出したい分子：CD69
3　他のチャネルに漏れ込んでも構わない分子：B220
4　他から若干漏れ込んでも問題ない分子：CD4，CD8
5　互いに，また，他のチャネルから若干漏れ込んでも解析できるが，できたら漏れ込まない方がよい分子：CD62L，CD44

④上記の考慮したい条件をできるだけ満たすようにパネル作成時に考えたこと
1　PE-CD3はそれほど強くないので，PEからFITCおよびPeCP/Cy5.5への漏れ込みは弱い．また，もし漏れ込んだとしても，FITC-CD62LおよびPeCP/Cy5.5-CD4は明るいので影響は少ない.
2　PeCP/Cy5.5-CD4のシグナルがPE-CD3に漏れ込んでも，CD3はT細胞のゲーティング用なので問題は少ない.
3　PE-Cy7 CD19は，B細胞のゲーティングに用いるので，PE-CD3，PerCP/Cy5.5-CD4およびAPC-Cy7への漏れ込みは考慮しなくてよい.
4　CD62LとCD44はできるだけ，隣り合わない方がよいので，FITC-CD62LとAPC/Cy7-CD44とする.
5　APC-CD8のシグナルはそれほど高くないので，APCからAPC-Cy7への漏れ込みは弱い．また，もし漏れ込んだとしても，APC-Cy7-CD44は明るいので影響は少ない.
6　APC-Cy7-CD44のシグナルがAPC-CD8に漏れ込んでも，CD8はCD8$^+$T細胞のゲーティング用なので問題はない.
7　CD69はシグナルが弱いうえ，ヒストグラムを取りたいので，できるだけ他と独立し明るい色素が使える，Brilliant Violet-CD69で行う.
8　ちなみに，PIを用いて最初にPI陽性細胞を死細胞として除去してしまうので，パネル作成時にPIの蛍光の漏れ込みを考慮する必要はない.

文献1より転載.

第 3 章 抗体，色素の特性・選び方に関する Q & A

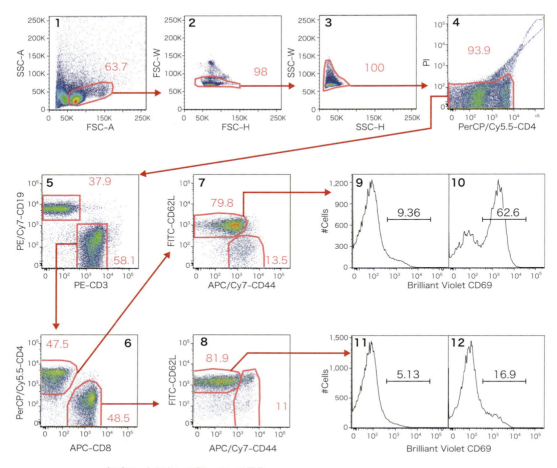

各プロットにおいて行っている操作

1. リンパ球をゲーティング
2, 3. ダブレット除去
4. 生細胞をゲーティング
5. B 細胞と T 細胞をゲーティング
6. CD4$^+$T 細胞と CD8$^+$T 細胞をゲーティング
7. CD4$^+$T 細胞のナイーブ，メモリーサブセットをゲーティング
8. CD8$^+$T 細胞のナイーブ，メモリーサブセットをゲーティング
9, 10. CD4$^+$T 細胞ナイーブ，メモリーサブセットの各々の CD69 発現
11, 12. CD8$^+$T 細胞ナイーブ，メモリーサブセットの各々の CD69 発現

図 2　7＋1 色のマルチカラー解析
皮下および腸間膜リンパ節の細胞をプールした後，図 1 に示した蛍光色素標識抗体および，PI にて染色した後，BD LSR Fortessa によりデータを取得した．取得したデータを Flow Jo で解析して示した．CD4$^+$ および CD8$^+$T 細胞をナイーブフェノタイプとメモリーフェノタイプに分離したが，制御性 T 細胞は，ここでは分離していない．文献 1 より転載．

第4章

サンプル調製
（細胞調製と色素標識・抗体染色）
に関するQ&A

第 4 章 サンプル調製（細胞調製と色素標識・抗体染色）に関する Q＆A

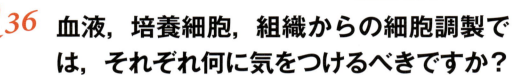

Q36 血液，培養細胞，組織からの細胞調製では，それぞれ何に気をつけるべきですか？

関連するQ→Q9, 37〜40

血液は浮遊細胞なので，調製は比較的簡単ですが，溶血処理あるいは密度勾配遠心により赤血球を除去する必要があります．培養細胞は浮遊細胞か接着細胞かで処理が変わります．組織細胞は浮遊細胞にするまでの単離方法やバッファーの選択が非常に重要です．いずれの細胞も解析・ソーティングの直前にナイロンメッシュに通し，凝集塊を除去します．

FCM 解析前の分散処理の必要性について

フローサイトメーターは細胞が分散し浮遊状態にあるサンプルの測定が可能な装置です．凝集塊があるとサンプル流路あるいはノズルに詰まりを生じ，測定が困難になります．血液のような生体内で分散・浮遊状態で存在するサンプルは，細胞調製が比較的簡単で，より生体に近い条件で測定することが可能です．

逆に固形組織や付着系細胞などの解析には，最初に分散処理を行う必要があります．適切なバッファーや添加物の選択，細胞分散処理をしないと，目的細胞が回収できない，データの再現性がなくなるといったことの原因となるので特に注意が必要です[1) 2)]．

Q9 で述べたとおり，赤血球を多く含む血液や脾臓組織からサンプルを調製する場合は，溶血処理や密度勾配遠心によって，赤血球成分の除去をすると解析がしやすくなります．溶血処理は赤血球だけでなく，リンパ球にもダメージを与えるため，溶血剤での長時間の処理は避けるようにします．一般的な塩化アンモニウム溶血剤（ACK バッファー）の組成（表1, 2）と，溶血処理法と密度勾配遠心による末梢血単核球の分離方法を示します．

溶血による末梢血単核球の分離

◆ ヒト全血の溶血処理

① 全血 1 mL に対し，10〜20 mL の 1×ACK バッファーを加える．
② 室温で 3〜5 分反応させる（溶血すると透明になる）．
③ 300〜400×g，室温で 5 分間遠心後，上清を除き，5 mL の冷 PBS を加える．
④ 300〜400×g，4℃で 5 分間遠心後，上清を除き，1 mL の Basic Staining バッファーに懸濁する．

◆ マウス全血の場合

① 全血 100 μL に対し 1 mL の 1×ACK バッファーを加える（溶血すると透明になる）．
② 軽くボルテックスし，300〜400×g，室温で 5 分間遠心後，P200 のピペットで上清を除き，1 mL 冷 PBS を加える．
③ 300〜400×g，4℃で 5 分間遠心，上清を除いて Basic Staining バッファーに懸濁する．

表1　ACK バッファー 10 ×ストック溶液

1.6 M NH$_4$Cl	8.9 g
100 mM KHCO$_3$	1.0 g
1 mM EDTA (or 25.4 μL from 500 mM EDTA)	0.037 g
Total	9.937 g

H$_2$O で 100 mL にメスアップする．50 mL チューブに分注し 4℃保存．

表2　1×ACK バッファー

ACK バッファー 10 ×ストック溶液	5 mL
H$_2$O	45 mL
Total	50 mL

よく混和する．室温で 1 週間まで保存可能．

◆ マウス脾臓の場合

プロトコール I：ACK バッファーによる溶血

①マウスから採取した脾臓は，基本バッファーの入ったディッシュあるいはプレートに入れる．スライドグラスのフロスト部分で細胞を潰さない程度の適度な力で擦り合せる，またはシリンジの芯で組織を潰す．大きな細胞片をセルストレーナーで除いたものを細胞懸濁液とする．

②細胞懸濁液を 300 ～ 400×g，4℃で 5 分間遠心し，上清を捨てペレットを得る．

③ペレットに 5 mL の 1×ACK バッファーを加え，室温あるいは氷上で 5 分間反応させる．ときどき混和する（溶血すると透明になる）．

④20 ～ 30 mL の冷 PBS を加えて希釈し反応を停止させる．

⑤300 ～ 400×g，4℃で 5 分間遠心し，上清を捨てて Basic Staining バッファーを加える．

プロトコール II：低浸透圧による溶血

①プロトコール I–②と同様に得た細胞ペレット（15 mL チューブ）を，タッピングによりよくほぐす．

②蒸留水 900 μL を P1000 のピペットで一気に加えすぐに Vortex にかける．

③すぐに 10×PBS 100 μL を P200 のピペットで加えすぐに Vortex にかける．

④すぐに PBS(–) や培養液など 9 mL を加えてフィルアップする．

⑤少し静置すると，溶血した赤血球の白いデブリがチューブの底に落ちるので，リンパ球を含む上清を用いるかメッシュに通し，デブリを取り除く．

マウス赤血球が低浸透圧に弱いことを利用した方法であり，ACK バッファーなどによる洗浄は不要です．

調製したリンパ球は培養アッセイなどにも用いることができます．この方法は簡便であることが利点ですが，好酸球などの低浸透圧に弱い一部の細胞種が減少する場合があるため，ご自身の実験に適した溶血方法を選択するようにしましょう．

Percoll 密度勾配遠心法によるヒト末梢血単核球の分離

①ヒト全血を，室温に戻した 1×PBS バッファーで 1.5 倍に希釈をする．

②サンプル量に応じて，4 ～ 15 mL の percoll をサンプルチューブに加える．

③ピペットを使い，②の percoll 上に①の希釈した全血を静かに重層する．

④スイングローターで遠心分離をする．780×g，20 分 室温，Decel 設定．

⑤末梢血単核球の層をパスツール，あるいはプラスチックピペットで回収する．

⑥回収した末梢血単核球は，4℃ 1×PBS バッファーで洗浄する．

密度勾配遠心を利用した赤血球の除去は，溶血処理法よりも細胞へのダメージが少ない分離方法です．しかし顆粒球などの細胞集団は，リンパ球の層ではなく，赤血球の上層にあるため，回収サンプルにおいては特定の細胞集団が減少していることに留意します．

付着系培養細胞，組織由来細胞におけるサンプル処理の注意点

付着系細胞，組織細胞の FCM 解析用サンプルの調製は，スクレーパーやホモジナイザー，メスなどの物理的な分散処理，もしくはトリプシン，コラゲナーゼのような，酵素による分散処理が必要になります．

第 **4** 章 サンプル調製（細胞調製と色素標識・抗体染色）に関する Q & A

いずれの方法でも，特定の細胞表面抗原の減弱や，アポトーシス誘導や物理的傷害によって，死細胞が増加する可能性があります．サンプル調製の予備実験を行い，自身のサンプルでの影響が最小になる適切な処理方法を選択します．

また，組織細胞は組織を採取した後，できる限り迅速に細胞調製をすることも重要です．凍結保存した組織や適切な細胞処理をしなかったサンプルでは，死細胞が増え，細胞表面抗原の発現パターンも大きく変動

するため，データの再現性が著しく低下します．

各組織細胞の細胞調製に関しては，**Q37 ～ 40** を参照してください．

文献
1）Hines WC, et al：Cell Rep, 6：779-781, 2014
2）Alexander CM, et al：Cell Stem Cell, 5：579-583, 2009

（石井有実子）

関連するQ→Q36, 40, 79

腫瘍からの細胞調製と代表的な染色パネルについて注意すべきことを教えてください．

対象組織や腫瘍細胞の種類，標的とする細胞により異なりますが，重要な点としてはすり潰しなど，細胞を痛めやすい物理的ストレスを極力避けて酵素消化主体の細胞分散にすること，組織や標的細胞にあったプロテアーゼを選択すること，標的細胞に合わせて比重分離を行うことなどがあげられます．

腫瘍組織の構成

腫瘍組織の構成細胞や白血球浸潤の程度は，使用するモデルや解析する時期（腫瘍の大きさ），潰瘍の有無などにより大きく異なります（マウス移植腫瘍の場合，おおよそ $1 \times 10^4 \sim 2 \times 10^5$ cells/mg tumor 程度）．また，腫瘍組織から調製した T 細胞，好中球，単球には一定の割合で腫瘍組織に浸潤していない末梢血画分が含まれるため，必要に応じて安楽死の 3 分前に蛍光標識抗 CD45 抗体などを静脈注射する血管内染色（intravenous staining）で腫瘍浸潤画分と血管内画分を区別します（**Q40**）．

酵素の選択

筆者は主にコラゲナーゼと DNase I の組合わせで腫瘍組織から細胞懸濁液を調製しており，目的に応じて DispaseⅡを追加しています（図1）．酵素の選択基準として，解析対象細胞の収率，表面抗原の保持，コストなどがあげられます．筆者は，マウス皮下移植腫瘍モデルについて腫瘍浸潤白血球を解析する際は，収率と表面抗原保持の観点からコラゲナーゼと DNase I の組合わせを選択しています．一方，内皮や上皮などの非血球系細胞を中心に解析する際は，これらの細胞の収率を上げるためコラゲナーゼ，DispaseⅡ，DNase I の組合わせを選択しています．その他，コラゲナーゼ，DispaseⅡの組合わせで十分に消化できない組織には，値は張りますがThermolysin を含む Liberase TH（05401135001，ロシュ・ダイアグノスティックス社）が有効な場合もあります．

収率や消化の程度については，予備検討として酵素消化後の細胞懸濁液を 40 μm のメッシュに通し，通った画分をフローサイトメトリー解析，メッシュに残った画分を検鏡により確認するとよいでしょう．また，表面抗原によってはプロテアーゼにより抗体認識エピトープが分解されるものがあるので，酵素消化なしに調製した脾臓，末梢血，骨髄などの細胞を酵素溶液中でインキュベートし，酵素消化の有無による染色性の変化を解析するなど，事前に使用する酵素に対するエピトープの耐性を確認するとよいでしょう．例えば，抗マウス CD4 抗体の中でも clone GK1.5 および RM4-5 はコラゲナーゼにより染色性が低下するため，RM4-4 を使用しています（**Q40**）．また，抗マ

第 4 章　サンプル調製（細胞調製と色素標識・抗体染色）に関するQ＆A

試薬類
- PM（preparation medium）：2% FBS，10 mM HEPES（pH7.2〜7.4）in RPMI1640
- 酵素消化液：PMを事前に37℃に加温しておき，使用直前に酵素ストック溶液を加え，酵素消化液を調製する．
- パーコール溶液：Percoll Calculator[1]に従い調製する．

酵素ストック溶液（すべて濾過滅菌）

酵素	メーカー	型番	ストック濃度	終濃度
コラゲナーゼ	和光純薬工業社	032-22364	10% in RPMI1640	0.20%
Dispase II	ロシュ・ダイアグノスティックス社	4942078001	3% in saline	0.10%
DNase I	シグマ アルドリッチ社	D4263	1 MU/mL PBS	2 kU/mL

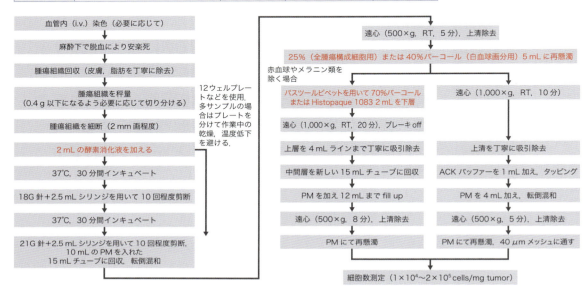

図 1　腫瘍組織からの細胞調製

ウス CD8 抗体（53-6.7）は Dispase II により染色性が低下するため，CD8 陽性細胞を解析する際は Dispase II を使用していません．なお，プロテアーゼの消化効率は温度，pH に大きく影響されるので，酵素の希釈液は事前に 37℃に温めておくこと，HEPES（pH 7.2〜7.4）などのバッファーを加えておくことが重要です．また，腫瘍重量が酵素消化液に対して weight/volume で 20％を超えないようにします．

比重分離

解析対象が主に白血球の場合，酵素消化，遠心洗浄後の細胞ペレットを 40％パーコールに懸濁した後，パスツールピペットをチューブの底まで差し込み，パスツールピペットを通じて 70％パーコールを下層に加えます．遠心後，上層の脂肪および非血球画分を吸引除去し，中間層に集まった白血球画分を回収します（図 1）．腫瘍細胞や内皮，上皮なども解析対象とする場合，40％パーコールの代わりに 25％パーコールを使用します．なお，腫瘍などの非血球系細胞の比重は均一ではないため，比重分離のみでは白血球と非血球系細胞を完全に分離することはできません．また，B16 メラノーマの場合，黒色の非血球画分の中間層への混入を減らすため，厳密に比重を 1.083 に調整した 70％パーコール，または Histopaque 1083（10831，シグマ アルドリッチ社）を下層に加えた 2相分離が必須ですが，その他の腫瘍の場合，40％（または 25％）パーコール単層で遠心した後，ペレットを ACK バッファー（**Q36**）に再懸濁して赤血球を溶解するなどで手間を省くことも可能です（図 1）．

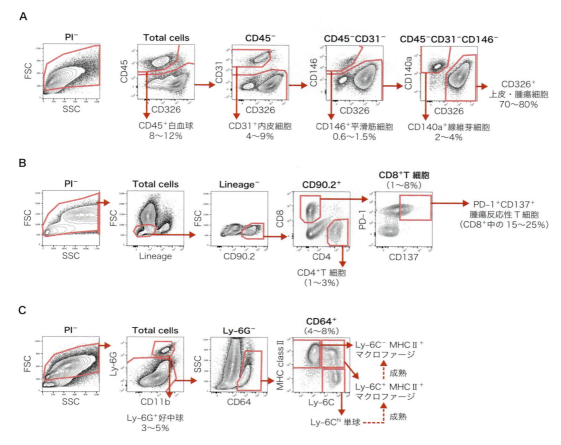

図2 腫瘍組織構成細胞のフローサイトメトリー解析
A) MMTV-PyVT トランスジェニックマウス自然発症乳がんの解析例．総細胞の70〜80%を占める腫瘍細胞を上皮マーカーである CD326 で同定し，正常血球・非血球細胞の2次元展開により標的細胞を絞り込んでいくことで，マイナーな細胞集団が同定できる．**B)** B16F10 メラノーマ皮下腫瘍の腫瘍浸潤T細胞の解析例．Lineage（CD11b/NK1.1/B220/）陰性，CD90.2 陽性または TCRb 陽性などのゲートで CD4⁺T 細胞，CD8⁺T 細胞を絞り込む．**C)** 4T1 乳がんモデルの腫瘍浸潤好中球，単球，マクロファージ．Ly-6G 陰性，CD64 陽性で単球系細胞を絞り込んだ後，Ly-6C と MHC class II の発現により各成熟段階の単球・マクロファージを同定する．

フローサイトメトリー解析

　腫瘍細胞は自家蛍光が高いため，前方散乱光（FSC）/側方散乱光（SSC）の展開から直接目的細胞を同定しようとすると，正確に細胞集団を同定できないことがあります．できるだけ FSC または SSC とマーカーの2次元展開を使用する，白血球であれば CD45 陽性ゲートをかけた後に目的集団を絞り込んでいく，解析対象外の細胞集団を lineage マーカー陰性ゲートで除外する（**Q79**），バックゲーティングで細胞集団のコンタミやロスを確認するなど，正確なゲーティングを心がけましょう（図2）．

文献・ウェブサイト

1）GEヘルスケア社．Percoll Calculator（http://www.gelifesciences.co.jp/technologies/cellular_science/percoll_calculator.html）

（上羽悟史）

第 4 章 サンプル調製（細胞調製と色素標識・抗体染色）に関するQ＆A

関連するQ→Q32, 35

38 皮膚からの細胞分離方法と代表的な染色パネルを教えてください．

 皮膚からの細胞分離には酵素処理が必要です．各種酵素処理法は処理時間，表面マーカー発現に対する影響などがそれぞれ異なるため，目的に応じた処理法の選択と，十分な抗体液量で染色を行うことが重要です．

表皮，真皮，皮下組織のうち，どこの細胞を見たいかで処理法を分ける

　皮膚の構造は大きく分けて表皮，真皮，皮下組織に分かれます．皮膚の酵素処理を行ううえで重要なことは，解析対象とする細胞が皮膚のどの部位に分布するか，どのような目的で解析するかを意識することです．そのうえで，皮膚全層を用いた処理を行うか，表皮と真皮/皮下組織を分離してからそれぞれ処理を行うかを決定します．

　一例をあげると，ケラチノサイトやランゲルハンス細胞など，表皮に存在する細胞を主要解析対象とする場合，表皮のみを分離し解析します．また，真皮に存在する細胞の解析（真皮樹状細胞や血管など）においても，表皮を分離したほうが有利な点があります．なぜなら，表皮を分離すると，真皮における酵素処理効果がより高まり，また表皮由来細胞やゴミなどの持ち込みも減少し，染色効率が上昇するためです．

　一方で，皮膚炎症のモデルなどで，T細胞や好中球などの皮膚全体への浸潤細胞数を評価したいときは，皮膚全層を用いた処理がよいと考えます．

皮膚からの細胞分離：耳介皮膚の特性と注意点

◆解析部位について

　マウスの耳介皮膚は毛の影響が少なく，薬剤塗布や組織解析が簡便なことから，多くの皮膚研究で解析対象となっています．しかし，マウスの耳介皮膚は躯幹皮膚と軟骨の有無，細胞の分布などが異なることに留意することと[1]，さらには耳介皮膚のなかでも細胞回収に部位特異性が存在することから，研究目的に最適と思われる部位で実験を進める必要があります．例えば，耳介皮膚は背側（尾に近い側）と腹側（口に近い側）に分かれますが，背側＞腹側，また遠位側＞中枢側と，細胞のとれやすさが異なりますので，採取部位を揃える必要があります．

　軟骨の処理にも注意が必要です．耳介皮膚は，背側と腹側に用手的に分けてから酵素処理を行いますが，通常，腹側に耳介軟骨が付着してきます．この軟骨を無理に剥ぐと真皮/皮下組織の細胞もとれてしまい，正確な細胞数評価に影響を及ぼす可能性があります．耳介の背側皮膚1枚分からでも，比較的十分量の細胞が回収できます．したがって，染色パターンが少ない場合などは，背側皮膚のみを使用するのが望ましいと考えられます．腹側皮膚も解析する場合は，剝いだ軟骨も一緒に酵素液に入れるか，軟骨を剥がさずに酵素処理を行います．ただし，軟骨を剥がさず処理を行

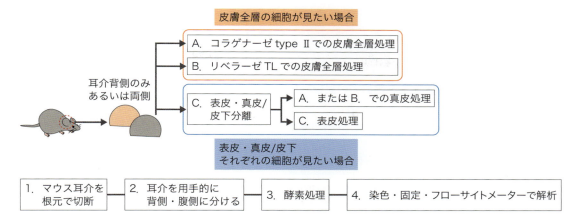

図1　マウス耳介皮膚のフローサイトメトリーのフローチャート
表皮のみ，真皮のみ，あるいは皮膚全層から細胞を分離する場合の手順を示す．それぞれの酵素処理法の詳細はプロトコールを参照．

う場合，溶けきらずに残る組織量がやや多くなります．躯幹皮膚を使用する場合は，酵素処理の効率を上げるため事前に除毛クリームで除毛し，十分なdefatting（脱脂）を行うことが重要です．

◆ **酵素液量の調整**

酵素液量は，使用する組織量で調整します．例えば，耳介1枚分の背側のみを使用する場合は0.5 mL/サンプル，背側・腹側の両方を使用する場合は，1 mL/サンプルとします．

◆ **酵素処理時間の注意**

各種酵素処理は，いずれも処理時間をサンプル間で合わせることが，正確な評価のために重要です．サンプルが多い場合，4〜5サンプルごとに処理を行うか，複数人で一気に処理を行うなどで，処理時間を可能な限り一定にする工夫が必要です．

それぞれの処理法の特徴

皮膚の細胞分離方法の例として，トリプシンEDTAやディスパーゼIIを用いた処理法（表皮），コラゲナーゼtype IIを用いた処理法（全層，真皮/皮下組織），リベラーゼTLを用いた処理法（全層，真皮/皮下組織）があげられます．それぞれの酵素処理の簡単な特徴（図1，プロトコール）と，これらを用いた皮膚細胞の代表染色パネル（図2）をご紹介します．

◆ **代表的な皮膚細胞処理法**（図1，プロトコール）

I. コラゲナーゼtype II
（Worthington Biochemical社，cat No：LS004177）

長所：ランニングコストが比較的安い．

短所：皮膚組織が溶けきらずに残る割合がやや多い．組織を刻む手間があるため，サンプルが多いと酵素処理の時間を合わせることが難しい．

II. リベラーゼTL
（ロシュ・ダイアグノスティックス社，cat No：05401020001）

長所：酵素活性が高く，組織を刻まずとも細胞が分離可能．酵素処理後の生細胞の割合が高い．

短所：ランニングコストが比較的高い．CD8，CD62Lなどの発現が落ちやすい．

III. ディスパーゼII（合同酒精株式会社，cat No：383-02281）・**トリプシンEDTA**（0.25%）（サーモフィッシャーサイエンティフィック社，cat No：25200056）（表皮分離）

ディスパーゼIIの方が表皮と真皮/皮下組織の分離が簡単だが，トリプシンEDTAで処理しないと個細胞にならない．トリプシンEDTA，ディスパーゼIIでそれぞれ発現が落ちるマーカーがある．

第 **4** 章　サンプル調製（細胞調製と色素標識・抗体染色）に関する Q & A

プロトコール

皮膚細胞処理法

マウス耳介（背側皮膚・腹側皮膚両方含む）1枚を使用した場合の処理法．酵素液量は，組織量で調整する．

◆Ⅰ．コラゲナーゼ type Ⅱ を用いての処理

コラゲナーゼ液：RPMI（10% FCS）10 mL
　　　　　　　　コラゲナーゼ Type Ⅱ（Worthington Biochemical 社）500 U/mL
　　　　　　　　DNase I from Bovine Pancreas（シグマ アルドリッチ社，DN25）1 mg

①耳介皮膚を背側・腹側にピンセットを用いて用手的に分ける．
②1 mL コラゲナーゼ液/1.5 mL tube に①を表皮側を上にして浮かべ1時間37℃でインキュベート[*1]．
③②をハサミを用いてエッペン内で細かく断片化する．
④激しく震盪しながら，25 分 37℃インキュベート．
⑤0.5 M EDTA 20 μL を加え，震盪しながら5分37℃ インキュベート．
⑥40 ～ 70 μm cell strainer mesh に⑤を移し，1 mL FACS バッファーで⑤のエッペンを洗い追加[*2]．
⑦サンプルを 2.5 mL シリンジで十分摺る．
⑧2 mL エッペンにサンプルを移し，400×g 5 分 4℃遠心×2 回（チューブの向きを途中で反転させる）．
⑨96 ウェルプレートにサンプルを移し，染色へ．

◆Ⅱ．リベラーゼ TL を用いての処理

リベラーゼ液：RPMI（10% FCS）15 mL
　　　　　　　リベラーゼ TL（Roche）1 vial
　　　　　　　DNase I from Bovine Pancreas（シグマ・アルドリッチ社，DN25）7.5 mg

①耳介皮膚を背側・腹側にピンセットを用いて用手的に分ける．
②1 mL リベラーゼ液/12 ウェルプレートに①を浸し，1時間37℃でインキュベート[*1]．
③0.5 M EDTA 20 μL/ウェルプレート加え，少し震盪した後，5 分 37℃ インキュベート．
④40 ～ 70 μm cell strainer mesh に③を移し，1 mL FACS バッファーで③のウェルプレートを洗い
　追加[*2]．
以下はⅠ–⑦からと同様．

◆Ⅲ．表皮・真皮/皮下の分離と表皮細胞処理

ディスパーゼⅡ液：RPMI（10% FCS）5 mL
　　　　　　　　　　ディスパーゼⅡ（合同酒精株式会社）25 mg
トリプシン液：0.25%トリプシン EDTA（サーモフィッシャーサイエンティフィック社）

①耳介皮膚を背側・腹側にピンセットを用いて用手的に分ける．
②腹側表皮も解析に使用する場合は，腹側皮膚の軟骨を完全に剝ぐ（ただし，この場合真皮の解析には注
　意が必要）．
③0.5 mL ディスパーゼⅡ液/24 ウェルプレートに①（と②）を表皮側に液滴がつかないように浮かべ，
　30 分 37℃でインキュベート．
④用手的に真皮と表皮を分離する．
⑤表皮1枚を，100 μLトリプシン液/48 ウェルプレートに浸し，8 ～ 20 分 37℃でインキュベート[*3, *4]．
⑥トリプシン液と同量の RPMI（10% FCS）を加え中和．
⑦40 ～ 70 μm cell strainer mesh に⑥を移し，1 mL FACS バッファーを加え mesh に移す[*2]．
以下はⅠ–⑦からと同様．

[*1] 耳介の背側皮膚のみを使用する場合は，Ⅰ，Ⅱで用いるコラゲナーゼ type Ⅱとリベラーゼ TL の液量
　をそれぞれ 0.5 mL/tube・24 ウェルプレートとする．
[*2] 細胞数を数えたい場合は，カウントビーズを 10,000 個/サンプル加える．
[*3] ディスパーゼⅡ液を用いず，トリプシン液 200 μL に耳介1枚を浮かべ，30 分 37℃インキュベート
　することでも表皮細胞の分離が可能．この場合，Ⅲ–⑥へ．
[*4] 表皮を除去した真皮を用いて，Ⅰ．Ⅱに進む場合は，②より同様の手順．
　細胞内サイトカインを測定する場合は，酵素液に最終濃度 0.01 mg/mL となるように Brefeldin A
　を加える．

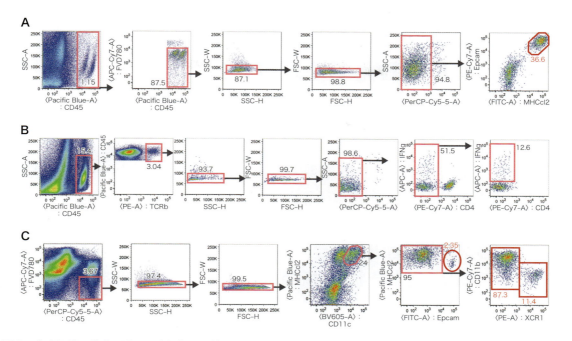

図2 皮膚細胞の染色パネルの例（処理法）
A) 表皮ランゲルハンス細胞（Ⅲ）．CD45⁺の生細胞のなかから，ダブレット処理を行い，PerCP-Cy5.5で自家蛍光細胞をゲートアウトし，Epcam⁺ MHC classⅡ⁺細胞をゲートする．**B)** 皮膚浸潤T細胞からのIFNγ産生（Ⅱ）．CD45⁺ TCRβ⁺のT細胞のなかから，ダブレット処理を行い，PerCP-Cy5.5で自家蛍光細胞をゲートアウトし，IFNγ⁺CD4⁻T細胞（CD8T細胞）をゲートする．**C)** 真皮樹状細胞サブセット（Ⅲ→Ⅱ）．CD45⁺の生細胞のなかから，ダブレット処理を行い，CD11c⁺ MHC classⅡ⁺細胞をゲートする．このなかに，Epcam+ランゲルハンス細胞，CD11b+樹状細胞，XCR1+樹状細胞がある．FVD：viability dye（**Q32**）．

染色時，フローサイトメトリー時における主な注意点

◆ 染色する細胞数と抗体液量

特に炎症を惹起したサンプルなどでは，1つのサンプルから大量の細胞数がとれます．したがって，各条件（炎症状態か，非炎症状態かなど）において，おおよその回収細胞数を把握し，細胞数を調整して，十分量の染色液で染色を行う必要があります．例えば無処置の耳介1枚分の背側皮膚全層であれば，約$1×10^5$〜10^6個の生細胞（CD45陽性の血球細胞とケラチノサイトやファイブロブラストなどを含む）がとれます．この場合，回収できた細胞すべてを用いても，約100μLの抗体液量で染色を行うことが可能ですが，腹側も用いる場合や，強い炎症を起こした耳では，回収細胞の1/2〜1/5量を用いて，染色液量も十分量となるよう調整します．

◆ 細胞のclotting

皮膚は接着系細胞や死細胞が多く，細胞同士がclotting（凝集）しやすいです．Clottingすると細胞がうまく洗浄，染色，固定されませんので，各ステップでピペッティングを行います．また，細胞同士のclottingはフローサイトメーターのつまりの原因となります．染色後，1サンプルずつ，フローサイトメーターに流す直前にしっかりfiltrationを行う，あるいはFixation/permeabilization solution（原液100μL/サンプル，BD 554722）で固定を行ってから流します．

◆ 自家蛍光による漏れ込み

皮膚の細胞は，自家蛍光による漏れ込みが生じ，解析に影響することがあります．この問題を解決するため，PerCP-Cy5.5などのチャネルを無染色として開けておき，negative gatingを行うことで，自家蛍光細胞をゲートアウトできます（**図2**）．

文献
1) Tong PL, et al：J Invest Dermatol, 135：84-93, 2015

（小野さち子，本田哲也）

第4章 サンプル調製（細胞調製と色素標識・抗体染色）に関するQ&A

Q39 腸管からの細胞分離と，代表的な染色パネルを教えてください．

A EDTAを用いて上皮細胞を除いた後，コラゲナーゼにより細胞を分散し，密度勾配遠心によって白血球を分離します．腸管粘膜固有層には制御性T細胞，Th17細胞，IgA産生プラズマ細胞などのほか，各種ミエロイド系細胞も多く存在しており，それぞれに対応するパネルを使用します．

腸管における免疫細胞集団の特徴

腸管には免疫細胞の6割近くが存在すると言われ，腸管に特徴的な細胞集団も多数みられます．例えば，獲得免疫系ではIgAを産生するプラズマ細胞をはじめ制御性T細胞（Treg）やTh17細胞などのCD4$^+$T細胞集団が多く，上皮細胞層には上皮細胞間リンパ球（intraepithelial lymphocyte：IEL）も豊富に存在します．自然免疫系では樹状細胞や古典的なマクロファージの他に，これらとは別の細胞集団であるCX$_3$CR1$^+$貪食細胞が存在します．また，近年では自然リンパ球（innate lymphoid cell：ILC）も腸管に多く存在することが報告されています．腸管は腸内細菌や日々摂取する食事に常に晒されることから，過剰な免疫反応が起きないよう制御されており，そのためにはこれら腸管に特徴的な免疫細胞集団が重要な役割を果たします．

プロトコールで小腸粘膜固有層から白血球を分離する方法について説明します．腸管組織では絨毛が発達し，多量の上皮細胞が存在することから，上皮細胞をうまく取り除くことが1つのポイントとなります．EDTA溶液を用いて念入りに上皮細胞を除去した後，コラゲナーゼ処理を行い，密度勾配遠心によって白血球を回収します．

小腸における免疫細胞集団の解析例

図2に小腸粘膜固有層から分離した白血球の染色パターン例を示しました．腸管CD4$^+$T細胞集団は，IFNγ，IL-17，IL-4，IL-10，Foxp3などに対する抗体を用いて解析します．**図2A**に示すように，腸管組織では他の組織に比べて抗Foxp3抗体で標識されるTregの割合が高く，特にCD103を発現するTregが多く認められます[1]．腸管組織におけるTregの誘導には腸内細菌が重要な役割を果たします．ここでは示していませんが，腸管に存在するT細胞の特徴としてTh17細胞が多いことがあげられます．また，腸管粘膜固有層のIgA産生プラズマ細胞はIgM$^-$IgA$^+$B220$^-$の表現型を有します．

図2Bに小腸のミエロイド系細胞を示します．CD11b$^-$樹状細胞（R1）は粘膜固有層よりもパイエル板や孤立リンパ小節に多く存在するのに対し，CD11b$^+$樹状細胞（R2）は粘膜固有層に多く見られ経口免疫寛容の成立に重要な役割を果たします．一方，CX$_3$CR1^{high}貪食細胞（R3）は上皮細胞間から管腔面に樹状突起を伸ばし，管腔内の抗原を捕捉します．好酸球（R4）は大腸に比べて小腸に多く存在するのが特徴です[2]．小腸低密度細胞はマウス1匹あた

プロトコール

小腸粘膜固有層からの細胞分離

◆ 必要な試薬

酵素消化液

Collagenase D（ロシュ・ダイアグノスティックス社）：400 Mandl unit/mL
ロットにより比活性が異なる．Wünsch unit で提供されるため，Wünsch unit：Mandl unit=1：1,800 で換算する．

DNase I（シグマ・アルドリッチ社）：100 μg/mL
5% FCS（fetal calf serum）を含む RPMI 1640 で調製する．

フローサイトメトリー染色バッファー

2% FCS，5 mM EDTA および 0.05% NaN_3 を含む PBS

①小腸を摘出し，PBS に浸す．

②PBS で湿らせたペーパータオルの上に小腸を置き，脂肪組織を念入りに取り除く．また，パイエル板を切除する．

③解剖用ハサミを用いて腸管を垂直に切り開く．ハサミは片方の刃先が球状のタイプを使用し，この球状面の刃先を内腔面に挿入すると，組織を傷つけずに便利である．

④ディッシュに用意した PBS に腸管組織を移し，ピンセットで組織を摘みながら優しく振盪して，腸管内容物を取り除く．

⑤粘液を除去するため，PBS（20 ～ 30 mL）の入った 50 mL 遠心管に腸管組織を移し，蓋を閉めて激しく上下に 10 ～ 15 秒振盪する．組織をディッシュに移し PBS で洗浄する．

⑥三角フラスコに用意した 10 mM EDTA，5% FCS を含む PBS 25 mL（マウス 1 ～ 2 匹の場合）の中に腸管組織を 1 ～ 2 cm の長さで切りながら加えていく．上皮細胞を取り除くため，スターラーバーを用いて組織を撹拌しながら，37℃で 30 分インキュベートする．

⑦空ビーカーの上に茶こしを乗せ，ここに⑥を注いで組織片を集める．ピンセットで組織片を PBS 20 ～ 30 mL の入った 50 mL 遠心管に移し，優しくチューブを上下に反転させる．

⑧⑦と同様に茶こしで組織片を集め，同様に遠心管の PBS に組織を移し，激しく組織を振盪する．この作業を 2 ～ 4 回くり返すと，組織片から大半の上皮細胞が除去され，組織片が遠心管の壁面に張りつくようになる（図 1）．

⑨シンチレーションバイアルに酵素消化液を 1 ～ 2 mL を加え，この中で組織片を解剖用ハサミで約 1 mm 片に細切する．残りの酵素消化液（8 ～ 9 mL；マウス 1 ～ 2 匹の場合）を添加して数分間静置する．液面に浮かんでくる脂肪組織を除いた後，撹拌しながら 37℃でインキュベートする（細切した組織片と酵素消化液を 50 mL 遠心管に加え，恒温槽中で振盪することでも代用可）．

⑩セルストレーナーもしくはナイロンメッシュ（100 μm）を用いて，未消化の組織片を除去する．遠心してフローサイトメトリー染色バッファーに再懸濁する．

⑪密度勾配遠心法により目的細胞を分離する．白血球全体を調製する場合，Percoll（GE ヘルスケア社）を用いる．細胞を 40% Percoll 溶液に懸濁し，80% Percoll 溶液の上に注意深く重層し，室温にて 780×g 20 分で遠心する．
　低密度細胞（主としてミエロイド系細胞）を調製する場合は Accudenz（Accurate Chemical & Scientific 社）を用いる．フローサイトメトリー染色バッファーに懸濁した細胞を 17.5% Accudenz 溶液の上に注意深く重層し，室温にて 780×g 20 分で遠心する．なお，Accudenz 溶液の濃度を変えることにより，選択的に細胞集団を回収することも可能である．例えば，14.5% Accudenz 溶液では形質細胞様樹状細胞などが除かれる反面，古典的な樹状細胞の割合が上がる．

⑫いずれの場合も界面の細胞を回収し，フローサイトメトリー染色バッファーで洗浄する．

⑬目的抗体で染色する．特にミエロイド系細胞を標的とする場合は，あらかじめ抗 CD16/32 抗体により Fc 受容体をブロックし，目的抗体の非特異的な結合を避ける．

第4章 サンプル調製（細胞調製と色素標識・抗体染色）に関するQ&A

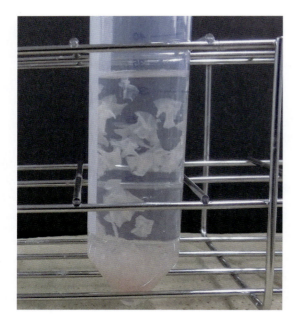

図1 EDTA処理後の組織片
上皮細胞が除かれ，組織片が遠心管の側面に張り付きやすくなる．

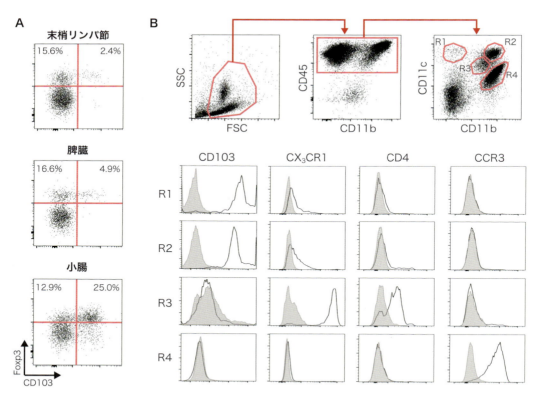

図2 小腸粘膜固有層から分離した白血球の表現型解析
A）各組織における制御性T細胞の解析例．CD4$^+$ T細胞にゲートをかけて解析した．抗体を用いた転写因子Foxp3の発現解析には細胞の固定および浸透化処理が必要である．腸管組織では特にCD103$^+$制御性T細胞の割合が高い．
B）Accudenz (17.5%) を用いて分離した低密度細胞集団の解析例．R1：CD11b$^-$樹状細胞，R2：CD11b$^+$樹状細胞，R3：CX$_3$CR1^{high}貪食細胞，R4：好酸球．ここではCX$_3$CR1の検出にCX$_3$CR1$^{+/gfp}$マウスを用いた（抗CX$_3$CR1抗体も市販されている）．

り，1〜2×10^{6}個回収できます．

　なお，大腸は小腸に比べて消化されにくいため，大腸粘膜固有層から白血球を分離するときは，酵素消化液にコラゲナーゼの他にディスパーゼ（サーモフィッシャーサイエンティフィック社，〜0.9 Unit/mL）を加えて細胞の分散効率を高めています．小腸からの細胞取得でも，ディスパーゼを添加することは可能ですが，発現が減弱する細胞表面抗原分子もありますので注意が必要です．ここで紹介した調製方法とは異な

るプロトコールも用いられており，文献3を参照してください．

文献
1）Furusawa Y, et al：Nature, 504：446-450, 2013
2）Uematsu S, et al：Nat Immunol, 9：769-776, 2008
3）Atarashi K, et al：Nature, 455：808-812, 2008

（梅本英司）

第 4 章 サンプル調製（細胞調製と色素標識・抗体染色）に関する Q & A

Q40 肺，肝臓からのリンパ球分離方法を教えてください．

A 結合組織の豊富な肺はコラゲナーゼで内部より消化します．肝臓は PBS 中でよくすり潰すことで細胞溶液を調製できます．調製した細胞溶液は 80％および 40％パーコールを用いることで上皮細胞層（肝細胞を含む）とリンパ球層を分離することができます．

組織学上の分類

肺は気道と実質（間質），肝臓は類洞とディッセ腔，実質からなります．おのおのの部位に存在するリンパ球は性質・機能を異にするため，必要に応じ後述の操作にて分類・解析することが望ましいです．手順を図 1 に示します．

経静脈抗体接種（i.v. 染色）

肺は毛細血管網が発達しているため，採取した組織に含まれる血流中の細胞の割合が非常に高く，非感染マウス肺から採取された T 細胞ではその割合が 98％にも上ります（図 2）．したがって，組織採取直前に抗体 1～3 μg を経静脈接種（i.v.）して血流内細胞集団をあらかじめ染色し，3 分後に組織を採取・処理することで（3 分では抗体が組織中に漏れ出すことはない）血管内の細胞と純粋な肺実質細胞の識別が可能となります（図 2）．肝臓の場合も同様で，中心静脈はもちろん類洞内の T 細胞もすべて i.v. 接種抗体陽性となり（非感染マウスで約 90％），一部ディッセ腔の細胞が陰性となります．ただ，脾臓とは異なり，肺や肝臓は未結合抗体を高濃度に含んだ血管成分が豊富に存在するため，細胞採取の過程で i.v. 抗体陰性となるはずの実質細胞もある程度染色されることが避けられません（図 2）．組織破砕後はすみやかに PBS で溶液を希釈し，遠心操作に移ることで陰性分画の分離が明確になります．i.v. 染色には安価かつ蛍光退色の心配がないビオチン標識抗体が重宝しますが，細胞内サイトカイン染色のように採取後の細胞表面抗原発現に変動がある場合は蛍光標識抗体を用いて i.v. 染色をしましょう．

放血殺

深麻酔下にて腋下動脈を切開し，二重にしたキムタオルにうつぶせに置き，傷口から血液をしみ込ませながら放置します．

血液灌流

胸腔を開き，20 mL シリンジを用いて氷冷 PBS 10～15 mL を右心室（肺の洗浄）もしくは左心室（肝臓の洗浄）からゆっくり注入します．ただし，肺

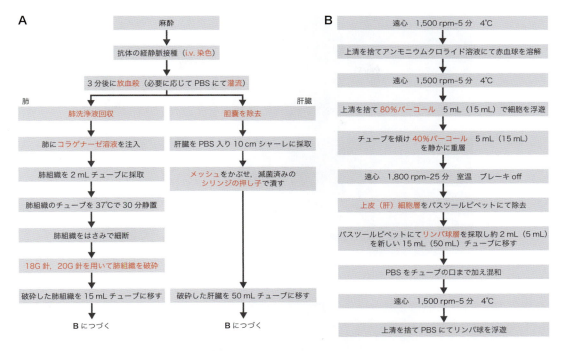

図1 実験の手順（赤字は本文内での解説あり）
Bの括弧内の液量は肝臓用（50 mLチューブ使用時）のプロトコールを示す．

はどんなに洗浄をくり返してもすべての血管内細胞を洗い流すことは困難であること，また，灌流操作で毛細血管網が損傷され実質細胞も洗い流してしまうので，灌流をせずにi.v.染色を行うことをお勧めします．

肺洗浄液の採取

仰向けの状態で頸部を長軸に沿って切開し（図3A），顎下腺を左右に開くと気管が見えます（図3B）．ピンセットを使って気管を覆っている筋肉を剥いで気管をむき出しにし（図3C），ピンセットにて固定します（図3D）．小直剪刀両鋭を用いて喉部付近の気管に小さい切れ込みを入れ（完全に切断すると気管が埋没してしまうので注意）（図3E），サーフローフラッシュ（SR-FS1851，テルモ社）外筒を切れ込みから気管支分岐部の手前まで挿入し（図3F），1 mLシリンジを用いてPBSを1 mLゆっくり注入します．シリンジをゆっくり引くと気泡を含んだPBS

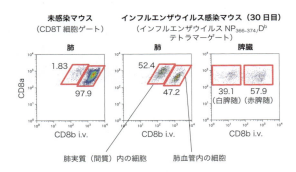

図2 i.v.染色による実質内の細胞と血管内細胞の識別
図はビオチン標識抗CD8b抗体をi.v.接種し，肺および脾臓よりリンパ球を採取後にPerCP/Cy5.5標識抗CD8a抗体およびPE標識ストレプトアビジンで染色した．各臓器でi.v.接種抗体陽性，陰性のイベントの位置，解釈が異なることに注意する．

が約700 μL回収できます．回収した液を15 mLチューブに移し，新しいPBSを用いて同様の洗浄を計5回くり返します．2回目以降は1 mLの液を回収することができます．

第 4 章 サンプル調製（細胞調製と色素標識・抗体染色）に関する Q & A

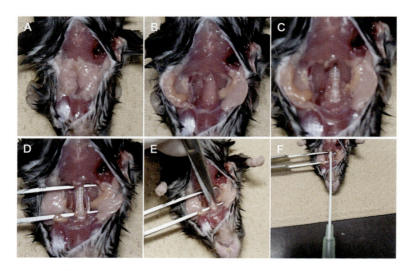

図3　肺洗浄液の回収

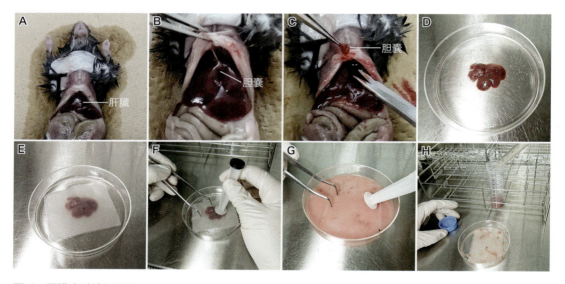

図4　肝臓すり潰し過程

コラゲナーゼ処理

　血清無添加の RPMI 培地にて 12.5 mg/mL に調節したコラゲナーゼ D（11088858001，シグマ アルドリッチ社）を分注して −20℃に保存します．これを使用直前に最終濃度 1.25 mg/mL となるように調節し（再凍結はしない），肺洗浄液採取後の肺に 1 mL 注入します．注入後，シリンジおよび留置針外筒は抜かずに（抜くと注入したコラゲナーゼ液が逆流して抜けます）肺組織をピンセットで摘み上げて気管の接合部を切断し，2 mL チューブに移します．次のシリンジによる破砕の支障となるため，余計な結合組織は極力含まないようにします．肺の容量を含め最終 1.5 mL となるまでコラゲナーゼ溶液をチューブに加え 37℃で 30 分静置します．

シリンジによる肺組織破砕

コラゲナーゼによる消化，はさみによる細断後の肺組織を，10 mL シリンジと 18G 針を用いて吸引・放出をくり返すことで細かく破砕します．その後，20G 針を用いた同様の操作にてさらに組織を細かくします．

メッシュとシリンジの押し子による肝臓のすり潰し

PBS を 10 mL 入れた 10 cm シャーレに胆嚢を除いた肝臓を採取し（図 4A～D），約 8 cm 角にカットした滅菌済みナイロンメッシュをかぶせます（図 4E）．ピンセットで押さえながら，滅菌済みの 10 mL シリンジの押し子の背の部分（後ろの平らな部分）を使って組織を丁寧に，かつ満遍なくすり潰し，50 mL チューブに移します（図 4F～H）．

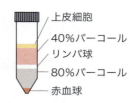

図 5　パーコールによるリンパ球細胞層の分離

パーコールによるリンパ球層の分離

遠心後，上清を除去した細胞をあらかじめ室温に戻した 80% パーコールで浮遊し，その上に 40% パーコールを慎重に重層します．遠心後，白色のリンパ球層が 80% パーコールと 40% パーコールの境界部に現れます（40% パーコールにフェノールレッドを少量加えておくと確認が容易，図 5）．40% パーコールの上部に現れた上皮細胞層を吸引除去し（液量を減らしすぎないよう注意），パスツールピペットを用いてリンパ球細胞層を丁寧に採取して新しいチューブに移します．PBS にて希釈後，遠心して細胞をペレットダウンし，上清を除去します．

（高村史記）

第 4 章　サンプル調製（細胞調製と色素標識・抗体染色）に関する Q&A

関連する Q→Q29, 42

Q41 リンパ球組成はマウスの系統間で異なりますか？　また，マウスとヒトのリンパ球解析で異なることと気をつけることを教えてください．

A マウス系統間では，末梢血中の B 細胞，T 細胞の割合さらには CD4/CD8 リンパ球比率にも違いがあります．マウスとヒトではリンパ球解析に汎用される細胞表面マーカーが多少異なる点に注意が必要です．

マウス系統間におけるリンパ球組成の違い

　近交系のマウスにおいて，系統によってリンパ球組成が異なることは古くから知られており，その表現系に影響する遺伝子座の探索が行われてきました．例えば，C57BL/6J マウスにおいては BALB/c マウスよりも CD4/CD8 リンパ球比率が低いのですが，両者の交配から生まれる F1 マウスにおいてもその形質が受け継がれることから，C57BL/6J マウスのゲノムに CD8$^+$ T リンパ球優位の表現型を決める優性遺伝子座が存在するとの報告がすでに 1983 年になされています[1]．2002 年の Harrison らの論文では，末梢血中の B リンパ球（B220 陽性），CD4$^+$ T リンパ球，CD8$^+$ T リンパ球，比較対照として Gr-1 陽性好中球の存在比率を 6 種類の近交系マウス間で比較し，リンパ球においてのみ，系統による差が観察されることを明らかにしています（表）[2]．彼らはさらに多くの交配マウスなどを利用した遺伝学的アプローチから，量的形質遺伝子座（quantitative trait locus：QTL）解析を行い，おのおののリンパ球系譜の多寡に影響する遺伝子座の絞り込みを報告しています[2]．このように，遺伝子背景の異なるマウス系統間でリンパ球組成が異なることは明らかですが，近年，さかんに研究対象とされる老化現象とも関連して，週齢によるリンパ球組成の変化に注意を払うことも重要です．C57BL/6 マウスと BALB/c マウスの末梢血および脾臓中リンパ球について，生後 1 カ月から最長 18 カ月までその存在比率を追跡した研究では，B リンパ球分画の相対的増多および T リンパ球，特に CD4$^+$ T リンパ球の相対的減少が加齢による変化として報告されています[3]．これらのことから，リンパ球比率を比較検討する実験においては，当然のことではありますが，系統，週齢など，適切な対照群を設定し，慎重な評価を心がけることが肝要です．

マウスとヒトのリンパ球解析

　ヒトでは一般にリンパ球解析といえば，末梢血のリンパ球を用いた解析を指します．対してマウスでは，末梢血，胸腺（T リンパ球），脾臓，リンパ節，骨髄，その他さまざまなソースからリンパ球を得ることが可能であり，この点は大きな違いです．次に解析に用い

表 マウス系統における末梢血リンパ球，好中球の存在比率

Strain	WBCs (10^6/mL)	B220%	CD4%	CD8%	Gr1%
C57BL/6J	11.2 ± 0.5	67.0 ± 1.1	13.3 ± 0.6	7.7 ± 0.3	11.1 ± 0.3
C57BR/cdJ	14.4 ± 0.3	59.6 ± 1.3	23.2 ± 1.2	10.4 ± 1.5	13.2 ± 0.6
BALB/cByJ	10.3 ± 0.6	45.8 ± 2.7	29.3 ± 1.7	10.8 ± 0.6	13.3 ± 1.2
DBA/2J	8.6 ± 1.1	46.1 ± 4.6	18.3 ± 0.1	5.9 ± 0.2	15.5 ± 2.9
NOD/L1J	3.2 ± 0.6	17.6 ± 0.9	49.5 ± 1.5	17.1 ± 0.8	12.9 ± 2.8
SJL/J	5.7 ± 1.0	16.1 ± 1.3	57.5 ± 1.1	20.1 ± 1.6	8.3 ± 1.2
B6D2F1	9.6 ± 0.2	63.7 ± 1.0	14.9 ± 0.3	8.9 ± 0.4	12.1 ± 0.6
CByB6F1	8.6 ± 1.3	59.3 ± 2.0	12.8 ± 0.7	6.2 ± 1.4	11.9 ± 1.6
Strain effect	$P < .01$	$P < .01$	$P < .01$	$P < .01$	NS

各系統につき，3〜4頭の雄マウス末梢血における各細胞分画の存在比率の平均値を示す．文献2から引用．

る細胞表面マーカーについては，ヒトとマウスで共通の抗原も多いのですが，主としてどちらか一方にしか用いられないものなどもありますので注意が必要です．新規抗体の開発や解析手法の向上により，新たな細胞分画の発見，細胞表面マーカーの同定が報告されておりますが，以降では世界中の多くの施設で使用されている標準的な表面抗原について記載します．

◆ T リンパ球

CD3，CD4，CD8はヒト，マウス共通で用いられ，Tリンパ球の基本的分画に必須のマーカーです．Tリンパ球はナイーブ細胞とメモリー細胞とに大きく分けられますが，細胞特性，細胞機能上，より精緻な研究のためにはさらに細分画することが必要となります．すなわち，セントラルメモリー細胞，エフェクターメモリー細胞，その移行段階の細胞などですが，その目的のため上記の基本マーカーに加えて複数の細胞表面マーカーが用いられます．ヒトでは，CD45RAかCD45RO，CCR7，CD27，CD28などを主として組合わせて用いますが，マウスではCD45RA/ROは使用せず，CD62L，CD44，CCR7などを用いるといった違いがあります．

◆ B リンパ球

Bリンパ球同定のための細胞表面マーカーとして，ヒトではCD19，ときにCD20が使われますが，マウスでは主としてB220/CD45Rを用います．B220/

CD45Rは厳密にはBリンパ球特異的抗原ではありませんが，古くから使用され知見の蓄積も多く，現在も頻用されています．ナイーブ細胞とメモリー細胞のサブセット分画には，ヒトではCD19に加えて細胞表面IgD，CD27の組合わせが用いられますが，CD27はマウスにおいては必ずしもよいマーカーではないことが知られています[4]．

◆ NK 細胞

NK細胞マーカーとしては，ヒトではCD56をメインにCD16との組合わせがよく用いられます（**Q42**）．マウスでは特にC57BL/6系統を用いた研究では伝統的にNK1.1が用いられますが，近交系マウスの多くの系統（BALB/c，C3H，CBA，DBA1/2，NOD，SJL，129など）ではその発現を認めないことから，CD49b（クローンDX5）が代わりの汎NK細胞マーカーとして使用されます．

リンパ球解析において気をつけるべき点

ヒトでもマウスでも共通して気をつけるべき点の1つに，Fcレセプターを介した非特異的な抗体結合があります（**Q29**）．Fcレセプターのうち特にFcγレセプターは単球/マクロファージの他，Bリンパ球の表面に発現しており，抗体がFc部分を介して結合することを許容してしまいます．例えばマウスTリン

パ球の染色に汎用される抗 CD3 抗体（クローン 145-2C11）は，ハムスター IgG$_1$ であってマウス B リンパ球に結合することがよく知られています．染色，洗浄バッファー中に血清を含めることである程度この非特異的結合を防ぐことも可能ですが，各社より Fc ブロック試薬が発売されており，それらを用いることでよりクリアな染色パターンが得られます．

NK 細胞など，存在比率の低い細胞の解析では特に，単一マーカーを用いた単染色による細胞集団としての描出が不十分なことが多いので，多重染色を行うことが通例といえます．例えばヒト末梢血 NK 細胞の解析では，CD56 に加えて CD3，CD19 と一緒に染色することで，リンパ球分画を最低限，主要 3 系譜（T リンパ球，B リンパ球，NK 細胞）に分けることが可能になります．

文献

1）Kraal G, et al：Immunogenetics, 18：585-592, 1983
2）Chen J & Harrison DE：Blood, 99：561-566, 2002
3）Pinchuk LM & Filipov NM：Immun Ageing, 5：1, 2008
4）Anderson SM, et al：J Exp Med, 204：2103-2114, 2007

（大津　真）

Q42 ヒトの末梢血の解析をはじめて行います．解析の概略と代表的な染色パネルを教えてください．

関連するQ→Q36，41

A 末梢血の解析は好中球も含めて行う全血法と，単核球（リンパ球と単球）分離後に行う方法があります．末梢血解析では，表面マーカーに加え，FSC，SSC パラメーターを組合わせることで，細胞の分画がより明瞭となります．

ヒト末梢血解析：全血法と単核球分離を伴う方法

ヒト末梢血の解析を行うとのことですが，白血球分画の解析ということで説明します．末梢血中には，大きく分けて3系統の白血球，すなわち，リンパ球，単球，顆粒球が流れています．フローサイトメトリー解析には，「全血で行う方法」と，「単核球を分離して行う方法」とがありますが，前者では3系統すべてが解析対象となるのに対し，後者では顆粒球分画（後述しますが，フローサイトメトリー解析ではFSC vs SSC プロット上で特徴ある集団として描出され，好中球と好酸球を含みますが，好塩基球は含まない分画となります）を除いた単核球分画（リンパ球，単球を指します）を対象に絞った解析を行うこととなります．単核球分離は，機能アッセイを行う場合など，一般的に用いられる手法ですが，低速回転の比重遠心を伴い，比較的時間を要します．こうした事情もあり，特に臨床現場での多検体解析などでは，より短時間に少ない工程での解析が可能となる全血法が通常使用されています．本稿では全血法の概略を説明いたします．

全血法の概略

図1に末梢血解析（全血法）のフローチャートを示します（以降の右肩英字は図中のものに対応します）．採血後，抗凝固剤（通常，ヘパリンかEDTA）

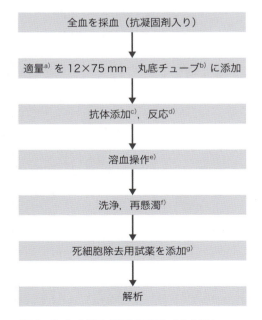

図1 ヒト末梢血解析の概略（全血法）

145

第4章 サンプル調製（細胞調製と色素標識・抗体染色）に関するQ＆A

にて凝固を避け，迅速に解析へと進むことが望ましいのですが，少し時間がかかる場合には室温に静置しておきます．適量[a]（通常，50〜200 μLの血液で十分ですが，末梢血白血球数に異常がある場合には血液の量を調整する必要があります）をポリスチレン製の丸底チューブ[b]の底に添加し，そこに各抗体を至適量加えます．必要に応じて，Fcレセプターのブロッキング試薬（Q41）を抗体添加前に加えます[c]．抗体メーカーの推奨条件に応じて反応[d]（室温か4℃で15〜30分程度）を行った後，十分量の溶血剤を加えます[e]（ACKバッファーが有名．文献1などを参照）．十分な溶血には，全血の10倍量以上のACKバッファー（Q36）を加えた場合，室温で5〜10分を要します．過剰な溶血反応は，白血球の生存率にも影響しますので，指でチューブを時折弾いて撹拌し，濁度が減少して赤色透明となるのを確認できたらすぐ次へと進みます．「遠心，上清除去，洗浄用バッファー添加」→「撹拌」→「遠心（洗浄）」と進み，上清除去後にバッファーに再懸濁します[f]．最後に，死細胞除去のための試薬[g]〔ヨウ化プロピジウム（PI）や7-AADなど〕を添加して解析を行います．

ヒト末梢血の代表的な染色パネル

健常人末梢血を全血法で解析した例を示します（図2）．ここでは7カラー解析を用いていますが，リンパ球の単純な分画解析（Tリンパ球，Bリンパ球，

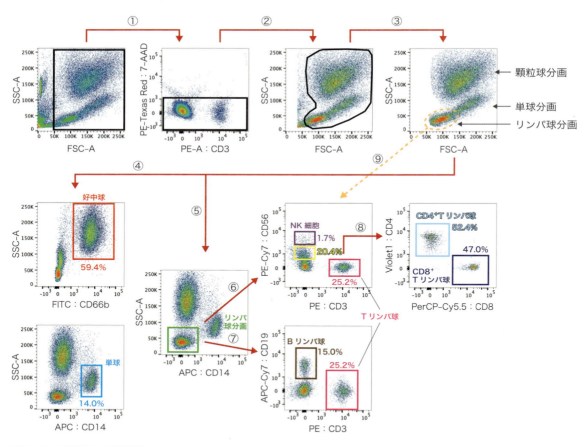

図2　ヒト末梢血の解析例
全血法での解析例を示す．①→③の順に，debris除去，死細胞除去，生細胞分画の再ゲートと進み，得られるFSC/SSCプロットで主要3分画が描出される（右上）．CD66b，CD14でそれぞれ好中球，単球の染め分けが可能であるが（④），7カラー解析でなくとも⑨のゲートから直接リンパ球解析へ進むこともできる．リンパ球分画（⑤）から順に2カラープロットを展開して（⑥〜⑧），NK細胞，B細胞，CD4⁺Tリンパ球，CD8⁺リンパ球を描出する．

NK 細胞）には，CD3，CD19，CD56 の 3 つの基本マーカーのみでも解析は可能です．T リンパ球では，通常 CD4$^+$ T リンパ球，CD8$^+$ T リンパ球の分画が必要となりますので，その場合 CD4，CD8 抗体を上記に加えて染色します．CD66b は，好中球，好酸球に特異的に発現しており，また CD14 は単球に特異的な発現パターンを示しますので，より明確な分画化にはこれらを加える方が有利です（後述）．各分画，特に T リンパ球においては，活性化マーカー（CD25，CD69 など），メモリー/ナイーブ細胞マーカー（CD45RA/RO，CCR7 など；**Q41** 参照）などを用いてさらなる細分画を行うことも多いのですが，本稿では基本サブセットの分画に最低限必要なマーカーに絞って説明します．

ヒト末梢血解析の実際例

図 2 に示しますように，まず FSC vs SSC（linear モードであることが重要です）のプロットで，FSC 値の小さい死細胞やゴミの類（debris）を大まかに除去します（①）．次に任意のチャンネルと死細胞蛍光（先述：PI か 7-AAD）の 2 カラーで展開し，死細胞蛍光の強い細胞を除去します（②）．再度，FSC vs SSC プロットに戻り，生細胞と考えられる細胞集団をゲートして次の展開へと進みます（③）．ここまでのゲーティングだけでも，全血中の白血球すなわち，リンパ球分画，単球分画，顆粒球分画の 3 つを比較的明瞭に分けることが可能です（右上のプロット）．ここでの分離が十分であれば，直接リンパ球分画にゲートをかけて次の展開へと進むことも可能です（⑨，オレンジ色の点線マーカー）．ここでゲートをかけずに SSC vs CD66b，SSC vs CD14 を展開してみますと，好中球（一部は好酸球），単球を明瞭に描出できることがわかります（④，左下のプロット）．ここでは SSC vs CD14 プロットを利用して（⑤），単球との区別がより明確となったリンパ球分画（緑のゲート）から展開し，サブセット解析を行っています（⑥，⑦）．CD56 vs CD3，または CD19 vs CD3 を展開するとそれぞれ NK 細胞（CD56 の輝度でさらに 2 つの分画に分けられます），B リンパ球の頻度を計測することができます．最後に CD3 陽性分画を CD4 vs CD8 で展開すると，T リンパ球サブセット解析が可能になります（⑧）．

文献

1）「実験医学別冊 新版 フローサイトメトリー もっと幅広く使いこなせる！」（中内啓光/監，清田 純/編），羊土社，2016

（大津 真）

第 4 章 サンプル調製（細胞調製と色素標識・抗体染色）に関するQ&A

Q43 骨髄血を用いた白血病の診断と治療効果の解析に用いる，代表的な染色パネルを教えてください．

日本での白血病診断のための染色パネルは日本臨床検査標準協議会（JCCLS）から「フローサイトメトリーによる造血器腫瘍細胞表面抗原検査に関するガイドライン（JCCLS-H2-PV1.0）」に記載されています．

はじめに

フローサイトメトリー（FCM）による血液疾患の補助診断としては種々ありますが，なかでも特に造血器悪性腫瘍の診断および治療においてその検査結果は重要な位置を占め揺るがない臨床評価を受けています．

表1，2でJCCLSのパネルを紹介します．現在では新しい蛍光色素の開発が進みマルチカラー解析ができるようになってきていますので，抗体と蛍光色素の組合わせは各自で適宜選択してください．

白血病の病型分類のための抗体と標識蛍光色素の選択

白血病の病型分類パネルを作成するためには腫瘍細胞が発現するマーカーから，腫瘍細胞が骨髄系細胞，T細胞，B細胞なのかを検出するための抗体の選択が必要です．

◆白血病系統検索のためのパネル

表1に白血病タイピング系統検索の推奨パネル〔JCCLSガイドライン（JCCLS H2-PV1.0），一部改変〕[1]を示しました．白血病病型や腫瘍細胞の帰属は1個の細胞抗原を検出して決定できるのではなく，いくつかの抗体を組合わせ，陽性所見だけでなく陰性所見も合わせて解析し決定します．

パネル作成にあたっては，例えば骨髄系パネルにはもちろん骨髄系細胞抗原を検出する抗体は必要ですが，異常発現として陽性例の多いリンパ球系細胞抗原のCD10，CD19やCD56を入れておくと，これらの異常発現が腫瘍細胞特異的キャラクターとなり微小残

表1 白血病タイピングの推奨パネル

	系統検索パネル	分化段階検索パネル	異常発現マーカー
骨髄系	CD13, CD33, cMPO	CD11c, CD14, CD15, CD64, CD65, CD117	CD7, CD10, CD19, CD56
T細胞系	CD2, CD3, CD7, cCD3	CD1a, CD4, CD5, CD8, CD25	CD33
B細胞系	CD19, CD22, cCD79a	CD10, CD20, CD23, SmIg, cCD22	CD5, CD13, CD33
その他	CD34, HLA-DR	CD38, CD41a, CD56, CD61, CD71, CD235a	

＊c：cytoplasmic，MPO：myeloperoxidase，SmIg：surface membrane immunoglobulin．文献1より改変して転載．

存病変（minimal residual disease: MRD）検出に威力を発揮します．ただし，CD10 の解釈では好中球でも発現がみられるので注意が必要です．

急性白血病の immunophenotyping のためのパネル

パネル作成に使用する蛍光色素標識抗体は，腫瘍細胞が少ないときや細胞表面の抗原量が少ない場合では弱蛍光（diminish : dim）となるので蛍光強度の強い色素が標識されている抗体を選択する必要があります．

白血病の病型分類のためのパネル作成に使用される推奨抗体を表 2〔JCCLS ガイドライン（JCCLS-H2-PV1.0）〕に示しました．現在は CD45 に PerCP や PC5 などの蛍光色素を用いて CD45 でゲーティングし，FITC と PE やその他の色素を用いたマルチカラー解析をする手法が主力になってきました．CD45 ゲーティングで白血病細胞をゲーティングし，1 次パネルのなかから抗体を選択し，骨髄系かリンパ球系を鑑別します．さらに細かく病型分類が必要であれば 2 次パネルに進みます．CD45 ゲーティングについては次の項目で述べます．

CD45 ゲーティング（Blast gating）

ゲーティングに CD45 抗体を用いて幼若な芽球などの細胞を特異的に描出する手法です．CD45 は白血球の全般的な抗原ですが，芽球はこの抗原の発現が少ないことを利用した手法です．図は白血病症例です．

図 A は前方散乱光 FSC と側方散乱光 SSC でサイトグラムを描出したものですが，芽球はリンパ球領域に隠れていて特定できていません．図 B はこれを CD45 と SSC で展開したものです．図 B 中のサークル B（白血病細胞）が芽球に相当する領域で明瞭に描出さ

表 2 急性白血病の immunophenotyping 用パネル

抗体パネル	FITC 標識抗体	PE 標識抗体
1 次パネル	細胞内検索	
	MPO	lactoferrin
	CD3	CD22 or CD79a
	細胞表面検索	
	CD3	CD1a
	CD7	CD33
	CDw65	CD19
	HLR-DR	CD13
	抗 IgM（μ 重鎖）	CD10
Sm-IgM 陽性の場合	抗 Ig κ 軽鎖	CD19
	抗 Ig λ 軽鎖	CD19
AML 用 2 次パネル	CD14	CD15
	CD61	CD64
	CD34	CD117
	CDw65	CD56
	CD2	CD13
CD61 陽性の場合	CD41	CD42b
B 系 ALL 用 2 次パネル	CD34	CD22
	CD24	CD5
T 系 ALL 用 2 次パネル	CD4	CD8
	CD2	CD1a
	CD34	CD5
CD3 陽性例の場合	TCR γ/δ	TCR α/β

文献 1 より改変して転載．

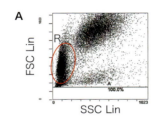 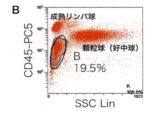

図　CD45 ゲーティングの例
A）FSC と SSC によるサイトグラム．サークル R の領域に芽球が含まれているがどの場所か判然としない．B）CD45 と SSC によるスキャターグラム．サークル B の領域に芽球が明瞭に描出されている．

れているのがわかります．この部分をゲーティングして種々の解析を行います．

ゲーティングに際してはこの領域に好塩基球などが描出されますので注意が必要です．また，白血病細胞など腫瘍細胞では CD45 がほとんど発現しない症例もあり，赤芽球領域に描出されることがありますのでゲーティングをする前に必ず塗抹標本を確認することが重要です．この条件で腫瘍細胞に aberrant 抗原があれば全細胞の 1％以下の白血病細胞でも検出可能です．この手法のことを Blast gating ともよびます．

文献

1）日本臨床検査標準協議会．血液検査標準化検討員会フローサイトメトリーワーキンググループ「フローサイトメトリーによる造血器腫瘍細胞表面抗原検査に関するガイドライン（JCCLS-H2-PV1.0）」日本臨床検査標準協議会会誌，18：69-107, 2003
2）「スタンダードフローサイトメトリー（第2版）」（日本サイトメトリー技術者認定協議会/編），医歯薬出版，2017
3）「応用サイトメトリー」（天神美夫/監，河本圭司，他/編責），医学書院，2000

（東　克巳，方波見幸治）

Q44 サンプルが得られたときに染色する時間，あるいは，染色後にフローサイトメーターに流す時間がありません．後日，実験する手段はありますか？

A 凍結，固定などを利用して，染色前または染色後の細胞を保存する方法があります．ただし，新鮮な生細胞でのデータから変化する可能性があるので，予備検討は必須です．

　さまざまな事情によって，新鮮な細胞を染めてすぐにフローサイトメーターに流せないことがあると思います．そのような場合に，有効かもしれないサンプルの保存方法を紹介します．注意すべき点は，動物種，細胞種によっては保存できないことがあります．さらに，保存した細胞と新鮮な生細胞で実験した場合を比較すると，多少なりともデータが変化する可能性が高いです．いずれの方法でも，ご自身の実験目的に影響しないか慎重に予備検討を行ってください．

結試薬（セルバンカーなど）に細胞を懸濁して，−80℃や液体窒素中で保存します．ヒトリンパ球の場合は数カ月から数年は保存可能で，フローサイトメトリー解析だけでなく，ソーティング後の *in vitro* 機能解析なども可能です[1]．余った細胞を後日の別の解析のために保存できるという使い方も便利です．ただし，分子の発現が低下することや，サブセットによってviabilityが異なるなどの状態変化は起こります[2,3]．

◆細胞を固定して保存する

　固定した細胞を固定液の洗浄後に，短期間の保存なら染色バッファーで懸濁後2〜8℃で，長期保存の場合はセルバンカーや10% DMSO含有ウシ胎仔血清（FBS）で懸濁後に−80℃で保存します．本法は，一般的な固定組織の免疫染色と同様に，固定した細胞でも染色できる抗体を選択する点などを注意すべきです．固定液は，リンパ球の場合，4%パラホルムアルデヒド含有PBSが一般的ですが，1%程度の低濃度にした方が抗体の染まりがよくなったり，細胞に発現させた蛍光タンパク質の蛍光強度が保たれることがあります．保存期間は，目的の分子や保存温度，固定液の種類に依存します．

抗体染色前のサンプルを保存したい場合

　間欠的にしかサンプルが入手できない場合や，1個体から長期的にサンプリングする場合などはこちらの方法が有用でしょう．保存したサンプルが一定数集まった段階で，まとめて染色や実験を行うことで，手技によるデータのバラつきを減らすことができます．

◆細胞を生きた状態で凍結保存する

　ヒトの免疫細胞でよく行われる方法ですが，マウス免疫細胞ではviabilityが非常に低いため実用的ではありません．10% DMSO含有培地や一般的な細胞凍

第4章 サンプル調製（細胞調製と色素標識・抗体染色）に関するQ&A

抗体染色後のサンプルを保存したい場合

染色が終わると夜遅いので翌日フローサイトメーターに流したい，急にフローサイトメーターが故障した，染色したのに機器の予約をとるのを忘れていた，などの場合はこちらが有用です．

◆ 細胞を固定して冷蔵保存する

細胞表面マーカーを染色した細胞を固定し，固定液の洗浄後に，染色バッファーで懸濁し，2〜8℃の暗所で保存します．保存期間ですが，オーバーナイト後に流す方はよくいますし，1週間後にデータをとっている方もたまに聞きます．BioLegend社のFixation Buffer（4%パラホルムアルデヒド含有）を用いた筆者の経験上，固定直後のサンプルと比較して，オーバーナイト保存あるいは1週間保存したサンプルのデータもほとんど変わらない印象をもっています．このバッファーの場合は，固定前後のタンデム色素（PE-Cy7やAPC-Cy7など）の蛍光もほぼ保存されますが，固定液の種類によっては蛍光が消失しますので注意してください．この保存方法を常用する場合は，固定および保存による蛍光の減弱に関する予備検討が必要です．

◆ 何もせずにそのまま冷蔵庫へ……

あまりオススメしませんが，一応解析できます．リンパ球の細胞表面マーカーを抗体染色した後に，通常のフローサイトメトリー用バッファー（アジ化ナトリウム添加）で懸濁し，冷蔵庫にオーバーナイト保存しても，意外と発現に変化がない分子が結構あります．ただし，死細胞は増えますし，発現が変化する分子ももちろんあります．保存中に特定のリンパ球サブセットだけ凝集してしまった（アグった）ケースも経験したことがあります．スクリーニングなど定量性にこだわらない単純な実験なら有用かもしれません．

最後に，くり返しますが，自らの実験目的に沿うか予備検討をしてください．

文献

1）Disis ML, et al：J Immunol Methods, 308：13-18, 2006
2）Elkord E：J Immunol Methods, 347：87-90, 2009
3）Van Hemelen D, et al：J Immunol Methods, 353：138-140, 2010

（池渕良洋）

Q45 細胞の抗体染色に適したバッファー（FACSバッファー）の組成を教えてください．

関連するQ→Q9

抗体染色に使用するバッファーは，細胞に対するダメージ，凝集などの影響をより少なくするために，EDTAや血清などを加えたフローサイトメトリーに適したバッファー（通称FACSバッファー）を使用します．

基本的なバッファーの組成と，目的別の組成変更のポイント

　抗体による細胞染色を行う場合は，染色する細胞に対するダメージをより少なくするために浸透圧やpHの安定性を考慮してバッファーを選びます．培養液も使用できますが，フェノールレッドによるバックグラウンド上昇・細胞の再凝集・培養液自体の粘性のため，水滴形成の不安定性が生じる可能性があります．加えてフローサイトメトリーでは測定の原理上，細胞を凝集させず一つひとつに浮遊させることも重要になり，EDTA（ethylenediaminetetraacetic acid）などのキレート剤を加えるとともに，2価のイオンを除いたバッファー〔PBS（－）など〕が用いられます（通称FACSバッファー）．

　近年はHBSS（Hank's Balanced Salt Solution）にEDTA，HEPES〔4-(2-hydroxyethyl)-1-piperazine ethanesulfonic acid〕，血清を加えたものが広く使われています（一般的なバッファーの組成を表に示す）．

　以前はPBS（－）を使用したものやHEPESを加えない溶液が通常使用されていましたが，細胞分取後の生存率がPBS（－）よりも一般的に良好なことから近年にはHBSSが使用されることも多くなっています．また，HEPESを加えることにより圧力変化で生じるpH変動をより少なくすることができます．

　EDTA（1 mM）は細胞凝集を防ぐため加えますが，凝集しづらい細胞種では使用しない場合もあり，逆に凝集しやすい細胞では濃度を上げます（約5 mM）．

　血清は，抗体染色時に目的の抗原以外に結合する非特異反応を抑える，また，染色時および測定時にチューブの内壁への接着を減らすために加えます．血清としては，FBSでなく安価なFCSが使用されます．Biotin標識抗体を染色した後にStreptavidinで蛍光標識を行う実験系では，FBSではブロックされてしまうためBSAの使用が好ましいですが，FCSでもほぼ問題なく使用できます．

　抗体染色後に細胞膜表面のレセプターが細胞内に流動しないように，アジ化ナトリウム（0.1%程度）が一般的に添加されます．しかし，細胞をソーティングして培養するなどの場合は細胞の生存率を上げるためにあえて加えない場合もあります．

　ヒトやマウスのリンパ球などでは一般的に前述のバッファーを使用していますが，細胞や目的により細かく変更する場合もあります．細胞をソーティングして培養にまわす場合は，ペニシリンやストレプトマイシンなどの抗生物質を添加する場合があります．また，アポトーシスの測定で一般的なAnnexin Vの染色ではカルシウム存在下でPS（phosphatidylserine）

153

第 4 章 サンプル調製（細胞調製と色素標識・抗体染色）に関する Q & A

表　一般的な FACS バッファーの組成

Cation-free 1×HBSS w/o Phenol-Red	1 L
0.5 M EDTA stock solution（最終濃度 1 mM）	2 mL
1 M HEPES（pH 7.0, 最終濃度 25 mM）	25 mL
1〜2%　血清	1〜2 mL
1%アジ化ナトリウム（最終濃度 0.1%）	1 mL
ペニシリン/ストレプトマイシン（×100） （ペニシリン 100 unit/mL，ストレプトマイシン 100 μg/mL）	10 mL
Total	約 1 L

文献 1 より引用．

と Annexin V が結合するためにあえてカルシウムが含まれているバッファーを使用します．また，死細胞が多いサンプルでは DNA が細胞外に出てきて粘度が高くなり，凝集塊が多くなるので，バッファーに DNase を加えることがあります（**Q9**）．

文献

1）石井有実子：フローサイトメトリーのエッセンス．「実験医学別冊 新版 フローサイトメトリー もっと幅広く使いこなせる！」（中内啓光/監，清田 純/編），pp38-46，羊土社，2016

（長坂安彦）

Q46 抗体の非特異的反応性を抑えるには、どうすればよいでしょうか？

A マウス細胞を蛍光標識する前に，Fcレセプターに対する抗体（抗マウスCD16/32精製抗体）で処理することで抗体の非特異的反応を抑えることができます．ヒト細胞の場合は，ヒト血清もしくは精製ヒトIgGを用いて前処理しましょう．

Fcレセプターとは

抗体分子は，体内を流れる病原体などに結合することで無力化させる働きをもちます．また，マクロファージなどの食細胞はこれらの抗体が結合した病原体を貪食することで，病原体を処理します．このとき，細胞表面に発現しているFcレセプターが，抗体のFc領域を認識して結合することにより食作用が促進されます（図1）．Fcレセプターは，さらに抗体の結合によって活性化シグナルや抑制性シグナルを伝達することで細胞の機能調節にかかわっていることが知られています．Fcレセプターを発現している血液細胞は，マクロファージ，樹状細胞，顆粒球，単球，B細胞，NK細胞などです．

Fcレセプターと抗体の非特異的反応

フローサイトメトリーで使用されるモノクローナル抗体の多くはIgG抗体です．IgG抗体に対するFcレセプターは，Fcγレセプターとよばれ，主なものとしてFcγIIレセプター（CD32）やFcγIIIレセプター（CD16）があります．細胞を蛍光標識抗体と反応させると，抗原特異的結合の他に，細胞が発現しているFcレセプターとも結合してしまいます（図2A左）．この結合は種差を越えて起こり，例えばラット抗体はマウスのFcレセプターに結合します．この結合により，解析したときには実際の蛍光強度より強いシグナルとして検出され，高いバックグラウンドが生じてしまいます．また蛍光標識であるPE（R-phycoerythrin）もFcγIIレセプター（CD32）やFcγIIIレセプター（CD16）に結合することが報告されています[1]．そのため，PEもしくはPEを含むタンデム色素標識抗体を使った場合にも非特異的結合が起こります．この抗原非特異的な結合を防ぐための方法として，Fcレセプターに対する抗体を培地に添加し，細胞表面に出ているFcレセプターをブロックすることで，蛍光標識抗体の細胞のFcレセプターへの結合を阻害する方法が用いられます（図2A右）．マウス細胞には抗マウスCD16/CD32精製抗体が用いられます．一方，ヒト細胞にはヒト血清がよく使用されます．血清中には大量のヒトIgGが含まれますので，それらがFcレセプターに結合することにより，標識抗体の結合を競合的に阻害します．同じ原理で，精製ヒトIgGを用いることもできます．また，さまざまなメーカーからブロッキング試薬が販売されています．

Fcレセプターのブロッキングを行うには，目的細

第 4 章　サンプル調製（細胞調製と色素標識・抗体染色）に関する Q & A

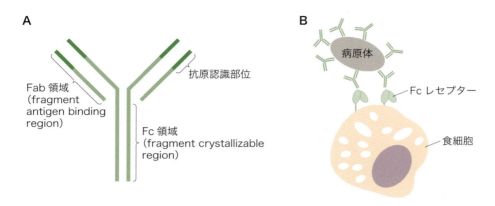

図 1　抗体（免疫グロブリン：immunoglobulin）の構造と Fc レセプター
A）抗体の構造．抗体は Y 字形で，抗原認識部位を含む上部を Fab 領域，下部を Fc 領域と呼ぶ．B）病原体などの抗原を認識すると，抗体が結合する．食細胞の細胞表面で発現する Fc レセプターが抗体の Fc 領域を認識して結合し，食細胞は抗原を細胞内に貪食する．

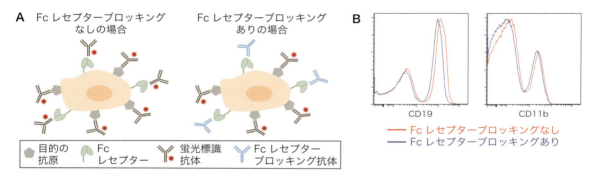

図 2　蛍光標識時の Fc レセプターブロッキングによる非特異的反応の抑制
A）Fc レセプターのブロッキングを行わない場合，対象細胞が発現する Fc レセプターに蛍光標識抗原が結合する．そのため，Fc レセプターブロッキング抗体などを用いて Fc レセプターをブロッキングすることで，抗体の非特異的反応を抑制する．B）マウス骨髄細胞を用い，Fc レセプターブロッキングを行った場合と行わなかった場合で，PE 標識 CD19 あるいは APC 標識 CD11b の蛍光強度を比較した．

胞とブロッキング抗体/試薬を 15 分間反応させます．その後，洗浄の必要はなく，続けて蛍光標識抗体を添加します．

　実際に，ブロッキングを行わない場合は，マウス骨髄細胞表面の CD19（B 細胞マーカー），CD11b（ミエロイド系細胞マーカー）の蛍光強度は，ブロッキングがある場合に比べて，非特異的結合の分だけ強く検出されました（図 2 B）．

　その他，ヒト末梢血単核球において，Cy5 や Cy7 などの Cyanine を含む抗体を用いた場合にも非特異的反応が起こることが報告されています[2]〜[4]．この非特異的反応は Cyanine が FcγRI（CD64）に結合することによって起こりますが，抗ヒト CD64 抗体を用いても完全にはブロッキングされないとも報告されています[2]．そのため，Fc レセプター陽性細胞を解析する場合には，Cyanine を含む抗体は用いない方がよいでしょう．

文献

1）Takizawa F, et al：J Immunol Methods, 162：269-272, 1993
2）Jahrsdörfer B, et al：J Immunol Methods, 297：259-263, 2005
3）van Vugt MJ, et al：Blood, 88：2358-2361, 1996
4）Beavis AJ & Pennline KJ：Cytometry, 24：390-395, 1996

（増田喬子）

Q47 T細胞受容体をMHC＋ペプチド-マルチマーで検出したいと考えています．特徴や染色の工夫を教えてください．

A 一部の例外を除きMHC＋ペプチド-マルチマー染色は通常の抗体染色の前に行い，必ず室温もしくは37℃で反応させましょう．

MHC＋ペプチド-マルチマー

T細胞は細胞表面に発現するT細胞受容体（T cell receptor：TCR）を用いて，主要組織適合遺伝子複合体（major histocompatibility complex：MHC）分子上に提示された抗原ペプチド断片を特異的に認識し，結合します．MHC＋ペプチド-マルチマーはこのMHC＋ペプチド複合体を多量体化し，かつ標識することで，抗原特異的TCRを発現するT細胞の検出を可能にした試薬です（図1）．4量体化したものがテトラマーとよばれ一般的ですが，結合力を向上したペンタマー（5量体），ドデカマー（12量体），長鎖に複数のMHC＋ペプチド複合体を並べたデキストラマーも開発されています（表）．抗原特異的CD8T細胞を検出するMHC class Iマルチマーと，抗原特異的CD4T細胞を検出するMHC class IIマルチマーが存在します．作製には提示されるMHCの種類と，抗原ペプチド断片（エピトープ）の配列が判明していることが必須条件です．ヒト，マウスにおける既存の製品の多くは医学生物学研究所をはじめProImmune社，Immudex社，BioLegend社にて販売されています（表）．標識にはPEもしくはAPCがよく使われています．

染色時の注意点

◆染色の順序

一般的に，TCRとMHC＋ペプチド-マルチマーの結合は抗原抗体反応より弱く，先に抗体が反応することによる干渉（実際にはCD4分子やCD8分子を先に染色してもそれほど影響が出ることはない）を避けるため，やむをえない場合を除き抗体反応の前（Fcブロックの直後）に，単独で染色を行います（図2）．

図1　MHC＋ペプチド-マルチマーの構造
MHC class Iペプチド-テトラマーの場合を例に示す．実際には複数のTCRを架橋した形で結合する．

第 4 章　サンプル調製（細胞調製と色素標識・抗体染色）に関する Q&A

表　各メーカーの MHC＋ペプチド-マルチマーの情報

メーカー	形態	動物種	MHC
医学生物学研究所	テトラマー	ヒト，マウス，サル，ニワトリ	Class I，Class II
ProImmune 社	ペンタマー	ヒト，マウス，サル	Class I
Immudex 社	デキストラマー	ヒト，マウス，サル	Class I
BioLegend 社	テトラマー	ヒト	Class I

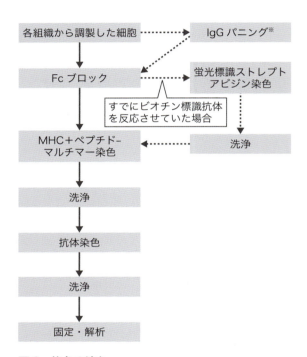

図 2　染色の流れ

マーを 4℃で 30 分反応させることで非特異反応を軽減できます．

◆ 非特異反応を回避する工夫

　抗原提示細胞，B 細胞が非特異反応の原因となることが多いので，必要に応じて事前に IgG パニング※ を行います（図 2）．また，使用可能な余剰チャネルがあれば上記細胞集団を染色・ゲートアウトするのも効果的です．さらに，抗原感作にて発現が上昇する CD44 もしくは CD11a を用いて展開することである程度非特異反応を識別することができます（図 3）．

> ※ IgG パニング
> 　抗ヒト IgG もしくは抗マウス IgG をコーティングしたプレートに，培養液に浮遊させたヒト PBMC，マウス脾臓細胞などを播き，37℃で 30 分静置することで付着系の抗原提示細胞および B 細胞がプレートに固着します．この上清を回収することである程度上記細胞集団を除去することができます．

◆ 染色の条件

　通常の抗体染色と同様，あらかじめ titration にて至適濃度を選定し，室温もしくは 37℃にて，30 分〜1 時間（MHC class I マルチマー）もしくは 2 時間〜4 時間（MHC class II マルチマー）反応させます．MHC class II マルチマーの場合は 1 時間おきにピペッティングにて撹拌します．ただし，オボアルブミン（OVA）の MHC Class I エピトープ（SIINFEKL）を用いた $OVA_{257-264}/K^b$ テトラマーは非特異反応が非常に強く，上記条件にて染色するとほぼ全ての CD8T 細胞を染色してしまいます．このテトラマー使用時は，非特異反応抑制効果の強い抗 CD8 抗体（クローン KT15）染色を先に行ってから，至適濃度のテトラ

◆ 陰性コントロールの設置

　対象とする T 細胞受容体によっては MHC＋ペプチド-マルチマーの染色強度がそれほど高くないため，陽性細胞ゲート作成には同様に染色した未感作検体（非感染マウスなど）が必要です（図 3）．ただし，ヒトの場合には健常人であっても過去の感染の影響で MHC＋ペプチド-マルチマー陽性となることがあるので注意が必要です．

◆ ビオチン標識抗体使用時の注意点

　MHC＋ペプチド-マルチマーの多くは，ビオチン標識した MHC＋ペプチドモノマーをストレプトアビジ

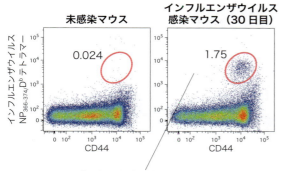

図3 染色例．図はCD8陽性T細胞にゲートをかけ，CD44（PE）とテトラマー（APC）で展開した

ンと反応させることで4量体化させています．したがって，MHC＋ペプチド-マルチマー反応前にビオチン標識抗体を反応させると，MHC＋ペプチド-マルチマーがビオチンと反応してしまうことがあります．特に，経静脈抗体接種（i.v.染色）などでビオチン標識抗体を先に使用しなくてはならないときは，MHC＋ペプチド-マルチマー反応前に蛍光色素標識ストレプトアビジンの反応をすませてしまうことで非特異結合を防ぐことができます．

◆ 細胞内サイトカイン染色

TCRは特異抗原刺激が加わると一過性に発現が抑制されます．したがって，刺激を加えることで発現誘導されたサイトカインを検出する細胞内染色との併用はできません．

（高村史記）

第 4 章 サンプル調製（細胞調製と色素標識・抗体染色）に関する Q&A

関連する Q → Q47, 49

Q48 サイトカイン産生細胞におけるサイトカイン検出の原理を教えてください．また，生きたままサイトカイン産生細胞を分離することはできますか？

A

サイトカインが細胞から分泌されないようにする薬剤を加えて，細胞を刺激・培養した後，細胞の固定，膜透過処理を行い，細胞内サイトカインを検出します．細胞から分泌するサイトカインをトラップ・検出して，細胞を生きたまま精製するキットも発売されています．

原理

一般的な細胞表面染色プロトコールでは抗サイトカイン抗体が細胞内に侵入することは困難です．抗サイトカイン抗体が細胞内に入り込めるように細胞膜の固定，透過処理を行うことで，細胞内タンパク質の解析が可能になります（図1）[1]．フローサイトメーターを用いた細胞内サイトカインや核内転写因子などの細胞内タンパク質の検出は，表面抗原マーカー解析と同時に行えるため，細胞単位でのタンパク質発現を簡便に同定することができます〔ターゲットによっては，固定・膜透過処理の影響（Q49）を受けやすいものもあるため，固定剤や膜透過剤の選定は重要です〕．

サイトカインは細胞内タンパク質輸送ブロックが必要

細胞内サイトカインを測定する場合は，細胞外に分泌しないよう，細胞内タンパク質輸送阻害剤によりあらかじめゴルジ体内にサイトカインを蓄積させる必要

があります[2]．また，測定するサイトカインに適切な阻害剤（Brefeldin A，Monensin など）を加えて，細胞を PMA（phorbol 12-myristate 13-acetate）ならびに Ionomycin などで刺激（ここでは PMA/Ion 刺激とあらわします）して，4 時間程度培養した後，細胞を回収し染色操作に移ります（図2）[3]．これらの情報をまとめたウェブサイト Stimulation guide[4] もございます．

細胞刺激の種類に注意します

PMA/Ion 刺激では効率よく細胞を活性化できますが，特定の細胞表面分子からの刺激による活性化などはできません．そこで例えば，特定の抗原に対する抗原特異的 T 細胞のサイトカイン産生を検出したい場合には，PMA/Ion 刺激ではなく，「抗原提示細胞＋抗原ペプチド」で刺激します．リンパ節や脾臓から分離した細胞にペプチドを加えるだけで可能な場合もありますが，「分離した T 細胞＋CD11c などで分離した樹状細胞＋ペプチド」なども必要に応じて行います．

A 表面抗原解析

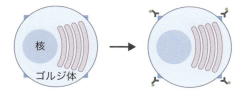

B 表面抗原（＋）細胞内サイトカイン解析

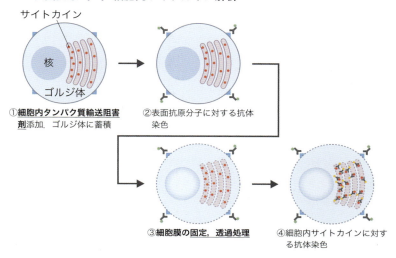

C 表面抗原解析（＋）核内転写因子解析

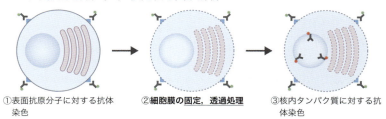

図1 表面抗原解析と細胞内染色解析
A）表面抗原解析．B）表面抗原＋細胞内サイトカイン同時解析．C）表面抗原＋核内転写因子同時解析：細胞内産生サイトカインの場合．

図2 Stimulation guide
目的のサイトカインに適切な刺激条件，細胞内タンパク質輸送物質阻害剤などの情報が確認できる．文献4より引用．

第4章 サンプル調製（細胞調製と色素標識・抗体染色）に関するQ&A

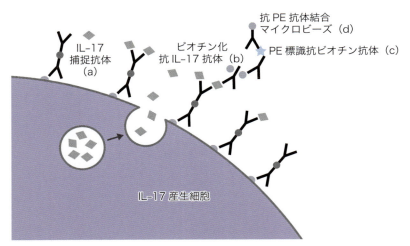

図3 分泌サイトカインの細胞表面でのトラップによるサイトカイン産生細胞の検出と分離

1) 産生されたサイトカインを，細胞表面抗原とIL-17に対するbi-functional抗体（a）でトラップする．
2) （a）とは異なるIL-17のエピトープに対するビオチン化抗IL-17抗体（b）を反応させる．
3) PE標識抗ビオチン抗体（c）を反応させる．
4) 抗PE抗体結合マイクロビーズ（d）を反応させ，細胞を分離する．
文献8より引用．

また，活性化によりT細胞受容体（TCR）の細胞表面発現がダウンレギュレーションされるため，MHC＋ペプチド-テトラマーによる抗原特異的T細胞の検出との併用はできないことに注意します（**Q47**）．

PMA/Ion刺激による活性化は，産生能を有する細胞を検出，および細胞分離時に低いながらもサイトカイン産生をしている細胞を十分に検出するために行っています．一方で分離した細胞の活性化なしでのサイトカイン産生状態の検出は，生理的な役割を理解するうえではとても重要です．

定常状態でも皮膚のγδT細胞はIL-17を産生しており，PMA/Ion刺激をしなくてもIL-17産生が検出できます[6]．また，接触性皮膚炎モデルの所属リンパ節において，IL-10陽性制御性T細胞なども非常に数は少ないですが検出できます[7]．これらはPMA/Ion刺激で，頻度，検出シグナルとも当然ながら上昇します．

生細胞でのサイトカイン検出と分離

一方，細胞から放出されるサイトカインを，細胞表面でトラップすることで検出し（図3），細胞を生きたまま分離するキット（IL-17 Secretion Assayなど）がミルテニーバイオテク社から発売されています．得られるシグナルは，細胞内染色に比べて弱いですが，細胞膜の固定・透過処理を行わないので，細胞固定で影響を受ける分子との同時検出や，生きたサイトカイン産生細胞を回収することが可能です．

文献・ウェブサイト

1) 金丸由美，渋谷和子：細胞内染色法を用いたサイトカイン産生の解析．「実験医学別冊 新版フローサイトメトリー もっと幅広く使いこなせる！」（中内啓光/監，清田 純/編），pp93-102，羊土社，2016
2) Jung T, et al：J Immunol Methods, 159：197-207, 1993
3) Schuerwegh AJ, et al：Cytometry, 46：172-176, 2001
4) BioLegend：Stimulation Guide for Intracellular Staining of Cytokines/Chemokines（https://www.biolegend.com/media_assets/support_protocol/BioLegend_Stimulation Guide_101711.pdf）
5) サーモフィッシャーサイエンティフィック社：Intracellular Staining Quick Guides（https://www.thermofisher.com/jp/ja/home/life-science/cell-analysis/cell-analysis-learning-center/cell-analysis-resource-library/ebioscience-resources/intracellular-staining-quick-guide-mouse-cytokines.html）
6) Gray EE, et al：Nat Immunol, 14：584-592, 2013
7) Ikebuchi R, et al：Sci Rep, 6：35002, 2016
8) ミルテニーバイオテク社：マウスIL-17 Secretion Assay-検出キット（PE）データシート

（藤本華恵）

Q49 細胞表面分子とともに，細胞内サイトカインや細胞核のタンパク質を染色したいです．染色の順番や注意する点を教えてください．

関連する Q→Q32, 33, 48

細胞表面の分子を染色した後，細胞膜の固定，透過処理を行い，最後に細胞内の分子を染色します．核内制御因子の方が細胞内サイトカイン検出よりも強い固定液を使用しますので，それぞれに適切な固定液を使用します．また，固定によって影響を受けやすい分子を考慮します．

サイトカインの解析時には細胞内タンパク質輸送ブロックが必要

　サイトカインを産生させるために，in vitro で細胞に刺激を加えた後，産生されたサイトカインが細胞外に分泌されないようにするために細胞内タンパク質輸送阻害剤を加え，ゴルジ体にサイトカインを蓄積させます（**Q48**）[1) 2)]．

　細胞の固定処理を先に行うと，細胞表面抗原のエピトープが変化し固定前の状態を維持できず，抗体が標識できなくなるケースがあるため，一般的には固定前の細胞が生きている状態で細胞表面抗原染色を行います．

適切な細胞膜固定用バッファー（fixation buffer），膜透過用バッファー（permeabilization buffer）の選択

　細胞膜の固定，透過用のバッファーは試薬メーカー各社から販売されています．

　はじめて細胞内染色を行う場合，使用する抗体メーカーで推奨されているバッファーをペアで使用することをお勧めします．最近では，核内転写因子はサイトカインとは局在する場所が異なるため，固定や透過の強度を変えることにより，抗体が目的のエピトープによりアクセスしやすいようにおのおの最適化された専用バッファーが販売されています．一般的に，サイトカイン用のバッファーは，マイルドな固定を行い，Foxp3 などの転写因子のように核内に局在する細胞内タンパク質の場合は，より強い固定を行うように工夫されています．したがって，サイトカインを染色するときに，核内転写因子用のバッファーを使用してしまうと，場合によってはサイトカインが検出できないこともありますので，この点に十分気をつけて最適なバッファーを選択しましょう．最初から良好な結果を得るためのコツは，正しいバッファー選択と，推奨プロトコールに従った実験です（図1）．

◆固定の影響を受けやすい分子について

　弊社では，ターゲットタンパク質ごとに未固定の状態と 4% PFA 固定処理を行った後に染色を行った結

163

第 4 章 サンプル調製（細胞調製と色素標識・抗体染色）に関する Q & A

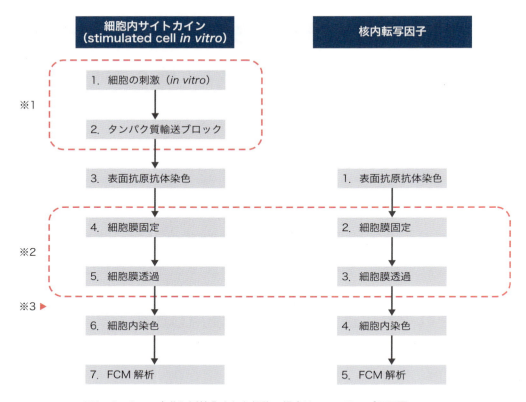

図 1　細胞内染色プロトコール
文献 1, 3 を参照.

果について Compatibility があるかどうかの情報を掲載したウェブサイトを提供しています[3]．

図 2 に 1 例を示しましたが，このように固定を行うことで，non-specific に抗体が結合し疑陽性となる場合があります．また，細胞膜の変化に伴い自家蛍光が強くなったり（back ground が上がる傾向），ターゲット分子のエピトープの変化に伴い，シグナルが弱くなる場合もあります．これらのサイトは，特定の細胞，抗体（clone），染色条件，色素，など限られた条件での結果になりますので，必ずしもすべての内容が保証されているわけではありませんが，細胞表面，細胞内の同時染色を行うときには 1 つの目安として有効です．

FCM における細胞内染色の影響

これまでの説明の通り，細胞内染色では固定を行うため，細胞膜が生きている状態とは異なることは容易に想像できます．したがって，フローサイトメーターで FSC vs SSC プロットで確認すると，未固定状態とは見え方も異なりますので，voltage 調整など細胞内染色用の設定を改めて作成することをお勧めいたします．また，蛍光色素によっては固定剤や透過剤の影響により他の検出器への漏れ込みの程度が大きくなり，未固定時と染色結果が異なる場合がありますので，未固定時の設定を使い回さず，コンペンセーションも必ず取り直しましょう．最近はこういった固定処理の

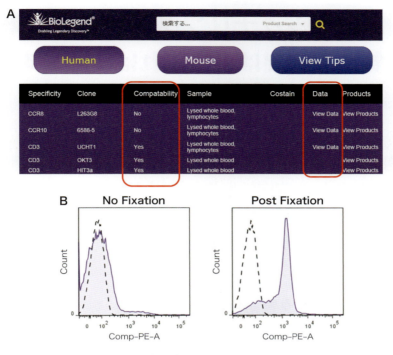

図2 固定の影響による染色の変化
A) Fixation（BioLegend 社 ウェブサイト[4]）．B) 未固定と固定で染色時の結果が異なってしまう例．実線は PE-抗 human CCR10 抗体染色，点線は非染色を示す．A，B はともに BioLegend 社のウェブサイトより引用．

バッファーに対して安定的な色素（例えば APC/Fire）も出てきていますので，そういった色素（**Q33**）を活用することでよりデータの質を向上させることが可能です．

死細胞と生細胞の識別

細胞内染色の場合は，細胞を固定するため，PI や 7-AAD などの死細胞除去色素を用いることはできません．固定時の細胞にも使用ができる死細胞除去色素（例えば Zombie Dye など，**Q32**）を用い，より正確なデータを得られるように工夫しましょう．

文献・ウェブサイト

1）金丸由美，渋谷和子：細胞内染色法を用いたサイトカイン産生の解析．「実験医学別冊 新版 フローサイトメトリー もっと幅広く使いこなせる！」（中内啓光/監，清田 純/編），pp93-102，羊土社，2016
2）Jung T, et al：J Immunol Methods, 159：197-207, 1993
3）BioLegend 社：Technical Protocols（https://www.biolegend.com/technical_protocols）
4）BioLegend 社：Fixation（https://www.biolegend.com/fixation）
5）BioLegend 社：Stimulation Guide for Intracellular Staining of Cytokines/Chemokines（https://www.biolegend.com/media_assets/support_protocol/BioLegend_Stimulation Guide_101711.pdf）

〈藤本華恵〉

第 4 章 サンプル調製（細胞調製と色素標識・抗体染色）に関する Q＆A

Q50 細胞内シグナリング（リン酸化タンパク質）の検出はどうすればできますか？

関連するQ→Q20, 23, 44, 49, 62

細胞内リン酸化タンパク質は，転写因子などの細胞内タンパク質と同様に細胞内抗原染色を行うことでフローサイトメーターによる解析が可能ですが，染色条件や抗リン酸化タンパク質抗体の選択が特に重要となります．

細胞内リン酸化タンパク質染色の実際

　細胞内シグナリングのフローサイトメーターによる解析は，対象となる細胞をサイトカインや受容体認識抗体，ホルボールエステル/Ca^{2+}イオノフォアなどで刺激後，細胞内のリン酸化タンパク質量の変化を細胞内抗原染色により検出，定量することで可能となります．この方法は，従来のウエスタンブロッティング法と比較して，感度が高く単一細胞レベルの解析が可能であることや操作が簡便なこと，多数のサンプルを解析可能であることなどの多くの優位性があります．リン酸化タンパク質の細胞内染色は主に，①細胞の刺激，②パラホルムアルデヒドによる固定，③界面活性剤やメタノール処理による抗体の細胞膜透過化，④細胞内リン酸化抗原の染色，⑤フローサイトメーターによる解析，などの工程によって行われます（図1）．動物組織から分離した細胞などで，特定の細胞集団でのみ解析を行いたい場合は，これらの工程に加えて細胞表面抗原の染色が必要となります．

タンパク質のリン酸化は一過性

　ほとんどの場合シグナル伝達にかかわるタンパク質のリン酸化は一過性で，容易に脱リン酸化されてしまいます．また，刺激後の経時的なリン酸化の変動はシグナル伝達の解析において重要な情報です．これらの情報を正しく得るためには，刺激後の細胞（もしくは刺激後，目的の培養時間が経過した細胞）を迅速に固定処理して，脱リン酸化を防ぐことが重要です．

固定と膜透過処理の注意点

　細胞の固定に関してはアルデヒド系の架橋剤が使われることが一般的で，1〜4％ほどのパラホルムアルデヒドを使用することでほぼ対応できます．固定時間は数分から30分の間で最適条件を探ることをお勧めします．引き続いて行う細胞の膜透過処理が最も注意を要する工程であり，採用する処理法により結果の成否は大きく変わります．主に用いられるのは90〜100％メタノールや0.5〜1％のTritonX-100です．同時に細胞表面抗原の検出が必要な際には，メタノール処理では標識蛍光や抗原性が失われることが多いため注意が必要です（Q20, 23, 44, 49, 62）．残念ながらどの方法が最も適しているかは，標的とするリン酸化タンパク質や使用する抗体によって異なりますので，それぞれの実験系において条件検討が必要となります．細胞内リン酸化タンパク質染色の実際の例を図2に示します．

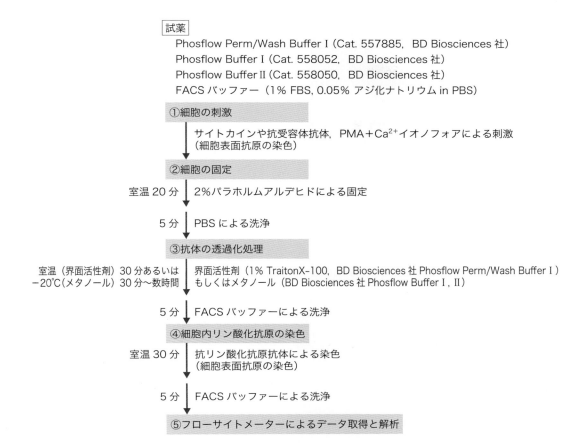

図1 細胞内リン酸化タンパク質染色のフローチャート

その他の注意すべきポイント

　一にも二にも抗リン酸化タンパク質抗体の質が実験の成否を握っていることが多いので，メーカーのデータシートを鵜呑みにするだけではなく自身で条件検討を行い，上手くいかない際には思い切って別の抗体を試すことが肝要です．また CST ジャパン社や BD Biosciences 社よりメタノール固定後のエピトープを認識する抗体が販売されています．

　また，通常の細胞内抗原染色では細胞表面抗原の染色は固定の前に行うのがセオリーですが，表面抗原の染色過程で細胞内抗原の脱リン酸化や，膜透過処理による表面抗原に結合した抗体の蛍光の減弱が起こることがあるので，固定によって抗原性が失われない表面抗原の分子であれば，膜透過処理後の染色も検討する価値があります．メタノール処理を行う場合には標識蛍光が失われてしまうため，メタノール処理後のエピトープを認識できる抗細胞表面抗原抗体を使用する必要があります．

（宮内浩典，久保允人）

第 4 章 サンプル調製（細胞調製と色素標識・抗体染色）に関する Q & A

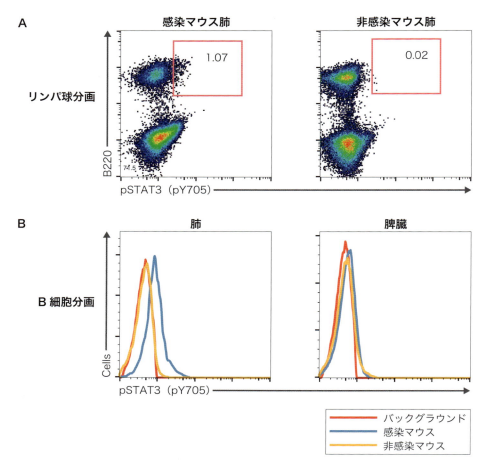

図2 インフルエンザウイルス感染マウス肺の B 細胞における STAT3 リン酸化の亢進
インフルエンザウイルス感染マウスの肺，脾臓より，酵素処理によってリンパ球懸濁液を調製し，BD Cytofix Fixation Buffer（Cat. 554655）により室温，30 分固定後，BD Phosflow Perm Buffer III（Cat. 558050）により膜透過処理を行った．Alexa Fluor488 標識抗 pY705-STAT3 抗体（Cat. 557814，BD Biosciences 社）による染色後，PE 標識抗 B220 抗体（Cat.12-0452-82，サーモフィッシャーサイエンティフィック社）で染色を行い，FACS バッファーに再懸濁して，FACS Calibur（BD Biosciences 社）により蛍光データを取得し，FlowJo（FlowJo 社）によって解析を行った（**A，B**）．感染マウス肺の B 細胞では非感染細胞と比較して明らかな STAT3 リン酸化の亢進が認められた（**B 左**）．インフルエンザウイルス感染マウスの肺ではウイルス増殖に伴い，サイトカイン IL-6 が多量に分泌されており，B 細胞表面の IL-6 受容体からのシグナルは STAT3 のリン酸化によって伝達され，B 細胞の生存や機能維持に働いていると考えられている．脾臓ウイルスの増殖の場ではないため IL-6 の分泌がなく，B 細胞での STAT3 のリン酸化も認められなかった（**B 右**）．

関連するQ→Q30, 52, 53, 59

Q51 CFSEなどの細胞標識蛍光色素を用いて細胞増殖活性を測定したいと考えています．染色法および解析のコツを教えてください．

A 細胞標識蛍光色素を用いてシャープな細胞分裂ヒストグラムを得るためには，標識時にやや高濃度の染色液を細胞数に対して十分量用いること，操作中は遮光に注意し，染色後は一気に希釈洗浄すること，データ取得時に適切なコントロールを設定することが大切です．

測定原理

増殖を測定したい細胞をCFSE（carboxyfluorescein succinimidyl ester）などの長期間安定に保持される蛍光色素で標識すると，細胞が1回分裂するたびに蛍光色素が半減していきます．これを利用して，蛍光色素の減弱程度から細胞分裂回数を7～8回程度まで追跡できます（図1)[1)～3)]．488 nmレーザー励起で使いやすいCFSE（Ex 492 nm/Em 517 nm）の他に，最近はCellTrace Violet（サーモフィッシャーサイエンティフィック社，Ex 405 nm/Em 450 nm），同 Far Red（Ex 630 nm/Em 661 nm），同 Yellow（Ex 555 nm/Em 580 nm）なども利用可能です（**Q30**）．それぞれの色素で，最適な標識条件が異なります．解析装置の搭載レーザーと検出フィルターセット，標識細胞（例，GFPレポーター細胞など），他の染色色素（例，FITCチャンネルを利用するミトコンドリア染色色素など）との組合わせで最適な染色パネルを構築できるようになっています．細胞標識蛍光色素の励起・発色波長が短波長であ

るほど細胞標識のシャープネスが向上するため，蛍光色素によって追跡できる細胞分裂回数に差があることを経験しています．したがって，解析装置・染色パネルなどに制約がなければ，CellTrace Violet＞CFSE＞CellTrace Far Redの順番で蛍光色素を選択するとよいでしょう．一般的な細胞内タンパク質染色法で用いる試薬とも共存できるため，サイトカイン産生や転写因子発現と細胞分裂回数の相関を測定することも可能です．細胞分裂回数を明確に計測するためには，実験開始時にいかにシャープなCFSEラベルをするかが重要です．増殖速度は細胞サブセットによって大きく異なるため，CFSE法で細胞分裂を解析する場合には同一実験のなかで複数の解析ポイントを設けると1回の実験で確実な結果を得ることができます（図1）．標識された蛍光色素は減衰するものの比較的安定であり，非常に緩徐に分裂する細胞の場合（リンパ球のhomeostatic proliferationなど），マウス個体内で50日程度まで追跡できます．

169

第4章 サンプル調製（細胞調製と色素標識・抗体染色）に関するQ&A

細胞標識と解析の手順（実験フローチャート）

図2に細胞標識と解析の手順を示す．

◆ 標識細胞の準備（純度と均質性）

蛍光色素を標識する細胞は，できるだけ純度が高い状態であることが理想です．蛍光色素の標識は一定の細胞濃度で行う必要があるため一度に標識できる細胞数には限度があること，また細胞の大きさが不均一だと標識される蛍光色素量に差が生じてピークがはっきりしないヒストグラムになることから，解析対象細胞を事前に磁気ビーズや比重遠心法などで可能な限り濃縮・均一化しておくことがコツです．

◆ 蛍光色素の準備と保存

蛍光色素は凍結融解をくり返すと分解して標識の効率が低下するので，最初にマスター液（5 mM）を調製した段階で，3〜5 μLずつ分注して−20℃あるいは−80℃で保存し，凍結融解を最小限にします．

◆ 標識

標識細胞，標識色素，解析装置の感度の組合わせにより最適な標識条件が異なるため，個々の実験系に合わせて標識濃度を微調整する必要があります．ここではCD8陽性T細胞を例に示します．マスター液から標識液を調製する際に用いる希釈液にはPBSに0.1％程度のタンパク質を加えたものを用います．多くの場合，標識細胞の準備に磁気ビーズを用いて細胞を濃縮することになるので，この際に準備したMACSバッファーなどを転用して構いません（**Q59**）．標識液の濃度は多くのプロトコールでは5 μMと記載されていますが，少し高めに10〜15 μMでラベルをすると解析の自由度が高まります（後述）．細胞濃度が $1×10^7$〜$5×10^7$/mLでは10 μM，$5×10^7$〜$10×10^7$/mLでは15 μMとすると上手くいくことが多いです．一方で標識液の濃度が高すぎると，細胞が死んでしまうので注意してください．また，標識試薬のマスター液を直接細胞浮遊液に加えるよりも，細胞浮遊液（0.2% PBSで調製）に2倍濃度の標識液（PBSで調製）を加える方法も，細胞

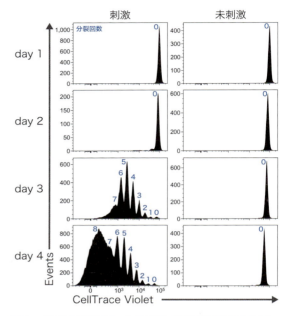

図1　蛍光色素希釈による細胞分裂回数計測の実例
CD45.2陽性の抗原特異的CD8陽性T細胞（LCMVのgp33エピトープを認識するP14 T細胞受容体トランスジェニック細胞）をCellTrance Violet 10 μMで標識した後にCD45.1陽性マウスへ養子移入した．翌日にLCMVを感染させ抗原刺激を行い，4日間脾臓内の抗原特異的CD8陽性T細胞の分裂を経過観察した．未分裂コントロールを取得するために一部のマウスはLCMVに感染させずに未刺激群とし，抗原刺激群と同一のタイミングで解析した．解析に用いたVioletレーザーのPacific Blueチャンネルのvoltageはday0に微調整し，4日間固定して解析した（図3も参照）．

を均一に標識するために用いられます．次の洗浄ステップで標識液量の10倍の洗浄液を追加するため，標識液量はチューブ容積の10％にとどめます（例：15 mLチューブなら1.5 mLまで）．プロトコールによっては37℃での標識を推奨するものもありますが，自験例では細胞凝集が発生しうるため，室温（24〜26℃）で行います．標識時間は10分を目安にします．標識中にも蛍光色素が褪色するため，クリーンベンチの蛍光灯を消灯し，チューブをアルミホイルなどでカバーするなど，可能な限り遮光をします．

◆ 標識後の洗浄

均一な色素標識とするために，標識が終了したら一気に標識液の10倍量以上の洗浄液（MACSバッファーなど）を追加し，直ちに遠心を開始します．合計で3回は洗浄します．

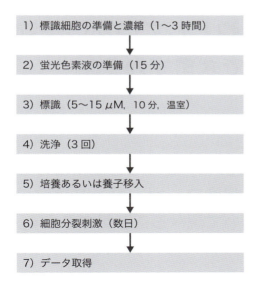

図2 細胞標識と細胞増殖活性の解析の流れ

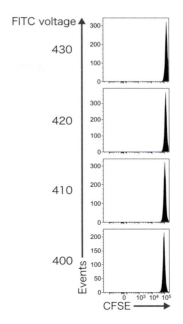

図3 データ取得初日に感度設定を行った実例
図1と同様の実験設定で，CFSE標識P14細胞をマウスに養子移入した翌日（感染day 0）に脾臓を回収し，P14細胞にゲートをかけて，検出チャンネル（この場合はFITC）のvoltageを微調整した．Day 0における蛍光強度に基づいてvoltageをやや高めに設定して（この場合410を選択），同一タイムコース実験のデータを取得すると，実際に細胞の分裂プロファイルが得られるday 3～4では蛍光色素の減衰により，8回程度の細胞分裂ヒストグラムが確実に得られる．

◆ 細胞分裂刺激

　蛍光標識した細胞は直ちに培養を開始するかマウスへ養子移入します．初代細胞では細胞分裂を誘導するために適切な刺激を加える必要があります[2)3)]．データ取得時に未分裂細胞をコントロールとして用いるため，必ず未刺激群を設定します（図1）．

◆ データ取得時の注意

　同じ標識条件であっても標識された蛍光強度には実験間にばらつきがあり，標識細胞の蛍光強度は経時的に減衰します．また解析装置の感度（レーザー出力）も毎日変化する可能性があります．さらに解析対象の細胞群のほとんどが増殖している場合，未分裂の細胞が残存していない場合もあります．したがって，各解析日に分裂を経験していない細胞の蛍光強度（分裂ゼロ点）を決定することは必ずしも容易ではありません．そこで各解析日ごとに未分裂細胞の蛍光強度（図1の未刺激群）を測定し分裂ゼロ点決定を行う必要があります．これは蛍光補正用のコントロール（**Q53**）

としても使用できます．

　多くの場合，同一実験のなかで複数ポイントにわたって解析することになりますが，初回のデータ取得時にやや高い感度を設定しておくと，その後は同一条件で解析が可能になります（図3）．

文献

1) Roederer M：Cytometry A, 79：95-101, 2011
2) Kurachi M, et al：J Exp Med, 208：1605-1620, 2011
3) Kurachi M, et al：Nat Immunol, 15：373-383, 2014

（倉知　慎）

第 4 章 サンプル調製（細胞調製と色素標識・抗体染色）に関する Q & A

関連する Q → Q30, 51

Q52 細胞増殖している細胞としていない細胞は，区別することはできますか？

A 細胞周期可視化プローブの Fucci や，DNA 合成における BrdU/EdU の取り込み，増殖細胞マーカータンパク質の PCNA，Ki-67，MCM-2 を用いて調べることができます．

細胞は細胞周期を通じて分裂し，増殖します．細胞周期は，DNA 合成の準備をする G_1 期，細胞分裂に備えて DNA を複製する S 期，細胞分裂の準備をする G_2 期，細胞が分裂する M 期と進行し，このうち G_1 期では，細胞分裂を停止し G_0 期（休止期）に入るか，S 期に進み細胞分裂を進行するか（＝増殖するか）が決定されています．したがって，活動休止・DNA 合成準備中の G_0/G_1 期が細胞増殖をしていない細胞，分裂・増殖に向けて活動している $S/G_2/M$ 期が細胞増殖している細胞と考えることができます．

Fucci（Fluorescent Ubiquitination-based Cell Cycle Indicator：フーチ）

Fucci は，細胞周期を可視化できるようにしたプローブです．細胞周期の特定の時期に核に蓄積される Cdt1 と Geminin という 2 種類のタンパク質を利用しています．Cdt1 は G_1 期に蓄積し $S/G_2/M$ 期には分解され存在せず，Geminin は $S/G_2/M$ 期に蓄積し G_1 期には分解され存在しません．Fucci は Cdt1 と Geminin の分解調節領域にそれぞれ赤色と緑色の蛍光タンパク質を融合したものをプローブとして用います．これらのプローブを細胞に導入すると，G_1 期の細胞核は赤色，$S/G_2/M$ 期の細胞核は緑色，G_1/S 遷移の細胞核は黄色の蛍光で標識され，生きた状態で観察することができます．また，G_1 期だけでなく G_0 期も細胞核が赤色に標識されることがわかっています（図 1）．

第 1 世代 Fucci では，G_1 期プローブ（G_1-Red）に mKO2（monomeric Kusabira Orange, Ex/Em 548/559 nm），$S/G_2/M$ 期プローブ（$S/G_2/M$-Green）に mAG（monomeric Azami-Green, Ex/Em 492/505 mm）を使用しており，それぞれ緑レーザー（561 nm）と青レーザー（488 nm）で励起が可能です．なお，mKO2 は青レーザーでも励起されるため，緑レーザーが搭載されていないフローサイトメーターでも解析することができます．第 2 世代 Fucci2 では G_1-Red に mCherry（Ex/Em 587/610 mm），$S/G_2/M$-Green に mVenus（Ex/Em 515/528 mm）を使用しており，緑レーザーと青レーザーで別々に励起することが推奨されます．

以上のように，Fucci または Fucci2 を使用することで，細胞増殖をしている細胞は G_1-Red$^{-/+}$ $G_2/S/M$-Green$^+$，していない細胞は G_1-Red$^{-/+}$ $G_2/S/M$-Green$^-$ として区別することができます（図 1）．

チミジンアナログ（BrdU, EdU）を用いた DNA 合成の検出

チミジンアナログである BrdU（5-bromo-2′-deoxyuridine）や EdU（5-ethynyl-2′-deoxyuridine）は，S 期において DNA が合成・複製される際に取り込まれることで，増殖細胞およびその娘細胞を標識す

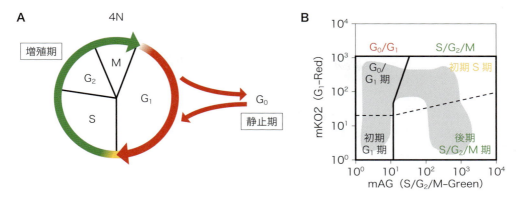

図1 Fucciによる細胞周期の解析
A) Fucciを導入した細胞の細胞核は，細胞周期のG_0/G_1期が赤色，G_1/S遷移期が黄色，$S/G_2/M$期が緑色の蛍光を示す．B) フローサイトメトリーで解析すると，G_1-Red$^-$ $S/G_2/M$-Green$^-$（double negative）が初期G_1期，G_1-Red$^+$ $S/G_2/M$-Green$^-$（G_1-Red single positive）がG_0/G_1期，G_1-Red$^+$ $S/G_2/M$-Green$^+$（double positive）が初期S期，G_1-Red$^-$ $S/G_2/M$-Green$^+$（$S/G_2/M$-Green single positive）が後期$S/G_2/M$期となる．

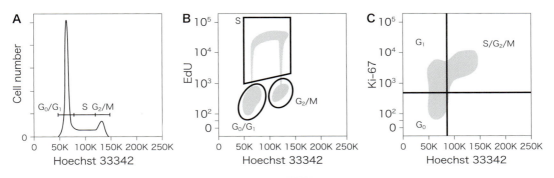

図2 各染色とEdUまたはKi-67を組合わせた細胞周期の解析
A) Hoechst 33342染色によるDNA量の解析だけでは，G_0/G_1期，G_2/M期の区別がつかず，S期についても実際にDNA複製が進行しているかはわからない．B) Hoechst 33342とEdUの取り込みを同時に検出することで，S期ではDNA複製が進行しており増殖中の細胞であることがわかる．C) Hoechst 33342とKi-67を同時に検出すると，Ki-67はG_0期で発現しないので，G_0期，G_1期，$S/G_2/M$期を区別することができる．

ることができます．

BrdUは，蛍光色素標識抗BrdU抗体で検出するため，細胞の固定および膜透過処理と，BrdUを露出させるためのDNaseや酸などによるDNA変性処理（DNAの単鎖化）が必要です．このため，生細胞での観察はできません．また，DNA変性処理によりDNAや他の抗原の構造が壊れ，多重染色ができない場合があります．一方，EdUは，簡便に新たな機能性分子を創出するクリックケミストリーによりEdUのエチニル基にAlexa Fluorなどの蛍光色素を直接標識することができます．そのため，細胞の固定と膜透過処理のみが必要でDNA変性処理が不要のため，多重染色による観察が可能です．

これらのチミジンアナログは，細胞の培養液中への添加による in vitro だけでなく，実験動物への腹腔内注射や飲み水への添加による in vivo での標識も可能です．そして，細胞を短時間曝露すると（30分間～1時間），S期にある細胞が標識され，増殖中の細胞を区別することができます（図2）．また，長時間曝露すると，S期を経て細胞分裂により生じた娘細胞も標識されるため，活発に増殖している細胞集団と曝露期間を通して細胞分裂せず増殖していない細胞集団を区別することができます．

増殖細胞マーカータンパク質

　増殖している細胞の検出には，増殖細胞で特異的に発現し，非増殖細胞では存在しないタンパク質を検出するという方法もあります．PCNA（proliferating cell nuclear antigen）は G_1 後期および S 期，Ki–67 と MCM–2（minichromosome maintenance protein 2）は G_1 期，S 期，G_2 期，M 期で検出されます．したがって，これらの増殖細胞マーカータンパク質に特異的な蛍光色素標識抗体で染色することで，増殖している細胞を検出・区別できます（図 2）．なお，PCNA，Ki–67，MCM–2 はいずれも核内抗原である

ため，染色に際しては適切な細胞の固定・膜透過処理が必要となります．

文献

1) 武石昭一郎，中山敬一：DNA 量の変化などを利用した細胞周期の解析．「実験医学別冊 新版 フローサイトメトリー もっと幅広く使いこなせる！」（中内啓光/監，清田 純/編），pp50–61，羊土社，2016

2) 阪上—沢野朝子，宮脇敦史：Fucci を用いたマルチカラー細胞周期解析．「実験医学別冊 新版 フローサイトメトリー もっと幅広く使いこなせる！」（中内啓光/監，清田 純/編），pp62–69，羊土社，2016

（永澤和道，渡会浩志）

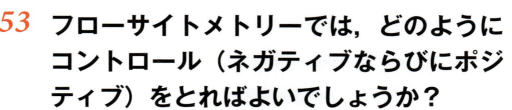

Q53 フローサイトメトリーでは，どのようにコントロール（ネガティブならびにポジティブ）をとればよいでしょうか？

関連するQ→Q7, 9, 18, 27, 46, 56, 81, 84

機器設定に無染色および単染色コントロール，細胞分画のゲーティングにおけるアイソタイプコントロールやFMOコントロール，また，実験対照群としてのバイオロジカルコントロールを組合わせて使用します．

フローサイトメトリーにおけるコントロールの設定のポイント

フローサイトメーターを用いた測定では，機器感度設定（**Q56**），細胞分画のゲーティング，および，実際の測定において，それぞれ適切なコントロールを設定する必要があります．これらのコントロールは，蛍光補正と分布の広がり，細胞の自家蛍光，蛍光標識抗体の非特異的反応など，ネガティブとポジティブの境界設定に影響するバックグラウンドシグナルの判別に使用されます．

機器設定に用いられる無染色および単染色コントロールは，機器検出感度の設定および蛍光補正（コンペンセーション，**Q7, 81**）に必要不可欠なコントロールです．図に8カラー解析で使用されるコントロールの例を示します．複数の蛍光染色が行われたサンプルでは，使用するカラー数に応じた単染色コントロールを使用準備します．単染色コントロールの注意としては，タンデム色素の場合は使用する蛍光標識抗体ごとにコントロールが必要となる点です．これはタンデム色素の蛍光補正量がロット間や保管状況などで異なるためであり（**Q18**），図の例では，タンデム色素のPE-Cy7標識抗体としてPD-1とCCR4の2種類の抗体を用いるため，それぞれに単染色コントロールを準備する必要があります．また，単染色コントロールは基本的に使用する細胞を用いますが，コントロール用に十分な細胞数を確保できない場合や発現が弱くコンペンセーションが難しい場合は，抗体をビーズにトラップする蛍光補正用ビーズを代用します（**Q9, 81**）．これらの蛍光補正用ビーズを用いる場合は，細胞での感度設定後の蛍光補正は，無染色から単染色コントロールのすべてにおいて蛍光補正ビーズを用いて実施します（死細胞除去パラメーターを除く）[1]．

次にゲーティング用のコントロールについて説明します．ゲーティング用のコントロールとしては，上記の無染色や単染色コントロールを含め，図のアイソタイプコントロールやFMOコントロール，およびそれらの組合わせが使用されます[2]．

使用抗体と同一サブクラスのアイソタイプコントロールは，抗体の非特異的結合によるバックグラウンドを定義するネガティブコントロールとして使用されます（**Q27**）．アイソタイプコントロールは，抗体の非特異反応だけでなく，抗体のFc部分やCy5など蛍光色素のFcレセプターへの結合（染色前にFc Blockで防ぐことも重要，**Q46**），および細胞内染色におけるバックグラウンドの判定にも使用されます．アイソタイプコントロールは，使用抗体と同量を使用するこ

第4章 サンプル調製（細胞調製と色素標識・抗体染色）に関するQ&A

		FITC	PE	PerCP	PE-Cy7	APC	APC-Cy7	BV421	BV510
1	無染色コンロトール	-	-	-	-	-	-	-	-
2	単染色コントロール	CD3	-	-	-	-	-	-	-
3	単染色コントロール	-	CD25	-	-	-	-	-	-
4	単染色コントロール	-	-	7-AAD	-	-	-	-	-
5	単染色コントロール	-	-	-	PD-1	-	-	-	-
6	単染色コントロール	-	-	-	CCR4	-	-	-	-
7	単染色コントロール	-	-	-	-	CD45RA	-	-	-
8	単染色コントロール	-	-	-	-	-	CD8	-	-
9	単染色コントロール	-	-	-	-	-	-	CD127	-
10	単染色コントロール	-	-	-	-	-	-	-	CD4
11	アイソタイプコントロール	Isotype	Isotype	-	Isotype	Isotype	Isotype	Isotype	Isotype
12	FMO コントロール	CD3	CD25	7-AAD	-*	CD45RA	CD8	CD127	CD4
13	T/Treg サンプル（-）	CD3	CD25	7-AAD	PD-1	CD45RA	CD8	CD127	CD4
14	T/Treg サンプル（-）	CD3	CD25	7-AAD	CCR4	CD45RA	CD8	CD127	CD4
15	T/Treg サンプル（+）	CD3	CD25	7-AAD	PD-1	CD45RA	CD8	CD127	CD4
16	T/Treg サンプル（+）	CD3	CD25	7-AAD	CCR4	CD45RA	CD8	CD127	CD4

機器設定 — ゲーティング — 対照実験

図　コントロールサンプルの調製例

ヒト制御性T細胞の8カラー解析を例に，コントロールサンプルの調製例を示す．実際の測定サンプルは13～16となり，対照実験によるバイオロジカルコントロールとして，活性化の有無（+ or -）でマーカー発現強度の変化を比較するものと仮定する．この8カラー解析の機器設定および蛍光補正用には，無染色コントロールとそれぞれの単染色コントロールとして1～10が必要となる．実験例ではタンデム色素であるPE-Cy7に複数の抗体を使用しており，それぞれに単染色コントロールを準備している（5および6）．また，データ解析におけるゲーティングの確認には，無染色と単染色に加え，アイソタイプコントロール（11）およびFMOコントロール（12）が用いる．
*通常，FMO（fluorescence minus one）にはアイソタイプコントロールを添加しないが，抗体あるいは蛍光標識自体に由来するバックグラウンドが明らかに高い場合にはアイソタイプコントロールを加える．

とが前提となりますが，メーカーの違いや同一メーカーでもブランドの違いにより，抗体への蛍光標識の割合や抗体の精製度（標識抗体とフリーの蛍光色素の割合）が異なる場合もあり，細胞内染色では専用のアイソタイプコントロールが指定されている場合もあります．よって，その選択においてはメーカーのデータシートを参照するとともに，事前に条件検討を行っておくことも重要です（**Q27**）．

また，複数の蛍光色素間の漏れ込みによるバックグラウンドへの影響を判定するために，図の12番のようにFMO（fluorescence minus one）コントロールの使用も提案されています（**Q84**）[3]．12番は，FMOで差し引いた部分にアイソタイプ抗体を追加すると従来のネガティブコントロールと同様になりますが，FMOは主に蛍光の漏れ込みによるネガティブ

バックグラウンドの判定に使用されます．

また，実験レベルのコントロールとしては，活性化刺激の有無での活性化マーカーの発現やサイトカイン産生など，バイオロジカルコントロールを指標とすることも，フローサイトメトリーにおけるネガティブシグナルとポジティブシグナルの判別に用いられています．

文献

1) Mahnke YD & Roederer M：Clin Lab Med, 27：469-85, v, 2007
2) Hulspas R, et al：Cytometry B Clin Cytom, 76：355-364, 2009
3) Tung JW, et al：Clin Lab Med, 27：453-68, v, 2007

（四ノ宮隆師）

関連する Q→**Q11**

Q54 細胞の絶対数を測定できますか？ 内部スタンダードのビーズが必要になるのはどのようなときですか？

シリンジポンプ方式，ペリスタポンプ方式，流量センサーを搭載した機種では，「測定したイベント数／解析液量」で細胞数を直接測定できます．これらの機構がない機種では，粒子濃度が検定されている蛍光ビーズとの相対値からサンプル中の細胞濃度を算出できます．

フローサイトメーターを用いた細胞数測定のメリット

各メーカーから販売されているフローサイトメーターのサンプリング方式と細胞数測定を表にまとめます．フローサイトメーターを使用した細胞数測定のメリットとして，わずかな時間（希釈不要，1サンプルあたり数十秒）で数百～数万個といった広いダイナミックレンジで細胞を計数できること，測定誤差が少ないこと，ゲーティングを統一することにより血球計算盤でしばしば起きうる個人差を避けられること，また測定コストが低いことなどがあげられます．例えば，血球計算盤を使用していた当時，筆者は40検体程度の細胞数測定に2時間近く費やしていましたが，フローサイトメーターを使用することで30分以下の時間でよりバラツキの少ないデータを取得できるようになりました．

表 フローサイトメーターのサンプリング方式と細胞数測定

メーカー	機種	サンプリング方式	細胞数測定
ベックマン・コールター社	Gallios	加圧	1
	CytoFLEX	ペリスタ	2
BD Biosciences 社	BD FACSCanto II	加圧	1
	BD LSR II/Fortessa	加圧	1
	BD FACSVerse	加圧	1*
	BD Accuri	ペリスタ	2
ミルテニーバイオテク社	MACSQuant	シリンジ	3
サーモフィッシャーサイエンティフィック社	Attune NxT	シリンジ	3

1：内部標準粒子との相対値から算出，2：流速，時間から算出，3：解析液量から算出，＊オプションにより流量センサーを搭載可．サンプリング方式については **Q11** を参照．

蛍光ビーズを内部標準に用いた細胞数測定

筆者が細胞数測定に使用しているFlow-Count（7547053，ベックマン・コールター社）は，488 nm励起で蛍光を発する蛍光色素を含んでおり，粒子の大きさと蛍光強度が均一で，かつロットごとに粒子濃度（1,000個/μL程度）が検定されています．細胞懸濁液の細胞濃度を測定する際は，10 μLのFlow-CountをPI（propidium iodide）などの死細胞染色色素を含むバッファー100 μLで希釈し，ここに10 μLの細胞懸濁液を加え，フローサイトメーターで解析します（図1）．データ解析では，FSC（前方散乱光）/SSC（側方散乱光）およびBlue laser（488 nm）励起，700 nm以上の蛍光波長を検出するチャネル（図2では488 nm励起PE-Cy7検出用）などでFlow-Countをゲーティングし，目的細胞は通常使用しているゲートを使用します．なお，必要に応じて，データ取得時にFlow-Countのゲートに500または1,000個などのストップカウントを設定しておくとよいでしょう．1例として，検定値が1,010個/μLのFlow-Countを用いて，Flow-Countのゲート内イベント数が1,000になった際に生細胞ゲート内のイベント数が10,000であった場合，細胞濃度は10,000/1,000×1,010＝10,100個/μLとなります．細胞懸濁液中の細胞構成を迅速に知りたい場合，測定用チューブ中で10 μLの細胞懸濁液と等量の抗体染色液を5分程度反応させた後，洗浄を挟まず10 μLのFlow-Countと死細胞染色色素を含むバッファー100 μLを加え，そのまま測定することも可能です（図2）．注意点として，Flow-Countの原液は界面活性剤を含んでいるため，細胞懸濁液中に持ち込むFlow-Countの割合は20％以下に抑えるとよいでしょう．Flow-Count以外の製品として，BD Trucount Tubes（340334，BD Biosciences社），123count eBeads（01-1234-42，サーモフィッシャーサイエンティフィック社）などがあります．

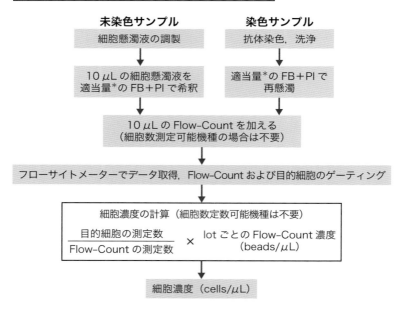

図1　フローサイトメーターを用いた細胞数測定

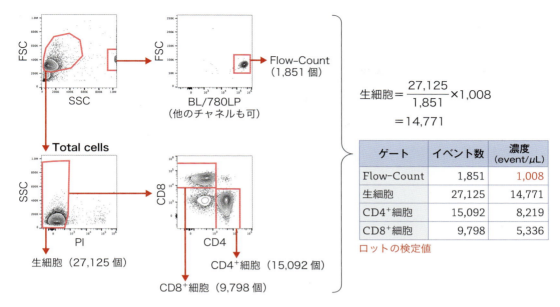

図2 Flow-Countを用いた細胞数測定

注意事項

　イベントをロスなく取得できる流速（event/sec）は機種によって異なり，機種の限界を超えた流速でサンプルを流すと，正しく粒子として認識できずにデジタルアボート[※]されてしまいます．デジタルアボートの割合を表示する機種もありますが，デジタルアボートされる確率は均一ではなく，大きなものほどアボートされやすい傾向があり，単純にアボートされた割合をかけるのが適切とは言えません．最近の機種では10,000 event/sec以下の流速におけるabortion rateは10％以下と思われますが，流速とデジタルアボートの相関を公表している機種は多くありません．細胞濃度が高いサンプルを想定する場合は，事前に希釈系列を作成し，検量線を作成しておくとよいでしょう．

　また，thresholdを目的細胞やFlow-Countに影響がない範囲で通常より高めに設定し，event rateを抑えるとよいでしょう．

> ※デジタルアボート
> 　フローサイトメーターは1細胞から検出された光シグナルを電圧パルス（アナログデータ）として検出した後，整数値（デジタルデータ）に置き換える回路（A/Dコンバータ）を備えている．時間あたりに流れる細胞数が多いと波形が近接するため，時間あたりのアナログ→デジタル変換処理回数が少ないと，近接した細胞から得られた波形を1細胞ごとに分離できない．このような場合，フローサイトメーターはデータを捨ててしまうため，実際に流れた細胞数よりデータとして取得された細胞数が少なくなる．

（上羽悟史）

第5章

測定・リアルタイム解析 に関するQ&A

第5章 測定・リアルタイム解析に関するQ&A

Q55 4カラーのフローサイトメーターを用いてはじめて測定します．何に気をつけるべきですか？

関連するQ→ Q16, 18, 32, 34, 44, 58, 63, 77, 97

A はじめてフローサイトメーターを使用する際は，施設の規定に従い教育講習を受講してから使用しましょう．また，本実験に入る前に予備実験を行い，使用する細胞の特性を理解し，測定条件を設定しておきましょう．

フローサイトメーターを使用するにあたって確認しておくこと

　近年，フローサイトメーターの自動化が進み，4カラー以上の解析は日常的なものとなっていますが，高額かつ高度な解析機器であることは変わりなく，基礎知識を学んでから使用することが大切です．特に，はじめてフローサイトメーターを使用する際は，必ず施設の規定に従い教育講習を受講してから使用しましょう．また，必ず前もって装置の稼働状況を確認することも重要です．例えば1カ月以上使用されていない装置の場合には，事前に流路の結晶化などのトラブルがないことを確認し，精度管理を行い適切な検出感度が得られていることを確認しておきます．

　実際のフローサイトメーターでの測定では，機器設定に手間取ると，準備していた細胞が足らなくなることもよくあることです．あらかじめ予備実験を行い，使用する細胞の特性（生細胞率，サンプルに含まれるノイズ，細胞の凝集のしやすさなど）を理解するとともに，本実験に備え，測定感度や測定条件の設定，および統計処理に必要となる細胞数を確認しておきます．合わせて測定サンプルを顕微鏡下で観察し，細胞の大きさや上記の細胞特性を測定前に目視で確認していくことが，フローサイトメトリーにおける測定結果の理解やトラブルシューティングに役立ちます．

測定に用いる試薬・器材の準備

　事前準備する試薬としては，シース液，精度管理用ビーズ，測定用のチューブやプレート，30～40μm径のナイロンメッシュやセルストレーナーなどがあげられます．シース液に自家調製PBS（−）を用いる場合，フローサイトメーターは1μm以下の粒子でも検出する感度をもちますので，ノイズとなる粒子の除去および装置内の汚染を防ぐ濾過滅菌として0.2μm以下のフィルターで濾過した後に使用します．また，フローサイトメーターの流路は100μm以下と非常に細い部分もあり，測定時のトラブルの多くはサンプルの詰まりに由来します．よって，装置にサンプルをセットする前には，必ずナイロンメッシュやセルストレーナーを用いて凝集細胞や組織片，サンプル調製過程で混入したプラスチック片など詰まりの要因を取り除いておきます（**Q63**）．また，インラインフィルターの使用が可能な装置は，サンプルラインの先端にインラインフィルターを装着します．

サンプル調製における注意点

4カラーのフローサイトメーターにおける蛍光標識の組合わせは **Q18** と **Q34** を参照します．蛍光標識された細胞を懸濁する溶液は，主に PBS（－）あるいは HBSS（－）またはフェノールレッドを含まない培養液を用います．単一細胞を解析するフローサイトメーターでは，細胞の接着を防ぐためカルシウムやマグネシウムを含まない（－）表記の緩衝液を用います．接着性の高い細胞では，培養液成分や添加される血清由来のカルシウムとマグネシウムの除去に 0.1～5 mM EDTA を添加します（使用濃度は解析のみであるかソーティング後に培養を行うかなど細胞への影響をもとに判断）．また，フェノールレッドや血清成分からの蛍光は測定におけるバックグラウンドに影響しますので，測定ではフェノールレッド不含の溶液を用い，血清や BSA を添加する場合はこれらの濃度を 0.2～3% 程度として，添加する際には 0.2 μm フィルターでろ過しノイズとなる粒子を除去します．

蛍光標識された細胞は，測定まで 4℃の冷暗所に保管します．室温や遮光せずに保管すると，抗体が結合した細胞表面分子の凝集や内在化あるいは蛍光標識の褪色により，測定感度に影響が出る場合があります．また，サンプル調製後の測定が翌日となる場合は，1～3% のパラホルムアルデヒドを含む PBS（－）を用いて細胞を固定します（**Q44**）．ただし，パラホルムアルデヒド存在下での長時間保存は，蛍光色素の波長特性を変える可能性があり，15 分から 1 時間固定した後（パラホルムアルデヒドの濃度に依存），測定用のバッファーに置き換え冷暗所に保管します．また，固定を伴う測定で死細胞除去を行う際には，細胞膜非透過性のアミン反応性色素など，共有結合により固定処理でも外れない蛍光試薬を選択します（**Q32**）．

一般的な測定における細胞濃度は $1×10^6$ /mL 前後，高速ソーティングを行う場合は $2×10^7$ /mL 前後に調整します．また，精度を要するシングルセルソーティングを行う場合は，細胞の存在比率に依存しますが，細胞の同時通過による Electronic Abort や Coincidence Abort，およびプロット上で偽陽性となるダブレットが増加しない細胞濃度に調整します（**Q77**）．

機器立ち上げと測定

機器操作マニュアルに従い，溶液の準備を行った後，起動後の精度管理を行います（**Q16**）．精度管理時のトラブルシューティングは各ユーザーマニュアルを参照します．精度管理におけるエラーの多くは，適切なラインの接続や加圧状態の確認およびフローセルやラインの洗浄などで解決します．また，マニュアルやメーカーのウェブサイトで公開されている FAQ を参照するとともに，解決できないトラブルは各メーカーに問い合わせます．

測定では適切な細胞の解析速度（events/sec）で行います．カタログ上の最大処理速度は，あくまで電気的に処理可能なイベント数であり，実際の細胞測定における最適な解析速度とは異なります．一般的に秒間数千個以上の解析では複数の細胞イベントが重なる場合があり，それらは Electronic Abort や Coincidence Abort として却下されます（**Q77**）．フローサイトメーターにはラミナーフロー方式やアコースティックフォーカス方式など，細胞の流れを一定に保つしくみをもちますが，どの原理を用いても一つひとつの細胞が等間隔に流れてくることはありません．よって，細胞の同時通過の指標となる Electronic Abort や Coincidence Abort を参照し，その割合が 5% 以下となるよう解析速度を保ちます．不要に流速や流量を上げた場合は，大切な細胞データを失うとともに，偽陽性となるダブレットイベントの増加を引き起こし，細胞のソーティングにおいては回収率や純度が低下する要因となります（**Q58**）．

機器の終了時

フローサイトメーターを安定して使用するためには，測定後のシャットダウン操作が必要不可欠です．測定の終了時には，測定に用いたサンプルに応じた洗

浄操作と廃液の処理および溶液の補充を行います（**Q16**）．特にヒト臨床検体など感染性が否定できない細胞を取り扱う際は，施設の処理規定に従い，必ず固定してから廃液を廃棄します（**Q97**）．

トレーニングの受講および認定サイトメトリー技術者制度

フローサイトメーターは高度かつ高額な解析装置であることには変わりがなく，使用する前に基礎原理を学ぶことは必要不可欠です．施設の管理規定に従いますが，はじめにメーカーの提供するフローサイトメーター講習を受講されることが推奨されます．講習の受講は，最適な実験系を構築するうえでのアドバイスを受ける機会でもあり，高額なフローサイトメーターを大切に使ううえでのノウハウを習得することができます．

近年，精度管理や蛍光補正などフローサイトメーターの自動化技術も進んでいますが，それらはあくまでも規定条件下で機能するものであり，日々の測定で直面するさまざまな課題を解決するものではありません．自動化技術だけに頼ってしまうと，特にマルチカラー解析など問題が起こったときに判断できない，あるいはデータ読み違えにより誤った結果を導き出して

しまう可能性もあります．よって，メーカーの提供する講習の受講や本書などの参考書を通し，フローサイトメーターを活用するうえで十分な基礎知識を身につけましょう．

また，日本サイトメトリー学会[1]では，学会会員を対象にフローサイトメーターを用いた測定におけるコンサルテーションおよび認定サイトメトリー技術者制度を提供しています[2]．日本サイトメトリー学会は，2017年で第27回の学術集会を迎え，国際学会であるISAC（International Society for Advancement of Cytometry）[3]の学術集会CYTOとともに，細胞解析における最新技術や標準化などの情報を発信しており，基礎知識とともにフローサイトメーターの幅広い可能性を知る機会として活用しましょう．

文献

1）日本サイトメトリー学会（https://www.cytometry.jp/）
2）河本圭司，村上知之：Ⅹ章 認定サイトメトリー技術者制度.「スタンダード フローサイトメトリー 第2版」（日本サイトメトリー技術者認定協議会/編），pp151-155，医歯薬出版，2017
3）ISAC（http://isac-net.org/）

（田中　聡）

Q56 ネガティブシグナルの検出器電圧設定で注意する点はどこですか？ 一番感度がよいところに設定するにはどうしたらよいですか？

A ネガティブシグナルには細胞の自家蛍光や電気的・光学的ノイズなどが含まれており，これらのバックグラウンドから蛍光シグナルを分離する検出器電圧を検証することで，より感度の高い測定が可能となります．

最適な検出器電圧の設定方法

　一般的に，フローサイトメーターのネガティブシグナルの検出器電圧の設定は，図1のように，ヒストグラムまたは二次元プロットの左下の領域（メーカーにより，最初のログスケールの中心付近や最初のディケード内など）に設定されます．図1のように，ネガティブ細胞とポジティブ細胞の分離が明確な末梢血リンパ球のサブセット解析では，従来の設定方法で問題なく測定することが可能です．しかしながら，蛍光強度が非常に低い弱陽性サンプルの測定では，ネガティブシグナルの領域に含まれる装置由来の電気的ノイズや光学的バックグラウンドに，本来のシグナルが隠れてしまう場合があります．これらネガティブシグナルに含まれるバックグラウンドから，対象となる蛍光シグナルを分離する最適な検出器電圧を検証することで，より感度の高い測定が可能となります．

　これら検出感度の最適化の方法としては，蛍光強度の低い弱陽性集団を含む標準粒子またはコントロール細胞を用いる方法が検討されてきました[1]．図2は検出器電圧（300Vから660Vの範囲で30Vずつ）を変えながらCD4強陽性のT細胞とCD4弱陽性の単球のデータを比較したデータです．上段はCD4強陽性のT細胞（緑色のドット），下段にはCD4強陽性T細胞とCD4弱陽性の単球（赤色のドット）を同時に表示しています．300V，360V，450Vの検出器電圧での比較において，CD4強陽性T細胞は低い検出器電圧でも陽性集団として検出されますが，CD4弱陽性の単球の場合，300V，360Vの電圧設定ではネガティブシグナルとの重なりがあり，450V以上でネガティブとの分離が明確となることが確認されます．

　図2の右側は，これら蛍光感度の指標として，各集団の蛍光をCV値（測定感度のばらつきの指標として）でプロットしたグラフであり，CD4弱陽性の単球の検出は，450V以上でCV値が低く一定となり，この値がネガティブシグナルから蛍光シグナルを分離するうえで最適な検出器電圧であることがわかります（最適な検出器電圧は，装置の検出器構成および蛍光色素により異なります）．

　従来，検出器電圧の最適化は，上記のように弱陽性の蛍光指標を用い，パラメーターごとに段階的に検出器の電圧を変えながらマニュアルでの検証を必要とし

第 5 章　測定・リアルタイム解析に関する Q & A

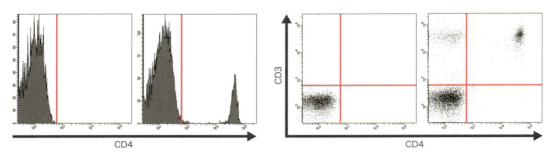

図1　ヒト末梢血リンパ球解析におけるネガティブシグナルの設定例
一般的に，ヒストグラムまたはプロットの最初のログスケールの中心付近，または，最初のディケード内にネガティブシグナルが含まれるように検出器電圧を設定する．対象の蛍光強度が高く，ネガティブとポジティブの判断が明確なサンプルでは，従来法の設定で問題なく測定することができる．

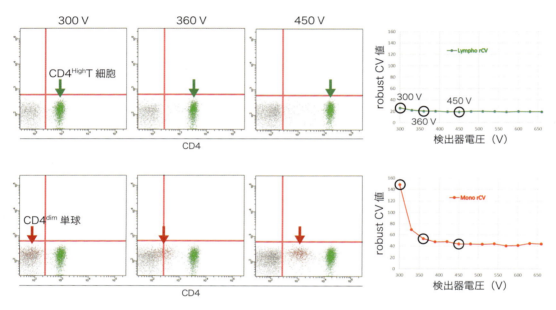

図2　検出器電圧と測定感度の比較
各電圧における CD4 強陽性の T 細胞（緑色のドット）と CD4 弱陽性の単球（赤色のドット）の測定例．強陽性のシグナルでは検出器電圧と測定結果へのばらつき（CV 値）を判断することはできないが，弱陽性シグナルを用いることで，ネガティブからの分離およびそのばらつきより，最適な検出器電圧を求めることができる．robust CV 値は外れ値の影響を排除した CV 値（詳細はソフトウェアマニュアル参照）を意味する．

ましたが，近年のフローサイトメーターでは，例えば BD CS & T ソフトウェアなど精度管理プログラムの1つとして検出器電圧の最適化が含まれる装置も普及しており，精度管理で設定された検出器電圧を使用することで最適な検出感度での測定も可能となっています．

文献
1) Perfetto SP, et al：Nat Protoc, 1：1522-1530, 2006

（田中　聡）

Q57 測定時には，最低限どのようなゲーティングがあるとよいでしょうか？

関連するQ→Q1, 2, 31, 32, 75~78

生細胞ゲート，散乱光ゲートは機器設定をするうえでも必須です．それ以外にも，目的の細胞集団に至るまでのゲートを設定しておくと大まかな実験結果を測定しながら知ることができます．

基本となるゲート

　測定時に設定しておくべきゲートは，厳密に言えば実験の目的によって変わります．しかしながら，機器設定の観点から「最低限」設定しておくべきゲートとして，図Aにある「生細胞ゲート（Q31, 32, 78）」，「散乱光（Q1, 2）」，「単一細胞（Q78）」の3つがあげられるでしょう．細胞死の解析など一部の例外を除けば，これらのゲートはほぼすべての解析に共通して必要になるものです．一切ゲートを設定せずとも機器設定を行うこと自体は可能ですが，これら3つのゲートを設定しておくことで，生細胞（死細胞の自家蛍光や非特異的結合を除外）かつ単一細胞中（二重・三重イベントは標的細胞以外からのシグナルによる偽陽性などを生むため）に存在する細胞のうち，標的細胞に合致するサイズと内部複雑度をもつ細胞集団に合わせたPMT電圧などの設定を行うことが可能になります．自家蛍光の強い細胞集団（マクロファージや一部のストローマ細胞・幹細胞など）を解析する際には，そうでない細胞（リンパ球など）とは異なる設定が必要になることが多いため，これら最低限のゲートをしっかりと展開して最適な設定を行いましょう．

取得イベント数の設定

　もう1つ，最低限ないしそれに少し追加したゲートを測定中に設定しておく基本的な目的として，特定ゲート内の取得イベント数でデータ取得を停止させるというものがあります．取得イベントを規定するゲート（ここではStopゲートとします）を全単一生細胞（図A右端）に設定するような場合は上記最低限のゲートで必要十分ですが，多くの場合そこからさらに各種マーカーの発現により同定される特定の細胞サブセットが解析対象となります．例えば，遺伝子改変マウスを用いたlineage-tracing（細胞系譜追跡）のように特定細胞集団のみで蛍光タンパク質が発現するようなモデルで，追跡した細胞の数や表現型を解析したい場合などが当てはまるでしょう．その場合，目的とする細胞の存在頻度に応じて，蛍光タンパク質を発現する細胞に直接ゲートを設定する，あるいはあらかじめ「不要」な細胞を別の抗体染色によって除去することで目的細胞をデータ上で「濃縮」してから蛍光タンパク質を発現する細胞にゲートを設定する，といった方法が考えられます．データ解析を行うコンピューターがよほど低性能でない限り取得イベント数が多くて困るということはまずありませんが，実験の目的に応じて必要十分な取得イベント数は変化します．データ取得にかかる「時間」も研究における最重要リソー

第 5 章　測定・リアルタイム解析に関するQ&A

A　基本となるゲート（生細胞・単一細胞・リンパ球）

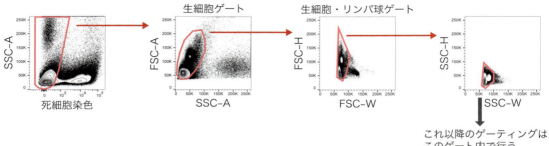

B　より詳細な確認のためのゲート

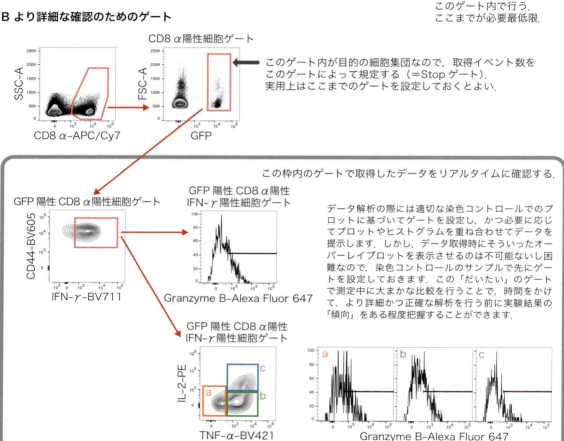

図　測定中に設定するゲートの例

ここでは，GFPを発現するCD8 T細胞を養子移入したマウスを免疫した後，移入したCD8 T細胞によるサイトカイン産生を解析するという実験を例に，測定中に必ず設定すべきゲート，設定しておくと便利なゲートを示す．本文中でも述べた通り，基本中の基本，「最低限」と言えるゲートが**A**にある4つの「基本となるゲート」である．**B**のうち上の2つは，GFP陽性CD8 T細胞の取得イベント数でStopゲートを設定するための準最低限とでもいうべきゲートである．下段の枠内のゲートはデータ取得に必要なものではないが，設定しておくことでおおまかなデータ傾向を把握できる「設定しておくと便利なゲート」である．なお，この例では単一細胞ゲートを前方散乱（forward scatter：FSC）と側方散乱（side scatter：SSC），それぞれのピーク高（Height：H）とピーク幅（Width：W）によって設定しているが，ピーク面積（Area：A）とピーク高での展開でも設定が可能である（**Q76, 77**）．

スの１つですから，不必要に多くのイベントを取得することは，ともすれば無駄となってしまいます．適切な Stop ゲートと取得イベント数を設定し，使用リソースの最適化を行うのが望ましいでしょう．図B上部の２つのゲートで同定される GFP 陽性 CD8 T 細胞が Stop ゲートの対象となっています．

ゲートを展開することの重要性

標的細胞集団の数や頻度のみが必要であれば，その細胞のゲート内で数千〜数万イベントも取得してあれば十分であることがほとんどであるのに対し，標的細胞を別のマーカー発現に応じてさらに分画する，あるいは細かな表現型の解析が必要な場合（図B枠内）には，データの統計学的信頼度を高めるためにそのマーカーの発現頻度に応じて取得イベント数を増やす必要があります．実験が終わってデータを解析したら目的集団のイベント数が少なすぎてプロットがまだらになってしまった，などということを防ぐためにも，解析対象となる細胞集団までのゲート（Stop ゲートと同一とは限りません）を展開しておくことは有効です．

またこれらのゲートには，実際のデータ解析時とほぼ同じ展開を測定時に確認することで，測定と同時に実験結果を大まかに把握することができる，あるいは染色に問題があると疑われる場合に（もしあれば）余剰の細胞で再染色を行うことでリソースの無駄を省けるという利点もあります．これら２点の相乗効果として，解析中に新たな染色を試したくなった場合でも，改めて実験をはじめからやり直すことなく最大限のデータを取得することができます．すでに研究分野および手法が確立したフィールドではそのようなことはあまり頻繁におこることではありませんが，希少サンプルを用いた解析やサンプルの準備に時間のかかる解析においては，万一に備えておいて損をすることはありません．

なお本論からはやや外れますが，実験デザイン上どうしてもサンプルごとの取得イベント数が少なくなってしまうなどという場合は，biological replicates を FlowJo などの解析ソフトウェア（Q75）上で１つにまとめた（concatenate）プロットを論文や口頭発表で提示するというのも，単に不足するイベント数を補うだけでなく，より「代表」となるデータを示すことができますので，とても有効な手段です[1]．

文献
1 ）Gerlach C, et al：Immunity, 45：1270-1284, 2016

（阿部　淳）

第 5 章 測定・リアルタイム解析に関する Q＆A

Q58 細胞は何個/秒の速度まで流せますか？最適な細胞濃度はどのくらいですか？

A 装置のカタログに記載される流速は，適切に調製したビーズなどのサンプルで測定した最高速度のデータと考えます．実際の細胞サンプルでは，同様の速度で測定・ソーティングすることは難しいです．最適な細胞流速，細胞濃度は装置，細胞種によって変わります．

カタログ表記の流速で実際のサンプルを流した場合

カタログ表記のスピードで流すためには，細胞濃度を比較的高くする必要があり（$2×10^7 \sim 5×10^7$ cells/mL），細胞サンプルによっては凝集が起こります．リンパ球のような，ビーズに近いサイズで，死細胞などの夾雑物が含まれていないサンプルであれば，カタログ表記通りのスピードで流すことは可能ですが，大半のサンプルは何らかの夾雑物が含まれるサンプルです．また死細胞，サイズが異なる細胞が含まれるサンプルでは，高速で流した際にノズル詰まりや，乱流によるデータのばらつきが発生するので，実際に実験をするうえでは難しいと考えます．

フローレートとイベントレート

一般的なフローサイトメーターはシース圧（シース液を流す圧力）とサンプル圧（サンプル液を流す圧力）の差圧の変化によって，サンプル流の速度（フローレート）が変わります．サンプル圧を上げたとき（フローレートを上げたとき）に，サンプルの細胞濃度が低いと，細胞流速（イベントレート）を上げることはできません．適切な細胞濃度に調節をする必要があります．

またサンプル圧を上げると，サンプル流路の幅が広がるため，細胞の測定値にばらつきが生じ，感度の低下が起こる場合があります．このため細胞周期解析時など，直線性の精度が重要な解析時は，必要に応じて速度を落とします．

では実際，細胞の種類に応じてどのように速度や細胞濃度を調整すればよいのでしょうか？　例えば固形組織由来の細胞，付着系培養細胞，サイズが大きい細胞サンプルでは，速度を上げた際にサンプル流に乱流が生じ，測定データに影響を及ぼすことがあります．表は細胞の種類ごとの装置設定と細胞流速の目安です．通常は状況に応じて流速を変えます．例えば電圧調整時などセットアップ中には，流速を上げる必要はありません．50〜200 μL 程度の少量サンプルのとき，セットアップ中にサンプルを流しきってしまう恐れがあるためです．逆にデータ取り込み時は，短時間で終了するように適度に流速を上げます．

細胞周期解析の流速について

実際のサンプルを測定する前に，末梢血などの標準

表　細胞の種類に応じた装置設定と細胞流速の例

細胞種	リンパ球，浮遊細胞など（≦14 μm）	組織由来細胞，繊維芽細胞，付着系細胞など（>14 μm）
細胞濃度（cells/mL）	$1\times10^7 \sim 5\times10^7$	$1\times10^6 \sim 5\times10^6$
ノズルサイズ（μm）	$50 \sim 70$	$100 \sim 200$
シース圧（psi）	$40 \sim 70$	$5 \sim 20$
細胞流速※（events/sec）	$10,000 \sim 60,000$	$1,000 \sim 10,000$

※解析のみの場合の速度．ソーティングの場合はソーティング効率を重視するため速度は下げる．

試料あるいは細胞周期解析の精度管理サンプル（DNA QC kit の CEN サンプル）を測定します．

このときに $G_{1/0}$ ピークの CV（The coefficient of variation，DNA 分布変動係数を表す）が 3%以下になるように流速を調整します．

ソーティング時の細胞速度は回収率，分取するのに必要な時間，サンプル量を考慮したうえで変更します

ソーティング時は，やみくもに高速で細胞を流してはいけません．流速を上げたとき，ソートされる細胞の純度はそれほど変化しませんが，アボート率（目的細胞であってもソートしない率）が上がり，回収率が落ちるためです[3]．

また液滴電荷方式のセルソーターの場合，ノズルの径が大きくなると，1秒間に形成される液滴数は少なくなります．細胞流速が高すぎると，アボート率が高くなるため，ノズル径が小さい場合より，最適な細胞流速は低くなります．

速度を上げると回収にかかる時間は短くなりますが，回収率が低いので目的細胞を分取するのに必要な細胞総数は大きくなります．そのため，細胞種やソートしたい細胞数，サンプル量，回収率，ソートにかかる時間を総合的に考えて，流速を決定します．例え

ば，サンプルが十分量あるときは，回収率低下の影響は考慮する必要がないので，短時間で目的細胞を集められるように，高速でソーティングができます．逆にサンプルの細胞数が限られている場合は，回収率が最も高くなるように低速でソーティングした方がよいということになります．

TSRI Sort Recovery というウェブツール[4]ではさまざまな条件下でのソーティングのシミュレーションができます．装置のソーティング設定，目的細胞の頻度，必要なソート細胞数を入力することで，ソーティング時間や，最適なイベントレートが算出されるので，こちらを参考にするのもよいです．

文献・ウェブサイト

1 ）Kohsaka T, et al：Cytometry Res, 14：23-32, 2004
2 ）日本サイトメトリー学会標準化委員会：FCM による DNA Aneuploidy 検索のガイドライン，Cytometry Research, 19：1-9, 2009
3 ）陶山隆史, 他：ソーターのセッティング③-ベイバイオサイエンス株式会社（JSAN JR）．「実験医学別冊 新版フローサイトメトリー もっと幅広く使いこなせる！」（中内啓光/監, 清田 純/編），pp152-167，羊土社，2016
4 ）TSRI Sort Recovery
（http://www.cyto.purdue.edu/archive/flowcyt/software/DATA/JSCRIPT/RECOVERY.HTM ※パデュー大学によるアーカイブ）

（石井有実子）

第5章 測定・リアルタイム解析に関するQ&A

関連するQ→Q71, 74

Q59 磁気細胞分離法やpre-depletionとは何ですか？どのようなときに必要ですか？

A 磁気細胞分離法は，磁気ビーズ標識抗体を用いることで抗体が反応（結合）した細胞集団を磁気により迅速に集積・回収する手法です．目的の細胞集団頻度が低い場合に，短時間でそれらを濃縮することでソート時間を大幅に短縮するなど，その後の解析を効率化する目的で使用されます．

磁気細胞分離法の原理

細胞表面抗原に対する抗体を磁気ビーズにて標識することで，抗体が結合した細胞を磁石にて迅速に回収します（図1）．一般的に磁気ビーズ標識抗体は他の標識抗体より使用期限が短いので注意しましょう（効率低下がそれほど影響しない実験系であれば使用期限後でもある程度使用可能です）．

磁気細胞分離法の種類

基本的に原理は共通ですが，磁気ビーズ標識抗体が結合している細胞を磁石に引き寄せる際にカラムを使用するカラム式と，チューブを使用するチューブ式に大別されます（図1，表）．

カラム式は細胞浮遊液が通過するカラム内部に強力な磁場を生じさせることができるため（図1右上），非常に微少なマイクロビーズにて標識された抗体が使用可能であり，細胞分離後の磁気ビーズ混入が最小限に抑えられる利点がありますが，液量に比例し分離に時間を要します．一方，チューブ式は細胞浮遊液を入れたチューブの壁面に磁石を設置することで細胞を壁面に付着させます（図1右下）．当然，磁場との距離が生じるため，カラム式と比較し強力な（大粒の）磁気ビーズに標識された抗体を使用する必要があり，分

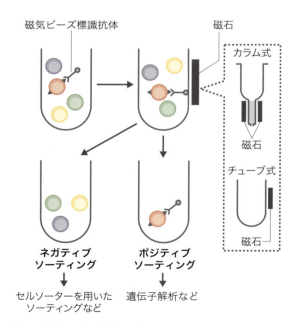

図1　磁気細胞分離法の原理
磁気ビーズの集積法にはカラム式とチューブ式がある．

表 各メーカーの磁気細胞分離用商品の情報

種類	メーカー	商品名
カラム式	ミルテニーバイオテク社	MACS
チューブ式	BD Biosciences 社	IMag
	BioLegend 社	MojoSort
	アフィメトリクス社	MagniSort
	サーモフィッシャー サイエンティフィック社	Dynabeads
	IBA 社	Fab Streptamer

離後の抗体陽性分画は大量の磁気ビーズを含んでいます．その反面，液量による影響が少なく短時間での分離が可能です．磁気ビーズ標識抗体は磁石に引き寄せる方式が同じものであれば，基本的にどのメーカーの商品でも代用可能ですが，カラム式磁気ビーズ標識抗体のチューブ式への代用はできませんので注意してください（その逆のケースも同様です）．

磁気細胞分離法の用途

◆ ポジティブソーティング

磁石に引き寄せられた細胞集団を回収することで磁気ビーズ標識抗体陽性細胞分画を分離する手法です（図1）．磁気ビーズ標識された抗蛍光色素抗体やストレプトアビジンなどを用いることで，MHC＋ペプチド-マルチマー陽性細胞の分離にも応用可能です．目的の細胞頻度が極端に低い場合を除き，メーカーが設定した細胞数，抗体量などのプルトコールを遵守することでおよそ 80 ～ 90% まで純度を高めることができます．ただし，すべての系にて分離直後の陽性分画細胞は磁気ビーズ標識抗体が結合している状態であることに注意が必要であり，場合によってはその後の実験に影響を及ぼします（同一クローンの抗体は反応しない，移入実験には適さないなど）．MHC＋ペプチド-マルチマー使用時は，T 細胞にある程度の活性化シグナルが入ることも考慮しなくてはなりません．各メーカーにてポジティブソーティング用に磁気ビーズ標識された抗体が販売されていますが，分離後の磁気ビーズ混入の影響の少なさより，カラム式の磁気細胞

分離法が主に使用されています．近年は Fab Streptamer（表）のように比較的短時間で結合部分の解離が可能な系も開発されています．

◆ ネガティブソーティング （pre-depletion）

基本的に磁気細胞分離法のポジティブソーティングではセルソーターによる目的細胞純化率に遠く及びません．しかしながら，セルソーターに流すことができるサンプルのスピードには限界があり，頻度の低い細胞のソートには長時間を要し，生存率，回収率の低下も不可避です．このような場合に，磁気細胞分離法によりあらかじめ目的細胞分画を濃縮したサンプルをセルソーターに流すことで時間の短縮と生存率および回収率の向上を図ることができます．このとき，抗体が細胞に結合することによる未知の影響を回避するため，目的細胞以外の細胞分画を取り除く pre-depletion が有効です．すなわち，目的以外の細胞に対する磁気ビーズ標識抗体を用いてそれらを一挙に分離し，目的細胞を含む磁気ビーズ標識抗体陰性分画を回収する手法です（図1）．例えば，マウス CD8T 細胞を濃縮したい場合，CD4T 細胞，B 細胞，NK 細胞，樹状細胞，マクロファージ，赤芽球などに対する抗体カクテルを使用します．これにより，セルソーター解析時に目的細胞に使用可能な抗体が制限されることも回避できます．ネガティブソーティングには手技的に簡便なチューブ式（表）が主に用いられ，各メーカーともヒト，マウスにおいて目的以外の細胞に対するビオチン標識抗体カクテルと磁気ビーズ標識ストレプトアビジンをセットで販売しています．ポジティブソーティング用とは用途が異なるため，混同しないようにしましょう．ソーティングの使用頻度が高い研究室では，各種細胞に対するビオチン標識抗体を揃えておき，使用期限のある磁気ビーズ標識ストレプトアビジンのみ購入する方が安価です．

磁気細胞分離法の手技

磁気ビーズ標識抗体の細胞への反応は一般的なフローサイトメーター解析時の染色と同様です．

第 5 章 測定・リアルタイム解析に関するQ&A

カラム式（MACS）

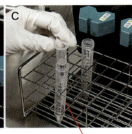
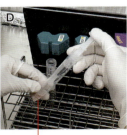

A / B ネガティブ分画／ポジティブ分画はこの部分に留まる / C 新しいチューブ / D ポジティブ分画

チューブ式（IMag）

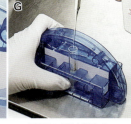

E / F 壁面にポジティブ分画が付着している / G 壁面の反対側からネガティブ分画を吸い取る / H ネガティブ分画／ポジティブ分画

図2　磁気細胞分離法の手技
詳細はメーカーのプロトコールを参照されたい．

◆カラム式（MACS 使用時）

細胞の数・性質により最適のカラムを選択します．カラムに適合した専用マグネットをスタンドに設置してカラムをセットし，ネガティブ分画回収用チューブを置きます（図2A）．カラムを洗浄液にてリンス後，抗体を反応させたサンプルをロードします（図2B）．このとき，磁気ビーズ標識抗体が結合した細胞はカラムファインダーに留まり，ネガティブ分画は下のチューブに回収されます．洗浄液を流した後，カラムをセパレーターから取り外し，ポジティブ分画回収用チューブにセットします（図2C）．適量のバッファーを加え，専用のプランジャーにてカラムに保持されている細胞を押し出します（図2D）．

◆チューブ式（IMag 使用時）

染色後のサンプルをチューブに入れ，磁石にセットします（図2E）．5〜10分程度で磁気ビーズ標識抗体が結合した細胞が壁面に付着します（図2F）．浮遊している細胞をパスツールピペットにて回収しネガティブ分画とします（図2G）．新たに洗浄液を加え，同様の操作をくり返します．最後に磁石に引き寄せられた細胞をポジティブ分画として回収します（図2H）．

（高村史記）

Q60 解析したい細胞の頻度がとても低く，ゲーティングした一部の細胞のデータだけを取得したいです．どうすればよいでしょうか？

Live gateなどとよばれる指定したゲート内の細胞集団のみのデータを取得する方法を使用しましょう．Live gate機能を有しない機種は，スレッシュホールドを使ってシグナルが設定した閾値よりも高いデータのみを取得します．

　指定したゲート内の細胞集団のみのデータ取得を行う機能（Live gateなどとよぶ）があります．ただし，指定したゲート内以外の細胞集団のデータは取得していませんので注意が必要です．
　図左はLive gateしていないungatedのデータであるのに対し，図右はLive gateに「A」を設定して取得したデータであり，A gate内の細胞しか表示されません．また測定時にLive gate設定したゲート位置を動かすと，動かす前と後のデータが取得されます〔例えば測定開始1分まではゲート位置がAの位置にあったが，1分後からBの位置に動かし，3分間データ取得を行った場合，LMD（list mode data）に保存されるデータは「ゲート位置Aで取得した1分間のデータ」＋「ゲート位置Bで取得した2分間のデータ」となります〕．Live gateを設定する際には，あらかじめゲート位置を調整するか，データ取得中にゲート位置を動かす場合は，再取得するようにしてください．
　たくさんのゲーティングを行うことで取得する細胞集団をしっかりと絞ったゲートをLive gateに指定することも可能です．そのときには特に，ungatedの全細胞集団のデータも同時に取得しておくと，解析例を他の人に説明する際に役立ちます．また，このungatedの全細胞集団のデータではゲート内の細胞数は少ないですが細胞集団全体におけるgated細胞の頻度を計算するのに役立ちます．例えば，細胞集団全体に対するgate A内の細胞の頻度は0.2％，gate A内での目的分子が陽性細胞の頻度が10％，などという場合も，1万個程度のデータを取得しておけば（gate A内の細胞は20個程度），細胞集団全体に対する目的分子が陽性細胞の頻度をより正確に解析時に計算できます．Live gateに設定する細胞集団が，edgeに接してしまっている場合には，設定に注意します．Live gateをedgeを含む形で設定したつもりが，edgeから少しだけ離れていたために，edge以下の細胞を取得できなかった，などとならないように注意しましょう．このようなことを避けるには，目的の細胞集団がedgeから離れるようにボルテージなどの設定で一時的に調節して，細胞集団の頻度を確認した後に，データを取得するボルテージに戻して，ゲート内の細胞の頻度で確認します．
　Live gate機能を有しないフローサイトメーターを使用している場合は，スレッシュホールド（discriminatorなどとよぶこともある）を使用して検出器で指定したchannel値より低い値を示す集団

第 5 章　測定・リアルタイム解析に関するＱ＆Ａ

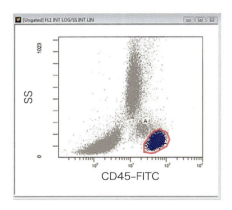 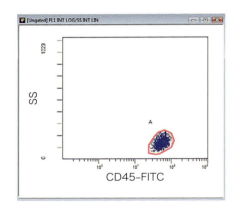

図　ともに ungated 設定．X 軸 CD45-FITC, Y 軸 SS
左図：Live gate 設定が ungated，右図 Live gate 設定が A gated．縦軸の SS は側方散乱光（細胞内部の複雑さを示すパラメーター）を意味する．

をカットして，シグナルが設定した閾値よりも高いデータのみを取得します．一般的にはデブリスをカットするために FS（前方散乱光；細胞の大きさ）で設定することが多いですが，蛍光検出器で設定することも可能です．カットされた集団はデータを取得していませんので設定には注意してください．

（編者追加）また，データ取得時でなく，データ解析時になりますが，FlowJo などの解析ソフトウェアでは，ゲートした細胞のデータのみを export して別ファイルを作成することができます．前述のライブゲート機能がないフローサイトメーターで取得した数百万個のデータから目的細胞を含む 10 万個程度にデータサイズを減らしてから解析するという方法も可能です．

〈小西祥代〉

Q61 少ない細胞のサンプルからできるだけ多くのデータをとりたいのですが，よい方法はありますか？

関連するQ→Q9，45，53，81

A サンプル調製，染色時には，チューブの内壁に付着する細胞を減らすために，タンパク質を含むバッファーを用い，1.5 mLのマイクロチューブなどを用います．サンプルチューブの素材は細胞の付着が少ない素材を選択し，サンプルは希釈して残さず最後まで吸えるように工夫します．
染色する分子マーカーを増やしてマルチカラー解析をすることで，必要なサンプル量を減らします．

サンプルの付着を防ぐ

　ポリプロピレン製のチューブを使用します．ポリスチレン製のチューブよりポリプロピレン製のチューブの方が細胞の付着を防ぎます．

遠心・洗浄時のサンプルのロスに注意

　チューブの内壁に付着する細胞を減らすために，サンプル調製，染色時に遠心・洗浄に使用するフローサイトメトリー用のバッファー（**Q45**）や培地の量をできるだけ少なくし，1.5 mLのマイクロチューブなどを用います．実験系に影響がない場合は，PBS(−)などでなく，BSAなどのタンパク質を含むバッファーを用いることで，細胞のチューブへの付着を防ぎます．また，チューブを途中で替える回数が少ない方が細胞のロスを防げます．

サンプルを希釈する

　サンプルを測定する際に細胞濃度が濃いとサンプルチューブに残る細胞数も多くなります．したがって，サンプル濃度をあらかじめ薄くしておくか，ポーズ機能がついているフローサイトメーターを使用している場合は途中でサンプルを希釈し，最後まで測定できるようにします．

マルチカラー解析

　多くのマーカーを調べる場合，サンプルを分割すると解析に必要な細胞数をレコードできないことがあります．その場合，1つのサンプルで染色するマーカー分子を増やしてマルチカラー解析をすることで，レコード数を増やすことができ，各種マーカーの関係性を観ることもできます．

第 5 章 測定・リアルタイム解析に関するQ＆A

蛍光補正時の単染色サンプルをビーズや他の臓器などで代用

プロトコール作成時に蛍光補正用サンプル（**Q53**）として検体サンプルを使用すると解析にまわせるサンプル量が少なくなります．その場合，ネガティブコントロールは目的のサンプルを用い感度調整を行い，蛍光補正用のサンプルは他の臓器から取得した細胞を用いることや，蛍光補正用のビーズ（**Q9, 81**）なども使用できます．また，ビーズの種類によっては染色に用いている蛍光標識抗体をビーズに結合して，使用することもできます（**Q53**）．

（齋藤　滋）

関連するQ→Q2, 3, 7, 9, 57, 81

Q62 蛍光標識抗体で染色したはずが，シグナルが検出されない場合や，条件設定のときに比べて弱いシグナルしか検出できない場合，どのような原因が考えられますか？

A
検体側，機器側の双方で多くの原因が考えられます．問題がくり返し起こるようなら，適切な対照群を用意して一つひとつ確実に検証しましょう．

検体側の原因

検出できるはずのシグナルが検出されないという場合，最初に確定させなければならないのは，その問題が持続的であるか単発的であるかという点です．前者である場合，細胞調製（組織消化に用いる酵素による影響，臓器単離から染色までの時間など）や染色（クローン・色素の選択，染色温度・時間，他の抗体などとの干渉など）の問題である可能性が高いため，条件検討を再度行う必要があるでしょう．目的の染色について既報が存在するのであれば，その著者に連絡してプロトコールを共有してもらえるか依頼してみることも検討するべきです．可能であれば，確実な陽性・陰性コントロールを用意して，試薬の問題か細胞の問題かを切り分けられると問題解決が飛躍的に容易になります．

条件設定時には（結果の誤認などでないという意味で）確かにシグナルが検出できていたのであれば，単発的な問題である可能性が疑われます．この場合に確認すべき項目を図1にまとめてあります．まず確認するべきは試薬やプロトコールに異常や間違いがない

- ☐ 試薬の異常・プロトコールの間違いはないか？
- ☐ 条件設定時と実験で異なる点はないか？
- ☐ サンプル調製条件の細かい部分（組織消化時間・酵素濃度・活性など）は参考にしたプロトコールと同一か？
- ☐ 細胞数・細胞濃度に違いはないか？
- ☐ 抗体溶液の入れ忘れはないか？
- ☐ 抗体溶液添加後の懸濁は十分か？
- ☐ 条件設定と実験の間で抗体の条件は同一か？
  （同一クローン抗体であっても，ロット間で光学特性の違いがある．タンデム色素は長期にわたる保存や固定後に色素が分解する可能性がある．）

図1 シグナルが検出できなくなった際にチェックすべき項目

第 5 章 測定・リアルタイム解析に関する Q & A

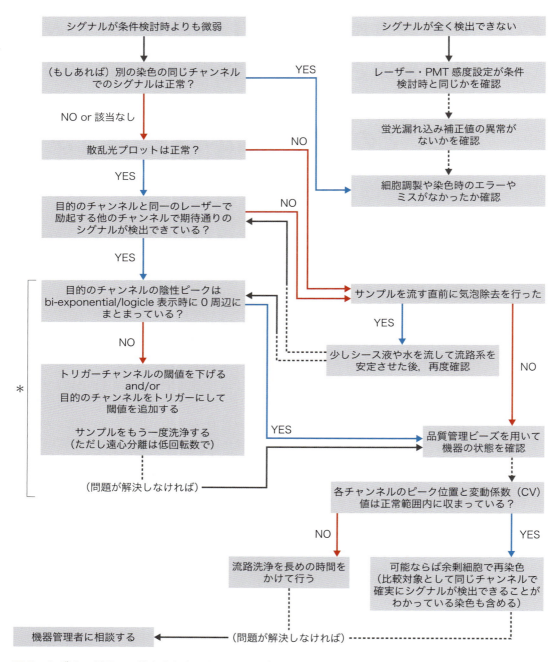

図 2　シグナルが弱い・検出されないときのトラブルシューティング例
一般的に確認すべき・確認可能な流れを示しているが，絶対的指標ではなく，機器や実験内容によってやるべきことが変わることもあるので，必要に応じて経験者からの助言を求めることも大切である．
＊サンプル液中に存在する閾値以下の微小粒子由来の蛍光が強すぎる場合，ソフトウェアがそれをバックグラウンドとして取得イベントから引くことで本来 0 近辺に収束すべきイベントが負の値を取ることがあり，微弱なシグナルを解析する場合それが障害となってしまう可能性がある．

か，条件設定時と実験で異なる点が存在するかです．サンプル調製条件が細かい部分（組織消化時間，酵素濃度・活性など）まで同一かどうか，染色に用いた細胞数・細胞濃度に違いがないか，など先入観を捨てて，あるいは他の人に実験ノートを確認してもらいながら確認をしましょう．またきわめて単純な点ですが，特にはじめのうちは多検体を処理する際に抗体溶液の入れ忘れや溶液添加後の懸濁の不足が発生したということも考えられます．あるいは実際の実験を行う前に条件設定を済ませていた場合，条件設定と実験の間に何らかの原因で抗体に異常が生じた，などという可能性もあります．特にタンデム色素を用いる際は固定時間，固定後の保存期間によって色素が分解する可能性があるだけでなく，たとえ同一クローンの抗体を用いていてもロット間で多少光学特性の違いが存在しますので，ゲート（**Q57**）や蛍光漏れ込み補正（**Q7，81**）も含め，条件検討の段階から注意が必要です．問題が起きた際の原因究明を行う際，条件設定時の操作を正確にたどることができるような記録を残しておくことが重要なのは言うまでもありません．

機器側の原因

　より頻繁に，かつ経験に依存せず発生しうる原因は機器側に起因するものでしょう．機器の異常には光学系に由来するもの，流路系に由来するものといったようにさまざまありますが，ある程度まではエンドユーザーでも原因の特定と問題の解決が可能です．使用するレーザーや対象となるチャンネルによって確認すべき点が異なる場合もありますが，多くのケースに共通する問題特定の流れをフローチャート形式でまとめたものが**図2**です．

　フローチャートをたどるとわかるように，機器に対して最終的にエンドユーザーとしてやるべきこと，できることはそう多様ではありません．しかし，実行可能な少しの手間で解決できる問題であることも多々あるので，大切な実験を無駄にしてしまわないためにも，一つひとつ丁寧に可能性を探っていくことが重要です．

（阿部　淳）

第5章 測定・リアルタイム解析に関するQ&A

関連するQ→Q37, 38

Q63 サンプルの流れが悪く，イベントレートが安定しないときがあります．流れを安定させる方法はありますか？

A フローセル内の気泡や汚れを除去する機能を試し，それでも改善されない場合は，ブリーチと蒸留水を流してフローセル内やサンプルラインを洗浄します．また，サンプル中の凝集を除きできるだけ希釈した，詰まりにくいサンプルを準備します．

フローサイトメーター側の対応：フローセルとサンプルラインを洗浄する

　通常，細胞はフローセル内に照射されているレーザーの中を通過することで，散乱光や蛍光を発します．そのためフローセル内部に気泡や汚れがあると細胞の流れを遮り，流れが悪くなることがあります．フローセルを洗浄するPrime機能や気泡を除くdebubble機能を使うことで，フローセル内部を洗浄し，気泡や汚れを除去することで改善されます．Primeはサンプル液とシース液が流れているフローセル内を，シース液のみを流すことで洗浄します．

　また上記の操作をくり返しても改善されない場合は，サンプルからフローセルに至るサンプルライン内に細胞の凝集塊や汚れが残ってしまい，サンプルが流れなくなっている可能性があります．その場合は，サンプルラインに残っている細胞を壊すためのブリーチと，その後洗い流すための蒸留水を使用します．この操作は，一般的にフローサイトメーターのシャットダウン時に行われる操作と同様ですので，ブリーチの濃度は，シャットダウン時に指定されている濃度をまずは用います．濃度が濃すぎるとサンプルラインの劣化につながりますが，必要により自己責任で，規定の数倍程度で流す場合もあります．

　洗浄に使用するブリーチを洗浄瓶などに入れて保存している場合，ブリーチ液内に結晶ができている場合があります．そのまま使用してしまうと，さらにサンプルラインを汚してしまいますので，その場合は新しいブリーチを用意するか，フィルターを使用して結晶を除いてから洗浄用ブリーチ液として使用します．

　ブリーチを5分間あるいは，詰まりが酷い場合は10分流した後に蒸留水で洗浄します．流路が完全に詰まっておらず，少しでも流れている場合は，少しずつ詰まりが解消されて流速も回復します．それに伴い，サンプルラインに残っていた細胞のドットが，FSC-SSCで展開したドットプロットで表示され，細胞集団の位置も，順調なときに設定したgate位置に戻ってくるので目安になります．サンプルラインが完全に詰まり，サンプルから液を吸わない場合の修復はとても苦労します．このような場合には，通常よりも濃いブリーチを用い，何回もサンプル取り込みを行う作業をくり返し，少しずつサンプルチューブの詰まりを溶かしていく作業を行います．それでも無理な場合は，施設内でトラブルシューティングに熟練した人に助けを求めるかメーカーに問い合わせます．このよう

な事態に陥らないように，後述のように，可能な限り詰まりにくいサンプルを準備します．

サンプル側の対応：サンプル中の凝集を除きできるだけ希釈する

流れを悪くする気泡の発生や細胞塊は使用者が注意することで防げます．例えば測定中にサンプルがなくなり，気泡がサンプルラインやフローセルに混入してしまうことは，用意したサンプル量と流速でサンプル測定にかかる時間を推定できるため，時間の Stop 条件をうまく使って防ぎます．サンプル溶液に明らかな凝集がある場合は，メッシュフィルター（孔径 40 μm ぐらいのもの）を使用して凝集塊を除いてから測定します．皮膚や腸管などの組織から取得した細胞を解析する場合，大きさの異なる細胞や凝集しやすい細胞が含まれるため，細胞の流れが不安定になったり，よく詰まる現象が認められますが，サンプルの細胞浮遊液を数倍に希釈するだけで簡単に解決する場合もあります．また，皮膚や腸管などの組織から取得したサンプル中の血球系細胞の解析を行う場合は，一手間かかりますが，抗 CD45 抗体によるポジティブセレクション（**Q37, 38**）を事前に行っておくと，安定したデータ取得だけでなく，取得時間の短縮に効果的です．また接着系細胞を測定した後は，洗浄操作にてサンプルラインに残った細胞などを洗浄することで，トラブルを防ぐことができます．これらのサンプルラインの異常がないかまずはご確認ください．

他にもサンプル圧の異常，例えばサンプル圧が漏れているなどの可能性もあります．試験管の不良はないか，密閉状態をつくるキャップに異常がないか確認してください．稀に，シースタンクと本体をつなぐチューブ内に気泡が入ってしまい不安定になっていることもあります．この場合は，各機器のプロトコールに従って除いてください．またサンプル流と一緒に流すシース流が正常に流れていない場合も異常をきたしますので確認し，トラブルが解消されない場合は各機器メーカーへ問い合わせましょう．

(小西祥代)

第 5 章 測定・リアルタイム解析に関する Q&A

関連する Q → Q61, 63, 73

Q64 途中で凝集塊やエアを吸ってしまいました．次のサンプルの測定前にするべきことは何でしょうか？ データは使用できますか？

A すぐに測定を止め，流路の凝集塊やエアを取り除く操作をします．データは，Time パラメータで表示してゲートすることで解析可能です．

ドットプロット，ヒストグラム表示が乱れてしまった

◆ **対応方法**

まず，サンプルが流れるか（吸引できるか）確認します．サンプルチューブに 2 mL の水を入れ，液面にマーキングします．次に，フローサイトメーターで 2〜3 分間の測定を行い，液面が下がっているか確認します．

A．液面が通常と同じ速度で下がっていた場合

サンプルラインは詰まっていないと考えられます．バックフラッシュ（Q73）を 2〜3 回行い，プライミング（Q63）を行った後に次のサンプルを測定します．

B．液面が下がっていなかった，あるいは液面が下がっているが通常よりも遅い場合（Q61）

流路が凝集塊で詰まっているか狭くなっています．ライン洗浄に通常用いられる，ブリーチを含む溶液などを最大流速で流します．詰まりがひどくない場合は 1 分程度でも十分ですが，5〜10 分程度流します．詰まっていた場合でもうまくいけば，途中から流路が回復し，液面が下がりはじめますので，そのまま，5〜10 分程度流します．その後，通常と同じ速度で液面が下がっていることを確認します．

10 分程度流しても流速が回復しない場合は，自己責任で通常の 10 倍濃度のブリーチを 1 分流すことなどを試します．最後に，サンプルラインに蒸留水を流し，十分にブリーチを洗浄します（機器により異なりますが数分かかります）．

各社フローサイトメーターによって方法は異なりますので，各メーカーに問い合わせてください．

サンプルがなくなってしまい，「エア」を吸ってしまった

必ず次の操作を行ってから次のサンプル測定を行います．
● バックフラッシュを 2〜3 回
● プライミング（デバブル）を 1〜2 回

「エア」を吸ったサンプルのデータ解析

測定プロトコール，Template などに「Time」パ

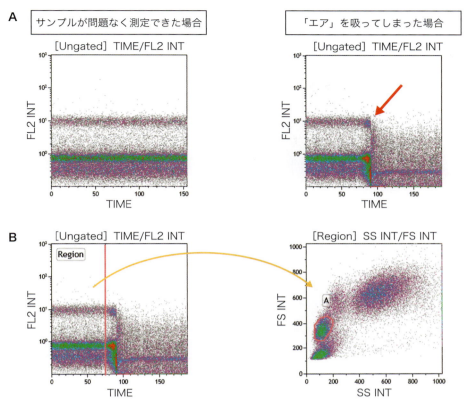

図 「エア」を吸ったサンプルのデータ解析の流れ

A）X軸をTimeパラメータとしたプロットを作成すると「エア」などを吸って取得データが乱れるポイントがわかる．B）データが乱れはじめる直前までの「帯」のような集団にリージョンを作成し，データ解析を行う最初のプロットあるいはヒストグラムにゲートを設定する．

ラメーターが設定してあれば，「エア」を測定した時間を除外することでデータ解析は可能です（図）．

◆解析手順

①X軸に「Timeパラメーター」，Y軸に「任意のパラメーター」のプロットを作成します．

②作成したプロットにリージョンを作成します．
「帯」のように見える集団が「エア」を吸う前の細胞集団です．この集団をリージョンで囲います．

③作成したリージョンでゲートを設定します．
データ解析を行う最初のプロットあるいはヒストグラムにゲートを設定します（例えば，FSC-SSCのプロットにゲートを設定し，以降の展開は既存通り）．

（角　英樹）

第6章

セルソーティング
に関するQ&A

第 6 章 セルソーティングに関するQ＆A

Q65 細胞をはじめてソーティングするときに，気をつけるべきポイントはありますか？

関連するQ→Q7, 31, 81

失敗しないための重要ポイントは事前準備と
適切な実験操作です．
①あらかじめ機器に慣れ，実験に適切な設定を行う
②正しいサンプル調製とコントロールの準備
③Viability のよい細胞準備
④正しい無菌操作

　はじめて自分でソーティングを行うとき，事前準備を怠たり，適切な実験操作を行わない場合は，必ずといってよいほど良好な実験結果を得ることはできません．近年，簡便なフローサイトメーターが次々と販売され，以前のような機器の煩雑性は改善されつつありますが，最短でベストの実験結果を得られるように，必ず事前準備と適切な実験操作を行いましょう．

ポイント①　あらかじめ機器に慣れ，実験に適切な設定を行う

◆フローサイトメーターの操作を事前に一通り確認しましょう！

　機器メーカーのトレーニングを受講し，その後一度も練習をせずに本番のソーティングをすると，ほとんどの人が想定の倍以上の時間がかかり，実験者も細胞もグッタリして上手くいかなかったというケースをよく見かけます．トレーニングからあまり日にちをあけずに1度でも練習している人は，比較的機器操作の記憶が定着していますが，長時間経過している場合，全く覚えていない方がほとんどです．事前に操作の確認をする場合としない場合とでは，フローサイトメトリーに要する時間が「分」ではなく「時間」単位で差が生じますので，本番の実験前に必ずフローサイトメーターの操作を確認するようにしましょう．

　また，初回によく見かけるのが，ソーティング開始予定時刻にサンプル調製が終了しないケースです．共通機器のフローサイトメーターを使用する場合は，時間に余裕をもって装置の予約をとりましょう．後に予約が入っている場合は，次の方に影響がおよび，場合によっては目的の細胞数を回収できずに強制終了しなければいけない結果となってしまいますので気をつけましょう．

　なお，文献1にフローサイトメーターの主要メーカー（ソニー株式会社，日本ベクトン・ディッキンソン株式会社，ベイバイオサイエンス株式会社，ベックマン・コールター株式会社）による各社フローサイトメーターにおけるソーティングのセッティングについて詳しく書かれているのでぜひ参考にしましょう[1]．

> **よくある失敗！**
> ● フローサイトメーターの操作ができない
> 　→長時間経過し細胞が死ぬ

208　ラボ必携　フローサイトメトリーQ＆A

事前にチェック！
- ☐ 機器の精度管理は正しくできていますか？
- ☐ シース液の補充は？
- ☐ スタートアップ，シャットダウンの方法は？
- ☐ データシートの作成方法は？
- ☐ コンペンセーションなど機器設定は？
- ☐ 自分の細胞に適切なソーティングの設定や条件は？
- ☐ 機器の予約時間は？

ポイント②　正しいサンプル調製とコントロールの準備

◆ **論文または抗体の添付資料を確認し，コントロール（未染色，単染色）を必ず準備して正しいサンプル調製を行いましょう.**

これまでにフローサイトメトリー解析の経験がなく，はじめからソーティングをしなければならないという状況になる方もときどきいらっしゃいます. 細胞染色自体がはじめてのため，ターゲットの細胞が論文にあるように抗体できちんと染色できなかったというケースがあります. ソーティングプロセスの前に，ターゲットの細胞が目的の抗体できちんと染色できるかどうかを，スモールスケールの実験でよいので確認しておきましょう.

特に，コントロールサンプルの準備は忘れがちであり，2色以上の多重染色の場合は，コンペンセーション（**Q7，81**）を必要としますので，コントロールサンプルを必ず準備しましょう. 未染色，単染色コントロールは条件設定だけに用いますので，細胞数は少なくても問題ありませんが，慣れないうちは $3×10^5 \sim 5×10^5$ 個程度準備するとよいでしょう.

よくある失敗！
- ● 細胞が染まらない
  - → ターゲット細胞を特定できずソートできない
- ● コントロールがない
  - → コンペンセーションやゲート設定ができない

事前にチェック！
- ☐ 染色条件は適切ですか？
- ☐ 未染色，単染色コントロールは準備していますか？

ポイント③ Viability のよい細胞準備

◆ **ソーティングの前処理段階における細胞へのダメージはできるだけ抑えましょう！**

「ソーティング後の細胞がほとんど死んでいる」という方のソーティング前の細胞の生存率を確認すると，実ははじめからほとんど細胞が死んでいた（あるいは，弱って死にかけていた）ということがあります. 非常にダメージに弱い細胞の場合は，ソーティングにより死んでしまうこともありますが，リンパ球などの一般的な細胞であれば，ソーティングのみでほとんどの細胞が死ぬということはありません. もし，細胞が大量死している場合は，シングルセルにする過程を見直しましょう. できるだけ細胞の生存率が低下しないようにダメージの少ないプレパレーションで手早く調製しましょう.

よくある失敗！
- ● ソートした細胞が死んでいる
  - → ソート前からすでに死んでいた

事前にチェック！
- ☐ 特に接着細胞の場合，細胞回収の条件は適切ですか？
- ☐ 死細胞除去色素を用いてきちんと死細胞を除いていますか？（**Q31**）

第 **6** 章 セルソーティングに関するＱ＆Ａ

ポイント④　正しい無菌操作

◆ソーティング後の実験目的に適した無菌操作を行いましょう！

　ソーティングをした後の細胞を培養したり，*in vivo* 実験に使用する場合は，特に注意が必要です．シングルセルサスペンジョンの調製，染色，ソーティングをして細胞回収するまで，コンタミをしないように適切な無菌操作を意識的に行いましょう．主に，使用するバッファー類の滅菌，クリーンベンチ内での細胞染色，フローサイトメーター内の清潔操作（70%エタノール），チューブキャップの取り扱いに注意してください．

よくある失敗！
- 使用する試薬類が滅菌済みではなかった（あるいはすでにコンタミしていた）
- 清潔操作を実施していなかった

事前にチェック！
- □　使用する試薬類はすべて滅菌済みですか？
- □　フローサイトメーター内の滅菌操作は行いましたか？

文献

1) 「実験医学別冊 新版 フローサイトメトリー もっと幅広く使いこなせる！」（中内啓光/監，清田　純/編），羊土社，2016

（藤本華恵）

Q66 ドロップディレイ（Drop Delay）とは何ですか？ どのように設定すればよいでしょうか？

ドロップディレイとは，目的細胞にレーザーが当たる場所から液滴に入る場所までのサンプルの移動時間を指しています．設定には，細胞の代わりに蛍光ビーズを使い，ビーズが最も効率よくソーティングされる値を設定します．

ドロップディレイとは

フローサイトメーターでは，細胞溶液がフローセルを通過するときにレーザー光が当たるように設計されています．細胞分取機能をもつソーターは，このフローセル全体に上下振動を加えることで，細胞溶液/シース液の液流（ストリーム）がフローセル外に出た後に途中から液滴を形成するように設計されています．形成された液滴一つひとつの中に個々の細胞が入るような細胞濃度で送液します．こうして目的細胞を含む個々の液滴および偏向板をプラスもしくはマイナスに荷電することで，プラス荷電された液滴はマイナス荷電された偏向板の方に，マイナス荷電された液滴はプラス荷電された偏向板の方にそれぞれ引き寄せられて液流を形成します（サイドストリーム）．これらの細胞を左右でそれぞれ回収することで目的細胞のみを単離（ソーティング）することができます．

荷電されなかった液滴は垂直に落下し（センターストリーム），廃液へと流れていきます．

ソーティングの精度は，いかに目的細胞のみを含む液滴にだけ荷電するかということに大きく左右されます．目的細胞か否かはレーザー光照射部（laser hit point）で細胞にレーザー光が照射されることで判別されます．しかし，実際にその細胞を含む液滴に荷電するのは，液滴形成位置（break off point）であり，ここに時間差が生じることになります．この細胞判別から荷電までにかかる時間をドロップディレイ（Drop Delay）といいます（図1）．ドロップディレイを正確に設定することで，目的細胞だけを含む液滴を正確に荷電することになり，精度の高いソーティングが可能になります．

ドロップディレイの設定

ドロップディレイの設定は，液滴の画像解析によって自動設定される機器が登場していますが，ユーザーが行わなければいけない機器がまだ主流です．

多くの機器は，ドロップディレイ設定は，手動で数値を設定するモードと，機器が自動で設定するモードの両方を搭載しています．設定には細胞の代わりに蛍光ビーズを用います．蛍光ビーズは機器に応じて最適化されており，それらがソーティングされるようにプロットなどを設定します．このような機器はサイドストリームにもレーザーが照射されているため，ソーティングされた蛍光ビーズの割合が判定できます．そして実際にソーティングを行い，蛍光ビーズが最も効

211

第 6 章 セルソーティングに関するQ&A

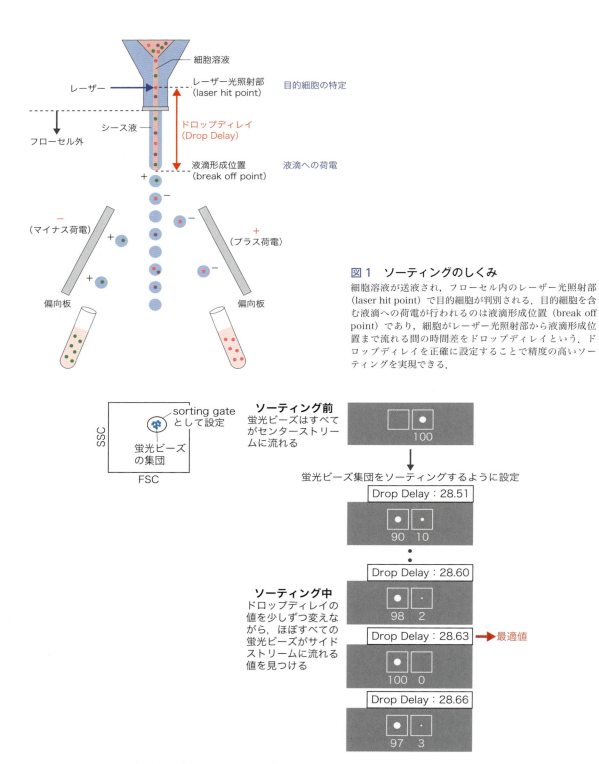

図1 ソーティングのしくみ
細胞溶液が送液され，フローセル内のレーザー光照射部（laser hit point）で目的細胞が判別される．目的細胞を含む液滴への荷電が行われるのは液滴形成位置（break off point）であり，細胞がレーザー光照射部から液滴形成位置まで流れる間の時間差をドロップディレイという．ドロップディレイを正確に設定することで精度の高いソーティングを実現できる．

図2 蛍光ビーズを用いたドロップディレイの設定方法

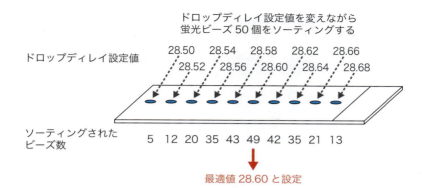

図3　蛍光ビーズとスライドガラスを用いたドロップディレイの設定方法

率よくソーティングされるようにドロップディレイを設定します（図2）．また，蛍光ビーズとスライドガラスを用いて設定する機器もあります．ソーティングする先に，細胞回収用チューブの代わりにスライドガラスを置きます．「50個をソーティングする」と設定し，ドロップディレイ設定値を少しずつ変え，ソーティングのたびにスライドガラスを少しずつ移動させながらスライドガラス上に蛍光ビーズを計10回ソーティングします．ソーティングが終わった後のスライドガラスを取り出し，顕微鏡下で蛍光ビーズが最も多く含まれる液滴の位置や蛍光ビーズの数を特定し，パソコン上で入力することでドロップディレイを設定します（図3）．

（増田喬子）

第6章 セルソーティングに関するQ&A

関連するQ→Q72

Q67 各メーカーでいろいろなソーティングモードがあります．どれを選べばよいでしょうか？

A
純度を重視，収率を重視するモードのほか，大きいサイズの細胞をソートするモード，シングルセルをソートするモードがあります．ソーティングの目的に応じてモード設定をします．

ソーティングモードの違い

液滴電荷方式のソーティングは，目的細胞が含まれている液滴や近傍の液滴に正確に荷電をかけ，下流にある偏向板によって分離をします．ソーティングモードとは目的細胞が含まれる液滴に，電荷をかけてソートをする際の条件を意味します（図）．

ソーティングモードは名称がメーカーごとに異なりますが，大まかにわけると純度を重視するモード，収率を重視するモードが基本になります．他には96ウェルプレートなどにシングルセルソートするときのモード，大きい細胞や4way，6wayなど多分画でソートするモードがあります．

純度重視（Purity）モード

95％以上の純度でバルクソーティング時に使用するモードです．目的外の細胞が同じ液滴中にあるときは，目的細胞をソートしません．近傍の液滴に目的外細胞があった場合，目的外細胞の液滴中の位置により，ソートするかどうか決定します．目的細胞が液滴の端に位置する場合，近傍の液滴に移動する可能性があるため，両液滴をソートします．純度を確保し，回収率も比較的高いモードです．バルクソーティングの大半はこちらのモードを使用します．

収率重視（Yield）モード

サンプル中の夾雑物が非常に多い場合や，目的細胞の頻度が非常に低い場合などに，粗精製を目的として使用されるモードです．目的細胞が含まれる液滴は，目的外細胞が混入していてもソートするため，純度は低くなりますが，回収率が最も高くなるモードです．

よく行われる方法としては，最初に収率重視モードでソートした後，純度重視モードで2度目のソートをすることがあげられます．2度ソーティングをするため，細胞の生存率，機能に影響がないかを，事前に検証したうえで行います．

ラージセル（Large cell）モード（マルチウェイソートモード）

サイズの大きい細胞が液滴の端に位置したときに，液滴の荷電量が変わりソートストリームがばらつく現象があります．これを防止するために，目的細胞が液滴の中心に位置しているときのみソートするモードです．液滴の端に位置しているときは，ソートしない

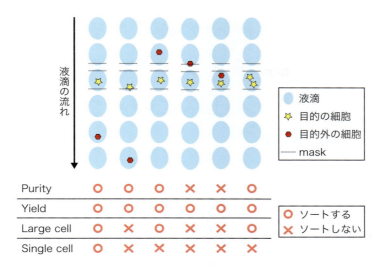

図　各ソーティングモードのソート条件例
目的の細胞が液滴の端に位置する場合は，下の液滴も荷電し2滴ソートするなど，機種によって細かい条件は異なる．

めアボート率が高くなり，回収率は落ちます．ソートストリームが安定することから，4分画以上の同時ソーティングなどでも，使用されます．

シングルセル（Single cell）モード

96ウェルプレートなどに，細胞を1つずつソートする場合のモードです．

ソートストリームのブレを防ぐために，目的細胞が液滴の中心にあるときのみソートします．さらにシングルセルをソートすることが目的のため，目的の細胞が同じ液滴中に，2個以上含まれている場合もソートをしません．

そのため純度が一番高くなりますが，回収率が大幅に落ちるモードになります（**Q72**）．

カスタムモード

デフォルトの設定の他，ユーザーが細かくソート条件を設定変更できるカスタムモードがつく機種もあります．

（石井有実子）

第 6 章 セルソーティングに関するQ&A

Q68 リンパ球に比べてサイズがとても大きな細胞をソーティングする予定です．ノズル径，シース圧はどのような設定が適していますか？

A 細胞径が大きな細胞をソーティングするときは，細胞径の5倍以上のノズル径をもつノズルを使い，20 psi など低いシース圧に設定することでソーティング時の細胞へのダメージを抑えることができます．

細胞の大きさに応じたノズルサイズを選ぶことが必須

どのメーカーのソーターも，ノズル径はおおむね 70 μm，85 μm，100 μm，130 μm が用意されています．ノズル径を選ぶ際には，ノズル径が細胞の大きさの5倍以上のものを選ぶとよいでしょう．ノズル径が細胞の大きさの5倍以下でも使用可能ですが，細胞への負荷は大きくなります．リンパ球は8〜10 μm ですので 70 μm や 85 μm のノズルが使用できます．接着細胞株などの培養細胞は，リンパ球に比べてサイズが大きい細胞です．そのような細胞をソーティングする場合にも 100 μm 以上のノズルが適しています．可能であれば 130 μm のノズルを選択することで，ソーティング時の細胞への負荷を軽減することができます（図）．

細胞への負荷を軽減するには低いシース圧の方がよい

使用するノズル径とシース圧には密接な関係があり，ノズル径が小さいほど高いシース圧（sheath pressure，単位は psi）が，ノズル径が大きいほど低いシース圧がかかります．メーカー各社のソフトウェアでは，ノズル径を設定すると自動的に適切なシース圧が設定されます．シース圧が高ければ流速が速くなるため，高速でのソーティングが可能になりますが，細胞への負荷は大きくなります．そのため，加圧の影響を受けやすい細胞をソーティングする場合や，細胞への負荷を減らしたい場合には，弱いシース圧でソーティングするのがよいでしょう．

細胞への負荷軽減重視かスピード重視か

適切なノズル径を選択するために，①細胞の大きさ，②細胞への負荷，③ソーティング時間の順に考えるとよいでしょう．リンパ球よりかなり大きい細胞をソーティングする場合は，大きいノズル径が最適で，自動的に低シース圧モードが設定されます．リンパ球と同程度の大きさの細胞をソーティングする場合，細胞の大きさからは 70 μm などの小さな径のノズルが推奨されますが，細胞への負荷を小さくすることを優先するならば，より大きな径のノズルを選びましょう．

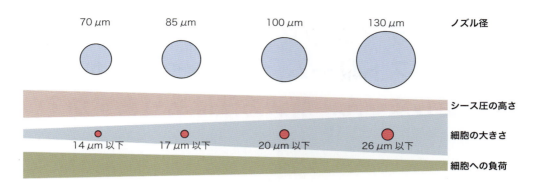

図　ノズルサイズと細胞の大きさの関係
細胞の大きさに応じて適切な径のノズルを選ぶことで，ソーティング時の細胞の負荷を軽減することができる．

細胞が圧力負荷に強く，大量の細胞を短時間でソーティングしたい場合は小さいノズルを使うというように，目的に応じた選択をしましょう．

（増田喬子）

第 6 章 セルソーティングに関する Q&A

関連する Q → Q73

 Q69 ソーティング中，頻繁に詰まってしまい，ストリーム，ドロップがなかなか安定しません．解決方法はありますか？

 サンプルの詰まりや気泡をかんでしまっているなどの原因により，ノズルもしくはチップ，サンプルラインが不安定になっていることが考えられます．原因を取り除きましょう．

ソート中にこれらの現象が起きると，原因の特定から問題解決のための処置，ソーティングの再設定，ソーティング再開まで慣れていないと 30 分以上かかる場合があります．なぜなら，ノズルの洗浄やチップの交換が必要になると，すなわち機器設定をはじめからやり直すことにほぼ等しいことになるからです．そ

表　サンプル詰まりの主な原因と解決方法（例：BD FACSAria / SONY SH800）

主な原因	解決方法
サンプル濃度が濃すぎる	□　サンプルを希釈しましょう
サンプルが沈殿，凝集している	□　メッシュに通しましょう □　サンプルミキシング機能（agitator）を作動させましょう
ノズル，またはチップ，サンプルラインにサンプルなどの詰まりが生じている	BD FACSAria ※1 　□　Flow rate を最大にし FACS clean を数分流す 　　↓ 　□　滅菌水に交換し clean を洗い流す 　　↓ 　□　ノズルを超音波洗浄 　　↓ 　□　ソーティングの再設定 SONY SH800 ※1 　□　De-bubble の Chip を実施 　　↓ 　□　サンプルプレッシャーを最大にしてブリーチを数分流す 　　↓ 　□　蒸留水に交換しブリーチを洗い流す 　　　↓（改善しない場合は chip 交換） 　□　ソートキャリブレーション再設定 ※1　詳細はメーカー推奨トラブルシュートを参照
番外編		
原因	解決方法
サンプルに対して，ノズルのサイズが適切ではない（小さい）	適切なサイズを選択しましょう
Drop Delay 設定がはじめから適切ではない	安定する位置を再設定しましょう

Clean やブリーチを流す前に，シース液，もしくは滅菌水を High pressure で流すことで解消できる場合もある．文献 1，2 をもとに作成．

のような状況にならないために，ソーティング開始前に，表を参考にトラブルにつながらないための対策を毎回ルーティーンで行うようにすることをお勧めします．どのメーカーのフローサイトメーターでも，トラブルを回避することが最善の方法です．（※各メーカー推奨のトラブルシュートをよく確認しましょう！） なお，細胞の詰まりだけでなく同時に気泡がかんでいる場合もありますので，**Q73** を合わせて参考にしてください．

文献・ウェブサイト

1）ソニー株式会社：フローサイトメーター FAQ（https://www.sony.co.jp/Products/fcm/faq/index.html）
2）BD Biosciences 社：BD FACSAria™ セルソーター ソーティング中のトラブルシューティング（http://www.bdbiosciences.com/jp/instruments/facsaria/resources/faq/aria_sorting_trouble.jsp）

（藤本華恵）

第 6 章 セルソーティングに関するQ&A

関連するQ→Q74

Q70 ソーティングした細胞を回収するときによい方法やコツはありますか？

A ポイントは3つあります．
①ポリプロピレン製の回収容器（チューブまたはプレート）を用いる．
②回収容器にあらかじめmediumもしくはバッファーを入れる．
③適温でソーティング，長時間ソートの場合はこまめに回収．

基本的には，ソートした細胞へのダメージを極力抑えることが重要になります（Q74）．そのために，気をつけるべきポイントを守り，できるだけ細胞が元気な状態でロスなく次のプロセスに進めるように実験を進めましょう．

ポリプロピレン製の回収チューブを用いる

ポリプロピレン製の回収チューブは，ポリスチレン製のチューブに比べ，細胞吸着が少ないと言われています．細胞をできるだけロスなく回収したい場合は，ポリプロピレン製のチューブを用いましょう（図1）．

図1で示した5 mLのラウンドチューブ以外にも，回収できる細胞数がとても少ない場合は，1.5 mLのマイクロチューブを用いるとよいでしょう．遠心し細胞回収するステップでの細胞のロスを極力抑えることができます．

回収容器にあらかじめmediumもしくは血清入りバッファーを入れる

ソートした細胞が乾かないように，あらかじめmediumもしくは血清入りのバッファーを回収用のチューブに入れましょう．一般的によく用いられているのは，5% FCS（もしくは5% BSA）を添加したPBS，HBSS，RPMI mediumなどです．重要なことは「ソート後に何をするか」という用途を考え，取り扱う細胞の種類により最適なものを選択することです．また，ソート前の細胞懸濁液に加える血清の量は，粘性を抑える目的であまり濃度を上げられませんが（2〜5%），ダメージに弱い細胞の場合は回収用チューブ側に加える血清の量を10〜15%に増やすことをお勧めします．

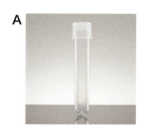

図1　ポリプロピレン製とポリスチレン製の違い
A）半透明：ポリプロピレン製チューブ（Falcon ラウンドチューブ 5 mL，#352063），B）透明：ポリスチレン製チューブ（Falcon ラウンドチューブ 5 mL，#352058）　文献1より転載．

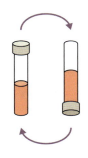

図2　回収チューブ前処理
蓋をして転倒混和しチューブに馴染ませる．

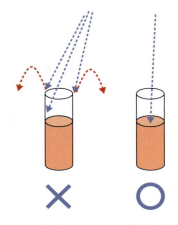

図3　ストリーム角度，チューブ位置確認
必ず液面に落ちるように設定する．プレートの場合も同様である．事前に蓋をしてテストソートで確認する．

コツ

- Medium もしくはバッファーをチューブによく馴染ませる（図2）
- 回収した細胞液があふれないように volume に注意する

（注意）ソーティングモードにより，ソートボリューム（液量）が異なります．使用している装置のソートボリュームがどのくらいになるのか事前に確認し，ストリームが液面に着水する位置まで medium もしくはバッファーを入れましょう．

よくある失敗

- チューブ縁にストリームが接触し，しぶく
  → 回収率低下，コンタミの発生（図3）
- 壁面に直接当たる
  → 乾いて細胞が死ぬ（図3）

近年，回収チューブのセットポジションやサイドストリームの角度など，すべて自動で調整してくれる装置も販売されていますが，従来機の場合は実験者によるこれらの設定が必要となる場合があります．回収用チューブのセットポジション，偏向板やサイドストリーム角度に気をつけましょう．

事前にチェック！

- ☐ チューブの素材は適切ですか？
- ☐ 回収用チューブに medium もしくはバッファーは入っていますか？
- ☐ ストリームの角度，チューブのポジションは正しく調節されていますか？

細胞に適した温度調整コントロールを作動させ，長時間ソートの場合は適宜回収する

ソート前の細胞の温度調整だけでなく，回収用チューブ側の温度調整も適切に行いましょう．また，ダメージに弱い細胞などを長時間ソーティングしなければならない場合は，チューブが一杯になるまで待たず，適宜ソートされた細胞をこまめに回収しましょう．チューブ内に medium やバッファーを入れていても，ソートされた細胞液はその上に層状に重なり，実験者が任意で撹拌しない限りは，十分に混ざり合うことは困難です．ダメージに弱い細胞を扱う場合は，特に気をつけましょう．

文献・ウェブサイト

1）CORNING：Falcon® ラウンドチューブ 5 mL ポリプロピレン ツーポジションキャップ付き（Product #352063）〔https://catalog2.corning.com/LifeSciences/ja-JP/Shopping/ProductDetails.aspx?categoryname=&productid=352063（Lifesciences）〕

（藤本華恵）

第 6 章 セルソーティングに関するQ＆A

関連するQ→Q59

Q71 ソーティングしたい細胞の割合が非常に低く，ソートに長時間かかってしまいます．よい解決法はありませんか？

A 磁気細胞分離技術を用いてソーティング前の細胞から不要な細胞をあらかじめ除去し，ターゲット細胞を濃縮することでソーティングを行う細胞の絶対数を減らし，時間を短縮できます．

磁気細胞分離技術（magnetic cell sorting system：MACS）

磁気細胞分離技術では，はじめから抗体に磁気ビーズが結合しており，細胞と反応させることでこの磁気ビーズ結合抗体が目的の細胞に結合します．強力な磁石に近づけると，磁気ビーズ抗体で標識されたサンプルは磁石に引き寄せられ，結合していない細胞は浮遊したままの状態となり分離可能になります．磁気ビーズ抗体の用途には，

- ターゲット細胞側に結合する
  → ポジティブセレクション
- ターゲット以外の細胞側に結合する
  → ネガティブセレクション

の 2 種類があり，おのおのの実験の用途により使い分けが可能です．

操作は非常にシンプルで簡便であるため，実験者の負担はセルソーターほど大きくありません．あまりにも細胞数が多い，またはターゲット細胞が非常にレアである場合は，セルソーターでソーティングをする前に，この磁気細胞分離技術を用いて不要な細胞をあらかじめ取り除くことをお勧めします．詳しい原理などは **Q59** をご参照ください．

取り扱い主要メーカー

現在，さまざまなメーカーから，カラムを使用するもの，カラム使用の必要のないもの，磁気ビーズサイズや磁気強度の違い，取り扱い抗体の種類の違いなどによりバラエティーに富んだ磁気ビーズ抗体製品が出ています．自分の実験の用途，実験効率，ランニングコストを考慮し，最適なものを選択して実験の効率を上げましょう．

会社名	製品名	文献
BD Biosciences 社	iMag	文献 2
BioLegend 社	MojoSort	文献 3
ミルテニーバイオテク社	Auto MACS	文献 4
VERITAS 社	EasySep	文献 5

文献・ウェブサイト

1）「細胞工学別冊 新版フローサイトメトリー自由自在」（中内啓光/監），秀潤社，2004
2）BD Biosciences 社：磁気細胞分離試薬 BD IMAG（http://www.bdbiosciences.com/jp/reagents/imag/index.jsp）
3）BioLegend 社：MojoSort（https://www.biolegend.com/mojosort）
4）ミルテニーバイオテク社：MACS 細胞分離（http://www.miltenyibiotec.co.jp/ja-jp/products-and-services/macs-cell-separation.aspx）
5）VERITAS 社：EasySep（http://www.veritastk.co.jp/news.php?id=440）

（藤本華恵）

関連するQ→Q31, 76～78

Q72 直接プレートにソーティングする「シングルセルソーティング」はどのようなことができますか？ また気をつける点はありますか？

A
シングルセルソーティングした細胞をそのまま培養に移行したり，PCRにかけるなどの実験が可能です．ソートされた細胞がプロット上のどの細胞であるかを確認することができるインデックスソーティングもあります．

シングルセルソーティング

シングルセルソーティングでは，96ウェルプレートなどのマルチウェルプレートへの細胞1個単位で直接ソーティングが可能です（図1）．

近年では，ヒト骨髄細胞から間葉系幹細胞の単離[2) 3)]，造血幹細胞の単離[4) 5)]，SP（side population）細胞の単離，RT-PCR遺伝子発現解析[6)]など，さまざまな研究においてシングルセルソーティングの技術が応用されています．

インデックスソーティング

インデックスソーティングは，ウェルにソートした細胞が，プロット上のどの細胞に該当するかを細胞1個単位で確認することができる機能です．図2のように，特定のウェルを指定すると，その細胞をプロット上で特定できます．逆に，プロット上で特定の細胞をゲーティング（例えば，High positive細胞集団，Low positive細胞集団のおのおのをゲーティングする場合）し，その細胞がどのウェルに落ちたかを確認することも可能です．

注意点

◆死細胞とダブレットの除去

元気な細胞のみを確実にソートする目的で死細胞除去色素（PI，7-AAD）を用い（Q31），純度低下を防ぐためにダブレット除去（Q76～78）を必ず行いましょう．

◆確実に細胞がウェルに落ちるようなストリーム設定

細胞の液滴が確実にウェルの中央に落ちるように設定をしましょう．プレートに蓋をした状態でテストソート（20滴位落とすと乾いても目視で確認しやすい）を必ず行いましょう．FACSAria（BD Biosciences社）の場合はこのとき，蓋のウェルの丸印のど真ん中より"やや"内側（センターストリーム側）寄りに落ちるように設定しておくと，液面に到達するときにはちょうど中央付近に落ちます．

第 6 章 セルソーティングに関する Q & A

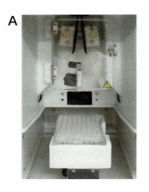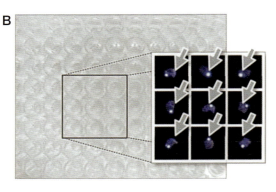

図1　シングルセルソーティング
A) プレートソート機能：6/12/24/48/96/468ウェルプレートへのソーティングが可能．B) 1個ずつソート：96ウェルプレートに蛍光ビーズ1個ずつソートした結果．A, Bはともに文献1より転載．

◆ 適切なソートモード

　Purity mask，Yield mask，Phase mask の条件をシングルセルに適した設定に変更しましょう．特に大きい細胞，割合が少ない細胞などの場合は工夫が必要です．メーカーごとに推奨しているソートモード設定は異なりますので，機器取り扱いマニュアルを確認しましょう．

◆ medium を十分量添加

　培養に必要な medium をあらかじめウェルに添加（96ウェルプレートであれば 200 μL 位）しておきましょう．できる限りソートの直前まで CO_2 インキュベーターに入れて置き，ソート後はすみやかに戻しましょう．

（注意）培養用に1ウェルに 10^4 〜 10^5 個の細胞を落としたい場合，ソート液量の増加により medium がシース液で薄まってしまうため，直接プレートへのソーティングはお勧めしません．細胞数が多い場合は，チューブで回収し遠心後 medium に置換しましょう．

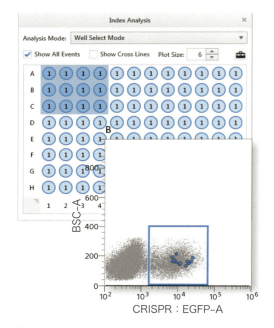

図2　インデックスソーティング
ソートした細胞が1個単位で，プロット上のどの細胞に該当するか特定が可能．文献7より転載．

文献・ウェブサイト

1) SONY Japan：セルソーター SH800（https://www.sony.co.jp/Products/fcm/products/sh800/interface.html）
2) Mabuchi Y, et al：Stem Cell Reports, 1：152-165, 2013
3) 松崎有未, 宮本憲一：実験医学, 33：193-197, 2015
4) Yamamoto R, et al：Cell, 154：1112-1126, 2013
5) 山本　玲：造血幹細胞のクローンソートおよび in vivo 機能解析．「実験医学別冊 新版フローサイトメトリー もっと幅広く使いこなせる！」（中内啓光/監, 清田　純/編），pp177-184, 羊土社, 2016
6) Gangavarapu KJ, et al：Single Cell Biol, 5：2016
7) SONY Biotechnology Inc.（http://www.sonybiotechnology.com/us/instruments/sh800s-cell-sorter/options-sh800s）

（藤本華恵）

関連する Q→Q66

Q73 ソーティング中にエアーを吸ってドロップレット形状が崩れ，ストリームが乱れてしまいました．どうすればよいですか？

A ドロップレットが崩れると，的確なソーティングができません．ソーティングを止め，流路内のエアーを取り除いてください．必要に応じてディレイタイムの調整を再度行ってください．

ドロップレットが崩れた際はソーティングを中断する

　ソーターでは流路に振動を与えてドロップレット（液滴形状）を形成し，その中に分取したい細胞を閉じ込めることでソーティングします．

　流路にエアーが入りドロップレットが崩れると，ソーティングしたい液滴に的確に電荷を与えることができず，サイドストリームが乱れます．この状態でソーティングを続けると，コレクションチューブに意図しない細胞が入り，回収細胞の純度が下がりますのでソーティングの中断が必要です．

　エアーは，サンプルが空の状態でソーティングを続けた場合に流路に入ります．サンプルの残量検出，またはドロップレットの画像検出により，自動的にソーティングを中断する機能が備え付けられている装置もありますが，中断されていない場合はソーティングを中断してください．

流路内のエアーを抜く

　ドロップレット形状が崩れている場合，エアーはサンプル流路だけでなく，シース流路にも混入しています．サンプル流路，シース流路双方のエアー抜きが必要です．

◆ サンプル流路のエアー抜き

　通常のデータ取得時・ソーティング時には，サンプル流路側に圧力をかけてサンプルをシース流路に押し出します．それに対し，サンプル流路に圧力をかけずにシースをサンプル流路に逆流させることも可能です．この機能をバックフラッシュとよび，この機能は各装置に備えられています．エアー抜きの際にはバックフラッシュを実施する必要があります．

　ソーティングを中断した際に自動的にバックフラッシュを行う装置もあります．この際，サンプルプローブの先からシースが流れ出すことを確認してください．エアーが残っていると，バックフラッシュ開始直後は何も出てきませんが，エアーが抜ければシースがサンプルプローブから流れ出します．シースが流れ出ている状態であれば，サンプルライン中のエアーは完全に押し出されています．

◆ シース流路のエアー抜き

　シース流路のエアー抜きは各装置で手順が決まっていますので，取扱い説明書に従ってください．

　基本的な動作として，エアー抜きのため大量にシースを流します．この作業でドロップレットが安定すれば，十分にエアーが抜けたと判断できます．

第 6 章 セルソーティングに関する Q & A

それでもドロップレットが不安定な場合は，非常に細い構造のノズル部にエアーが溜まっています．対処方法は，

- ノズル部を外して超音波洗浄を行う
- ノズル部が使い捨て可能な部品となっており，交換する

と装置によって異なります．

ディレイタイム調整を行う

ソーティング再開前に，ディレイタイム（**Q66**）を再調整してください．

ドロップレット形状が完全にエアー混入前に戻っていれば，ディレイタイムの再調整なしに，十分なソーティング性能が得られる可能性はあります．

しかし，エアー混入時に，崩れたドロップレット形状を保つ制御が働いていますので，エアー混入前と同じ制御状態ではない可能性があります．念のために，ディレイタイムの再調整を行うことをお薦めします．

（齊藤政宏）

関連するQ→**Q45, 58, 59, 68, 74**

Q74 ソーティングによる細胞へのダメージをなるべく少なくしたいです．どのような設定，工夫をすればよいでしょうか？

A 細胞が回収チューブ壁へ衝突しないように注意する必要があります．その他に，細胞種に応じたノズルサイズ，シース圧の設定や，ソーティングバッファーやソーティング部の冷却などを工夫することで，細胞のダメージを低減することが可能です．

チューブ壁への衝突によるダメージに注意します

　セルソーターで細胞をソーティングする際には，回収チューブにはあらかじめバッファーを加えます．空のチューブにソーティングすると，細胞は〜30 m/秒の速度でチューブ壁に衝突するため，細胞のダメージは大きくなります．チューブに入れる溶液はソート細胞の使用用途により変更します．例として，100% Serum，培養に使用するメディウム（抗生物質を添加します），PBS，Trizolなどが用いられます．

　培養に使用するメディウムの場合，通常の大気組成下でのpH緩衝能がないため，ソーティング中のpH維持が重要な場合は，HEPESバッファーを添加します．

　またバッファーを加えるだけではなく，ソーティング前にソート細胞が回収容器中のバッファーに着水するか，確認します．ソーターの機種によっては，サイドストリームと回収容器の角度にズレがあるため，容器の口の部分では中央に合わせていても，バッファーへの着水前にチューブ壁に衝突していることがあります．最近はサイドストリームを自動調整する装置もありますが，細胞によってはズレが生じることもあるため，目視で確認をします．また，ビーズとサンプルでは，荷電バランスの変動によりサイドストリームの開きが異なることがあるため，プレートソーティング時はビーズでのテストソートだけでなく，実際のサンプルでのテストソートを行い，ウェル中に確実に液滴が入るか確認をします．

サンプルによってソーティング設定変更や，調製を工夫します

　細胞へのダメージを極力抑えたい場合，ノズルの径を大きくし，シース圧も10〜20 psiまで落とします（**Q58, 68, 74**）．

　ノズル径を大きくすることにより，細胞が含まれる液滴量が増え，ソート時の衝撃が抑えられます．またシース圧を落とすことによって，細胞にかかるずり応力（シアーフォース）が低減し，生存率が上がります．

　活性化によりアポトーシスを引き起こす細胞の場合，ソーティング部分の冷却が有効です．また，細胞濃度の調整や磁気細胞分離（**Q58, 59**）により事前に目的細胞の濃縮をすることで，ソーティングにかかる時間自体を短くすることも重要です．

第 **6** 章　セルソーティングに関するＱ＆Ａ

バッファーへの添加物が必要な細胞種があります

　細胞種によっては分散処理により，アポトーシスが誘導される場合があります[1]．このような細胞サンプルをソーティングしても，生存率は当然ながら低くなります．サンプル調製バッファーおよび，ソーティングバッファーに適切なアポトーシス阻害剤を添加することで，生存率の低下をある程度抑えることができます．

シース液を変更します

　市販されているシース液は，PBS ベースのバッ
ファーです．シース液の混入比率が高い場合，塩による悪影響を受けやすい細胞種では，生存率が下がる場合があります．このような場合は，装置の管理者にシース液の置換が可能か確認をした後，シース液を培養に適したバッファーに変更します（**Q45**）．シースの送液ライン内を置換するため，バッファーの組成がシース液と大きく異なる場合は，シースフィルターの変更・シースラインの洗浄が必要になります．

文献
　1）Watanabe K, et al：Nat Biotechnol, 25：681-686, 2007

（石井有実子）

第7章

データ解析・管理，論文執筆
に関するQ&A

第 7 章 データ解析・管理，論文執筆に関する Q & A

Q75 FlowJo の基本機能とあまり知られていない便利な使い方を教えてください．

A 通常のグラフ，表，コンペンセーションなどに加え，以下の解析を助けてくれる便利な機能があります．

あまり知られていない便利機能

※ 2017 年 8 月時点での最新版である FlowJo v10.3 での機能および URL を記載しております．

◆ ワークスペース
データファイルメタデータキーワードの表示とソート・グループ化

　Fcs ファイル（Lmd ファイル）は規格化されているファイルフォーマットのため，装置で記録したメタデータキーワード（測定日やパラメーター名の他，装置で追加したキーワードなど）を FlowJo ワークスペースの表示項目に追加し，ソートすることができます．

　http://docs.flowjo.com/d2/workspaces-and-samples/keywords-and-annotation/

　また，グループ作成時にキーワードをもとに条件に合うデータのみをピックアップして自動でグループを作成することもできます．

　http://docs.flowjo.com/d2/workspaces-and-samples/ws-groups/ws-groupexample/

別ワークスペースへの解析コピー

　ワークスペースのゲーティングや統計計算などの階層を別のワークスペースへドラッグ＆ドロップするだけで，解析をコピーすることができます（fcs ファイルに記載されているパラメーターが一致している必要があります）．

ACS 形式とテンプレート形式での保存

　FlowJo 作業内容（.wsp）とデータファイル（.fcs や .lmd ファイル）のコピーをまとめたアーカイブ形式（.acs）や，作業内容をテンプレートとして他のデータファイルに適用できるテンプレート形式（.wspt）で保存することができます．

　http://docs.flowjo.com/d2/workspaces-and-samples/ws-savinganalysis/

◆ グラフウィンドウ
アウトゲート

　グラフウィンドウでゲートをかけた後，Event inside のチェックを外すだけで，ゲートの外側（NOT ゲート）を対象に変更することができます（図 1）．

重心を設定したゲーティング

　ゲートを作成した後，Magnetic にチェックを入れると，作成したゲートの中心を細胞集団の重心（最も密度が高い位置）に自動設定します（図 2）．

　バッチ処理で FSC-SSC の集団の位置が微妙に異なるデータセットに便利です．

　http://docs.flowjo.com/d2/graphs-and-gating/advanced-gates/gw-gatemagnetic/

大きいドットや smooth グラフ表示

　Pseudocolor プロットでイベント数（細胞数）が少ない場合，グラフウィンドウのメニューバー＞ Display ＞ Draw large dots でドットを大きくしたり，Options の Smooth にチェックを入れ密度のみの表

現をすることができます（図3）．

◆ レイアウトエディター
バックゲーティングと Ancestry
　バックゲーティングは上流ゲーティングでの各ゲートの影響を表示するためのツールで，各階層のゲーティングがされなかった場合にそれ以外のゲーティングでどのような分布になるかを示します．Ancestryはゲーティングの履歴を一括表示します．

http://docs.flowjo.com/d2/graphical-reports/graph-options-and-annotation/le-backgate/

オーバーレイグラフバッチ処理の組合わせ
　ワークスペース上からn個ずつのオーバーレイグラフをバッチ処理で作成します．

http://docs.flowjo.com/d2/graphical-reports/le-iteration/le-batchoverlay/

◆ テーブルエディター
算出値のヒートマップ表示
　テーブルエディター上で結果をヒートマップ表示することができます（図4）．

http://docs.flowjo.com/d2/tabular-reports/te-heatmap/

◆ その他
Derived parameter（FL1/FL3 などの新規パラメーターの作成）
　新規のパラメーターを作成します．データファイルにあるパラメーターの計算結果を新規パラメーターとして作成したり（例 FL1/100），FL1/FL3 などの新

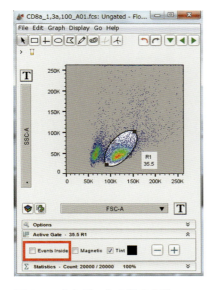

図1　アウトゲートの設定方法

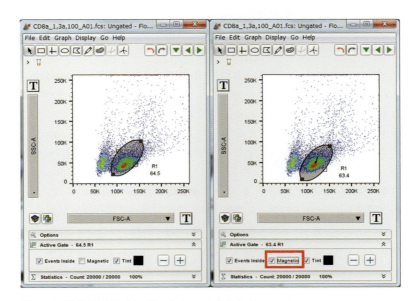

図2　細胞集団の重心にゲートの中心を合わせる方法

第7章 データ解析・管理，論文執筆に関するQ&A

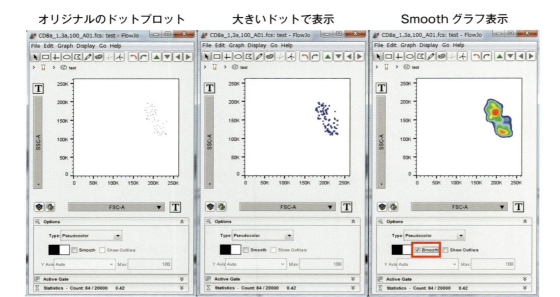

図3 大きいドットやSmoothグラフの表示方法

Ancestry Subset Statistic For	Lymphocytes CD8a subset Median CD8a	Lymphocytes CD8a subset SD CD8a
CD8a_1,3a,100_A01.fcs	11270	2171
CD8a_1,3a,200_A02.fcs	9817	1862
CD8a_1,3a,400_A03.fcs	7284	1310
CD8a_1,3a,800_A04.fcs	5265	803
CD8a_1,3a,1600_A05.fcs	5311	2330
Mean	7789	1695
SD	2692	633

図4 テーブルエディター結果のヒートマップ表示
値の大きいものから黄→青と表示される．

規パラメーターを作成し，グラフウィンドウのパラメーターに追加します．

http://docs.flowjo.com/d2/experiment-based-platforms/plat-derived-overview/

Down sample

細胞数を任意の数に減らすことができます．Pseudo-color plotで細胞数（＝ドットの数）を調整したい場合に便利です．

http://docs.flowjo.com/d2/plugins/downsample/

fcsファイルの統合（Concatenate）

複数のfcsファイルを1つに統合し，新しいfcsファイルを作成します．

http://docs.flowjo.com/d2/workspaces-and-samples/samples-and-file-types/ws-export/

細胞情報のcsv出力

各細胞のパラメーター情報をcsvファイルで出力し，他の解析ソフトウェアでも使用可能にします．

http://docs.flowjo.com/d2/workspaces-and-samples/samples-and-file-types/ws-export/

（中根優子）

関連するQ→Q53, 78～80, 84

Q76 細胞のゲーティングの基礎を教えてください．

細胞のゲーティングは，取得したRaw（生）データから解析対象となる目的細胞を抽出するプロセスです．適切なゲーティングには，取得データを多角的に読むことやゲート設定に適したプロットを選択することも重要です．

ゲーティングの基礎として知っておくべきこと

　細胞のゲーティングは，Raw（生）データから目的集団を抽出する操作となり，フローサイトメトリーのデータ解析において最も重要なパートの1つです．ゲートの種類には，多角形，四角形，円形，および蛍光四分画ゲートやヒストグラムゲートが用いられます．また，オートゲートは細胞集団のネガティブおよびポジティブが明確である場合（コンタープロットで各集団が明確に分離しており重ならない場合）に有効となり，細胞の存在頻度をベースに自動でゲーティングを行う機能です．

　以下に，代表的な解析例を交え，データ解析におけるゲーティングのノウハウを記載します．はじめに散乱光のプロットから，細胞集団をゲーティングします．例えば，ヒト末梢血白血球の分画は，図1Aのように散乱光のプロットから，リンパ球，単球，顆粒球を大きくゲーティング（赤枠）することができます．さらに，その中に含まれる細胞集団を特異的な蛍光標識抗体により染色することで，より詳細な細胞情報を蛍光パラメーターから読み取ることが可能となります．散乱光ゲーティングはフローサイトメトリーの基本となりますが，適切なゲーティングには，例えば図1のようにSSCと蛍光パラメーターのプロットの展開により，目的細胞が散乱光プロットのどの位置に存在しているかを確認しておくことも重要です．図1Bはマウス脾臓細胞の散乱光パターンおよび主要サブセットの分布を示します．ヒト末梢血白血球と同様にFSC vs SSCのプロットには，リンパ球，単球，顆粒球系の細胞分画が含まれますが，散乱光パターンのみでそれぞれの分画を判断することはできません．例えば図1Bのように大きくゲーティング（赤枠）した場合，リンパ球系の細胞分画はゲート内に含まれますが，CD11b陽性やGr-1陽性の単球・顆粒球系の分画は散乱光ゲートによりゲートアウトされる（はじかれる）可能性があります．このような場合，図2のように目的細胞を特定する蛍光マーカーでゲーティングし，散乱光プロットや他の蛍光プロット上でカラー表示（バックゲーティング）することにより，対象の細胞がゲート内に含まれていることを確認します．

　また，Rawデータには，目的の細胞以外にも死細胞やデブリスあるいは凝集細胞（ダブレット）など，非特異的な反応や偽陽性の要因となる細胞も含まれます．これらは適切な散乱光ゲーティングとともに，細胞除去試薬を用いてゲートアウトすることや，パルス波形（WidthやHeightの組合わせ）を用いたダブレット除去により，不要な細胞としてゲートアウトします（**Q78**）．最終的に，散乱光ゲーティングおよび死細胞やダブレット除去を行った細胞集団を解析プロットに展開し，目的細胞の陽性率や平均蛍光強度（MFI）を算出します．図3のように各細胞集団のサ

233

第 7 章　データ解析・管理，論文執筆に関する Q&A

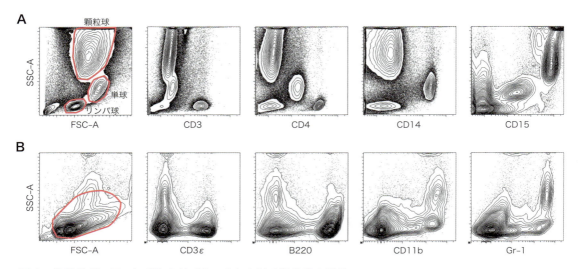

図1　散乱光ゲーティングと各サブセットにおける散乱光の特性

A) ヒト末梢血白血球の散乱光ゲーティング．リンパ球，単球，顆粒球分画が確認される．蛍光マーカーを用い，散乱光との相関を見ると，CD3 陽性細胞はリンパ球，CD4 陽性細胞は強陽性のリンパ球と弱陽性の単球，CD14 は単球，CD15 は単球・顆粒球の領域に存在することが確認できる．**B)** マウス脾臓細胞の散乱光プロット．CD3ε 陽性 T 細胞や B220 陽性の B 細胞以外に，CD11b 陽性や Gr-1 陽性の単球・顆粒球分画が含まれるが，散乱光パターンだけではそれらの存在を明確に判別することは難しい．

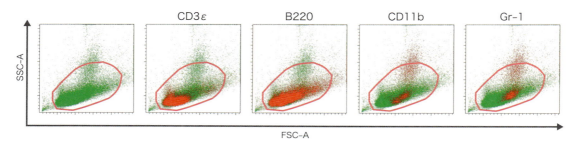

図2　バックゲーティングによる目的細胞の確認

マウス脾臓細胞の散乱光ゲーティング（緑のドット）に，CD3ε，B220，CD11b および Gr-1 陽性細胞を，それぞれバックゲーティングにより表示（赤いドット）．散乱光プロットで細胞のゲーティング（赤のゲーティング）した場合，CD11b 陽性や Gr-1 陽性細胞分画の一部がはじかれており，解析対象に応じた適切な散乱光ゲートの設定にはバックゲーティングが有効であることがわかる．

ブセットが明確である場合は，蛍光四分画ゲートやヒストグラムゲートを用いて各集団の陽性率を解析することができます．一般的にはネガティブコントロールを指標として，陰性集団の陽性率が 1% 以下となるように解析ゲートを設定します．また，3 カラー以上のマルチカラー解析の場合は，蛍光の組合わせに応じたネガティブ領域のバックグラウンド上昇により，単染色コントロールでは判断できない場合もあり，必要に応じて FMO（fluorescence minus one）をゲーティングのコントロールに追加します（**Q53, 84**）．

サンプルに応じたゲーティングの最適化

その他，ゲーティングの判断が難しい例としては，培養細胞など自家蛍光が高い細胞の解析や細胞片などノイズを多く含む組織細胞の解析があげられます．例えば，自家蛍光の高い細胞から微弱な GFP 蛍光集団をゲーティングする場合，GFP 陽性のシングルカラー解析の場合も，単一パラメーターのヒストグラムプロットだけでなく，二次元プロットを用いること

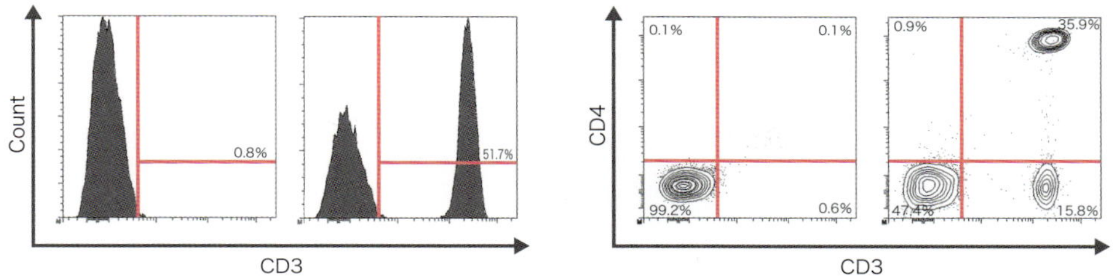

図 3　陰性領域と陽性領域の境界設定

ヒト末梢血白血球における CD3 陽性細胞のヒストグラム解析，および CD3 と CD4 染色による T 細胞の二次元プロット解析．各ネガティブコントロールを指標に，陰性領域が 1％以下となるようそれぞれヒストグラムゲート，蛍光四分画ゲートを設定．

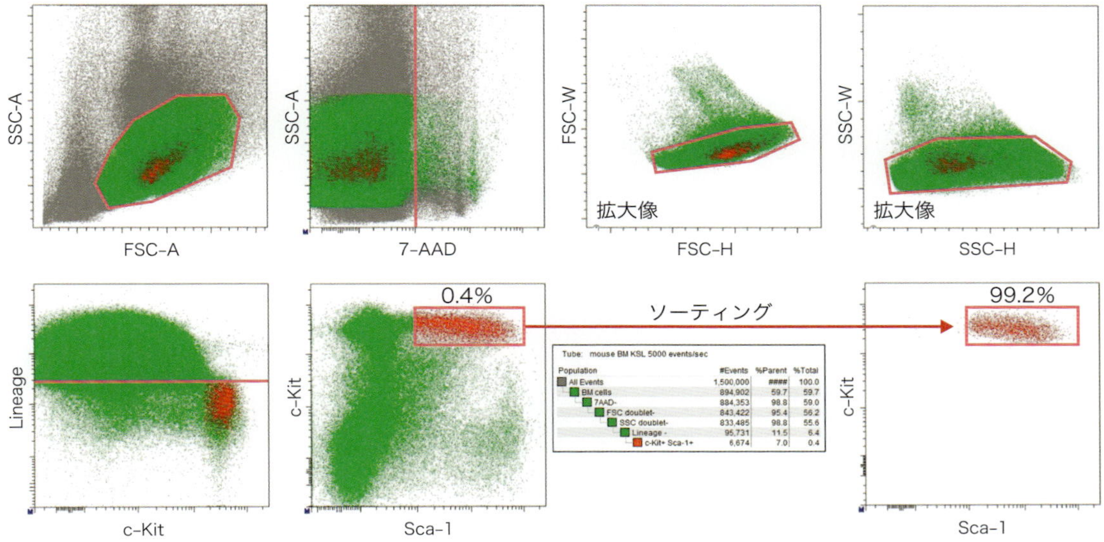

図 4　マウス骨髄細胞におけるゲーティング例

マウス骨髄細胞を，c-Kit BV421，Sca-1 APC，Lineage（TER-119，CD45R/B220，CD4，CD8α，CD11b/Mac-1，Gr-1）FITC および 7-AAD で染色．ソーティング対象となる c-Kit$^+$ Sca-1$^+$ の細胞分画を赤いドットで表示し，バックゲーティングにより各プロットのゲーティングによりはじかれていないことを確認した後にソーティングを実行．

で，自家蛍光が高い集団から微弱な GFP 陽性集団をゲーティングすることが可能です（**Q79**）．組織細胞の解析では散乱光と目的細胞の蛍光パラメーターとの展開により，細胞片などノイズを含む集団から目的細胞を引き出しゲーティングします（**Q80**）．これらゲーティング操作では，できるだけプロットを大きく作成するとともにソフトウェアのプロット拡大などのツールを用い，不要な細胞集団の混入がないことやゲーティングにより目的集団がはじかれていないことを確認します．

的確なゲーティングは，フローサイトメトリーのデータ解析だけでなく，希少な目的細胞を高純度にソーティングするためにも重要です．**図 4** はマウス造血幹細胞の解析およびソーティングの例です．はじめに散乱光でのゲーティングを行い，死細胞や凝集細胞および Lineage マーカー陽性の不要な細胞分画をゲートアウトし，c-Kit vs Sca-1 のプロットに展開しています．ソーティング例として c-Kit$^+$ Sca-1$^+$ の集団をゲーティングし，バックゲーティング（図では赤いドットで表示）により，目的細胞がゲートアウトされていないことを確認します．また，大きさの異なる複数の細胞を含むサンプルでは，ソーティングゲート

第 7 章 データ解析・管理，論文執筆に関するQ＆A

の下層でダブレット除去を行うことも有効です[1]．このように適切なゲーティングにより，最終的に1％以下の希少な細胞集団も高純度にソーティングできることが確認できます．

文献

1 ）田中 聡，他：ソーターのセッティング② 日本ベクトン・ディッキンソン株式会社（BD FACSAria）．「実験医学別冊 新版 フローサイトメトリー もっと幅広く使いこなせる！」（中内啓光/監，清田 純/編），pp138-151，羊土社，2016

（田中　聡）

Q77 データの各パラメーターに表示されている「-A」「-H」「-W」は，どのような意味ですか？データ解析ではどのように扱えばよいですか？

関連するQ→Q76, 78

細胞からの散乱光や蛍光シグナルの処理方法を示し，「-A」は Area（面積），「-H」は Height（高さ），「-W」は Width（幅）の略となります．データ解析では主に Area が使用され，Height や Width は凝集細胞の除去に使用されます．

◆各パラメーターの意味とダブレット除去について

フローサイトメーターは，流路を流れる細胞がレーザーを通過する際に発する散乱光や蛍光を検出し，数値化することで一つ一つの細胞情報を解析する装置です．散乱光や蛍光の検出には，光電子増倍管（photomultiplier tube：PMT）やフォトダイオード（photodiode：PD）が用いられ，これら検出器より出力されるパルスを数値化する方法として Area（面積），Height（高さ），Width（幅）が用いられます（図1A）．近年，フローサイトメーターのデジタル化と解析性能の向上により，パルスの高さ（最大値）を指標とする Height に代わり，全体の光量をより正確に反映するパルス面積である Area が，基本パラメーターとして採用されるようになっています．また，パルス幅である Width は，細胞がレーザーを通過する時間を反映します．

このようにフローサイトメーターでは，1つの細胞に対して1つのパルスが対応していることがデータ処理の基本となり，例えば図1B上段のように2つの細胞が近接してレーザーを通過することでパルスの重なりがある場合，2つの細胞情報を1つの細胞として処理する可能性があり，装置上で Electronic Abort や Coincidence Abort として，それらイベントを削除します．しかしながら，図1Bの下段のように非常に近接した細胞や凝集細胞は1つのパルスとして検出されてしまう場合があり，これらは装置上では判別することができません．

このようなパルスで判別されない細胞の同時通過や凝集は，図2にあるように前方散乱光（FSC）と側方散乱光（SSC）の情報を Area（面積），Height（高さ），Width（幅）のプロットを用い，ゲーティングにより排除します（一般的にはダブレット除去とよびます．Q78 も合わせて参照）．Width をパラメーターとしてもつフローサイトメーターの場合，ダブレット除去用に前方散乱光と側方散乱光の Height vs Width のプロットを作成し，Width の高い集団（複数の細胞がレーザーを同時に通過すると，通過時間に応じてパルス幅が長くなる）をゲートアウトします．Width を用いない場合は，Height vs Area のプロットを作成し，Height が同じでも Area が大きくなる集団を凝集細胞としてゲートアウトします．

237

第 7 章 データ解析・管理，論文執筆に関する Q & A

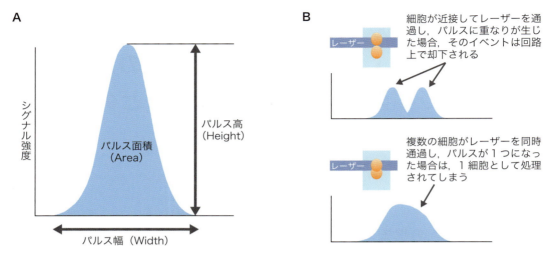

図1　フローサイトメーターにおけるパルス処理
細胞からの散乱光や蛍光は検出器よりパルス波形の強弱として出力され，Aに示されるパルス面積，パルス高，パルス幅をもとに数値化することでデータ解析に用いる．1つのパルスは1つの細胞情報が前提となり，Bに示されるように，パルスに重なりがある場合はシグナル処理の過程でデータより削除される．しかしながら，2つ以上の細胞情報が1つのパルスとして検出された場合は，装置上で排除することができず，データ解析の段階でダブレット除去を行う．

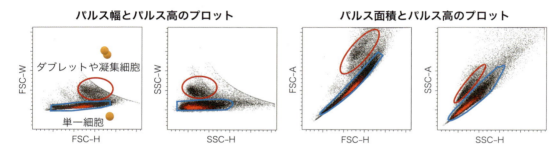

図2　パルス幅とパルス高，パルス面積とパルス高によるダブレット除去の例
パルス幅とパルス高のプロットから，凝集細胞はレーザーを通過する時間が長く，パルス幅の値が高いデータとしてゲートアウトすることができる．また，パルス面積とパルス高のプロットでは，同じパルスの高さでパルス面積が異なる場合は，細胞が並んで通過したと考え，ゲートアウトする．FSCとSSCの両方向より単一細胞をゲーティング（青色）することにより，ダブレット集団の除去を行う．

◆ダブレット除去の注意点

　ダブレット除去の注意点としては，例えば抗原刺激により幼若化したリンパ球など異なる大きさの細胞を含む場合[1]，必ずバックゲーティング（**Q76**）により目的細胞がゲートアウトされていないことを確認します．また，細胞のソーティングにおいては，目的細胞に対してダブレット除去を行うことで，細胞純度を向上させることも可能となります[2]．

文献

1) Böhmer RM, et al：Cytometry A, 79：646-652, 2011
2) 田中 聡，他：ソーターのセッティング② 日本ベクトン・ディッキンソン株式会社（BD FACSAria）．「実験医学別冊 新版 フローサイトメトリー もっと幅広く使いこなせる！」（中内啓光/監，清田 純/編），pp138-151, 羊土社，2016

（田中　聡）

関連するQ→Q31, 76, 77

Q78 ゲーティングの過程で死細胞や凝集細胞をゲートアウトできる原理がわかりません．なぜそのようなことができるのでしょうか？

生細胞と死細胞，単細胞と凝集細胞は，それぞれ散乱光シグナルの特徴の違いから，ゲーティングにより区別することが可能です．また，散乱光のみで死細胞を区別することが難しい場合は，PIや7-AADのような蛍光試薬を組合わせます．

死細胞や凝集細胞をゲートアウトする方法

サンプルの凍結保存や培養試験およびサンプル調製の過程で生じる死細胞は，抗体の非特異的な結合や自家蛍光の増加により偽陽性の原因となります．また，前稿のQ77で解説していますが，凝集細胞のイベントは，2つ以上の細胞を1つの細胞情報として認識してしまうため，解析における偽陽性やソーティングにおける純度低下の要因となります．これらをデータ解析やソーティングゲートの設定時にゲートアウトすることは，一貫したデータの収得において非常に重要なステップとなります．

これら不要な死細胞や凝集細胞をゲートアウトする方法としては，一般的に前方散乱光（FSC）と側方散乱光（SSC）のプロットを用います．また，PIや7-AADのような細胞膜非透過性の核酸染色剤は生細胞を染色しませんが（自家調製の場合は濃度に注意），死細胞やサンプル調製過程で細胞膜にダメージを受けた細胞には入り込みます（Q31）．したがって，死細胞をこれらの死細胞除去試薬の陽性細胞として除去することが可能となります．

死細胞のゲートアウトの例として，図1上段は培養細胞としてJurkat細胞，ヒト末梢血白血球，マウスの脾臓細胞と骨髄細胞のFSC vs SSCのドットプロットにおいて，生細胞にゲートを設定しています．単一の細胞株であるJurkat細胞では，散乱光だけでも生細胞と死細胞の分離は可能ですが，複数の細胞が存在するヒト末梢血白血球，マウスの脾臓細胞や骨髄細胞の例では，図1下段よりPIまたは7-AAD陽性の死細胞を赤色のドットで散乱光のプロットにバックゲーティング（Q76）すると，散乱光の生細胞ゲーティングに死細胞が近接または一部オーバーラップしていることがわかり，散乱光ゲートと同時に死細胞除去試薬の併用が有効であることがわかります．

死細胞と凝集細胞の除去によるデータ精度の向上

図2に，これら死細胞と凝集細胞のゲートアウトを組合わせることで，データの解析精度が向上する例を示します．図2下段はマウス脾臓細胞をCD3εとB220で染色し二次元展開したパターンとなり，散乱光での生細胞ゲーティングから，7-AAD陽性の死細

239

第 7 章 データ解析・管理，論文執筆に関する Q & A

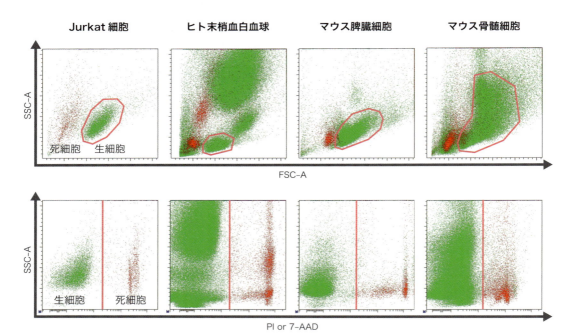

図1　各細胞における生細胞と死細胞の比較
上段は培養細胞の Jurkat 細胞，ヒト末梢血白血球，マウスの脾臓細胞と骨髄細胞の FSC vs SSC のドットプロットにおいて，生細胞にゲートを設定した例．下段は，さらに死細胞除去試薬を用いて，それぞれの細胞に含まれる生細胞と死細胞を判別した例．PI や 7-AAD 陽性の死細胞のベントを赤でバックゲーティングすると，上段の散乱光の生細胞ゲートにも赤いドットが含まれることから，両者の併用が重要となることがわかる．

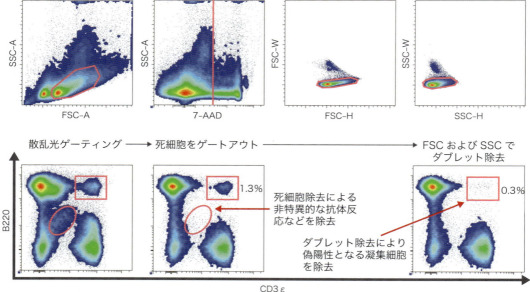

図2　死細胞と凝集細胞のゲートアウトによるデータ精度の向上
マウス脾臓細胞を CD3ε，B220 および 7-AAD で染色．上段の FSC と SSC による散乱光ゲーティングから，7-AAD 陽性の死細胞をゲートアウトすることで抗体の非特異反応を除去し，さらに凝集細胞のゲートアウトによりダブルポジティブの偽陽性集団が排除され，下段の CD3ε と B220 のプロットにおける解析精度が段階的に向上することが確認できる．

胞をゲートアウトすることでプロットの対角線上に存在する偽陽性細胞が排除され，さらに散乱光のWidth と Height を組合わせたダブレット除去（**Q77**）により，凝集細胞により偽陽性となったダブルポジティブ集団がゲートアウトされ，取得データの解析精度向上が確認されます．

　これら死細胞や凝集細胞のゲートアウトは，収得データの解析精度を向上させるだけでなく，ソーティング実験においても重要です．死細胞の除去はソーティング純度を向上させるとともに，分取細胞を用いた培養試験や移植実験を安定化します．また，ダブレット除去も偽陽性集団の排除によるソーティング純度の向上や特にシングルセルソーティングにおける分取精度の向上には必要不可欠な方法となっています．

（田中　聡）

第 7 章 データ解析・管理，論文執筆に関するQ＆A

関連するQ→Q31, 78

79 自家蛍光の高い細胞が目的の細胞に重なってしまい困っています．自家蛍光の高い細胞をゲートアウトすることはできますか？

自家蛍光の性質に応じた蛍光色素の選択やゲーティングを工夫することで，自家蛍光の高い細胞とポジティブ集団の分離を明確にすることが可能です．

自家蛍光とは？

　自家蛍光は，細胞自身の細胞内物質によって生じる蛍光シグナルです．一般的には大型の培養細胞，顆粒含有量が高い細胞，腫瘍由来細胞，心筋や肝臓などの組織由来細胞で高い自家蛍光が測定される場合があります（植物におけるクロロフィルも自家蛍光の要因となります）．また，死細胞への非特異的な抗体結合も自家蛍光同様にデータ解析における解像度低下の要因となります．自家蛍光は広範囲の蛍光チャネルで観察されますが，要因となる内在性蛍光物質の多くは，励起波長が 500 nm 以下，蛍光波長は 600 nm 以下となります（自家蛍光物質の種類により異なります）．心筋などに蓄積されるリポフスチンは蛍光波長が 600 nm を超える広範囲の高い自家蛍光をもちますが，励起波長を吸収の低い赤色レーザーに変えることや，APC-R700 や APC-Cy7 など長波長の蛍光を発する蛍光標識を使用することにより，S/N 比に改善がみられる場合があります．

自家蛍光の高い細胞を
ゲートアウトする方法

　さまざまな測定条件で検出される自家蛍光は，その特性を理解することで目的細胞よりゲートアウトすることが可能となります．図1のように死細胞やデブリス（細胞片など）に由来する自家蛍光（非特異的抗体結合による蛍光など）の場合，散乱光でのゲーティングおよび PI や 7-AAD などの細胞膜非透過性の蛍光核染色剤を用いた死細胞除去によりゲートアウトすることができます（**Q31, 78**）．
　次に，自家蛍光の高い細胞をゲートアウトする適切なプロットを作成します．ポイントとしては，自家蛍光が広範囲の蛍光チャネルで検出されるという点を利用します．例えば，培養細胞における GFP 発現強度の解析では，図2左のように GFP 陽性チャネルをヒストグラムで展開する場合が多くあります．しかしながら，図2左のように GFP の発現量が非常に低い弱陽性サンプルでは，ヒストグラム解析だけでは陽性集団を明確に評価することはできません．また，図2中央は同一サンプルを GFP と SSC の二次元で展開したプロットです．こちらも GFP の発現解析で比較的使用頻度が高いプロットですが，図2中央のように

Q79

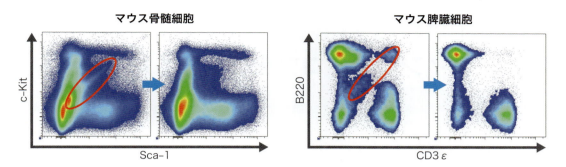

図1　死細胞やデブリスの除去による自家蛍光の除去
プロットの対角線上に存在する死細胞やデブリスおよび細胞凝集に由来する集団（赤で囲われた集団）は，散乱光ゲーティングと死細胞除去によりゲートアウトされる．

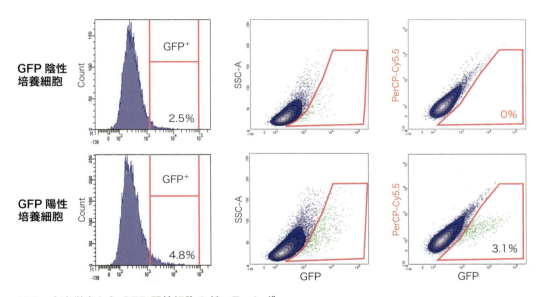

図2　自家蛍光からGFP陽性細胞のゲーティング
図左のヒストグラム解析では自家蛍光とGFP弱陽性の集団を判別することはできない．図中央のSSCとの二次元プロットでは，GFP強度の高い細胞分画のゲーティングは可能となるが，GFP弱陽性集団は自家蛍光の高い細胞集団と重なり判別することができない．図右の蛍光での二次元プロットを用いることで，対角線上に伸びる自家蛍光集団より，GFP弱陽性を含め正確にゲートすることができる．

　自家蛍光が高い細胞での解析では，GFP弱陽性集団と自家蛍光集団を明確にゲーティングすることは困難です．

　このような場合，自家蛍光が広範囲の蛍光チャネルで検出されることを使用し，GFP由来の蛍光シグナルを区別します．図2右のようにGFPとは別の蛍光パラメーターを組合わせたプロットを使用すると，自家蛍光は両蛍光パラメーター陽性として対角線上に伸びますが，GFP陽性の細胞集団はシングルポジティブとして区別でき（使用パラメーターにより蛍光補正を行う），自家蛍光の高い細胞集団よりGFP弱陽性の細胞集団を正確に解析およびソーティングすることが可能となります．

（結城啓介）

第 7 章 データ解析・管理，論文執筆に関するQ&A

関連するQ→Q31, 59, 78

Q80 腫瘍細胞や組織細胞からリンパ球をゲーティングするコツを教えてください．

A リンパ球分離用のマーカーや死細胞除去を組合わせてゲーティングします．また，組織由来のリンパ球解析では，事前に細胞浮遊液の調製条件を検討することも重要です．

リンパ球のゲーティングにおける注意点

一般的に，健常人の末梢血リンパ球は赤血球を含む血球細胞の0.05％前後と非常に低い割合ですが，塩化アンモニウム溶血剤による溶血や比重遠心で単核球分画を濃縮することで解析することが可能となります．腫瘍細胞や組織細胞に含まれるリンパ球の存在頻度はさらに低い場合もあり，固形組織からの細胞浮遊液の調製が非常に重要となります．炎症局所や腫瘍組織などの固形組織に浸潤したリンパ球を解析する場合は，使用する組織に応じて物理的処理あるいは酵素処理による細胞浮遊液の調製条件を事前に検討しておくことが重要となります（4章を参照）．これらは細胞の回収率や生存率だけでなく，特に細胞の分散に酵素処理を用いる場合は，図1のように細胞表面の抗原エピトープが酵素により消化される場合もあり（抗原の酵素感受性や抗体のクローンにも依存），酵素処理の影響など細胞浮遊液の調製条件を事前に検討しておくことが重要です．なお，一般的な酵素溶液は培養ディッシュなどからの接着細胞の回収を目的としているため，組織からのリンパ球の単離には濃度が高すぎる場合もあり，必要に応じて希釈や処理時間などの検討を行います．

十分なリンパ球数が確保できる組織では，細胞浮遊液調製後，末梢血のように比重遠心によりリンパ球を含む単核球細胞を濃縮することも可能です．しかしな

がら，検体サイズが限られる場合や，腫瘍局所に浸潤しているリンパ球などの数自体が非常に少ない場合は，組織構成細胞や処理過程の夾雑物を含む細胞浮遊液として解析する必要があります．図2上段はマウス組織における散乱光での解析例となり，脾臓を除き，肝臓，肺や小腸では，大小さまざまな組織由来細胞がリンパ球領域に重なることが確認されます．このような場合，コントロールに末梢血や脾臓細胞を用いて，リンパ球のゲーティング位置を設定することも可能ですが，組織や腫瘍局所に浸潤しているリンパ球は活性化などで散乱光パターンに違いを生じる場合もあります．図2下段は各組織から白血球マーカーCD45を用いて白血球細胞集団を分離した例です．散乱光によるゲーティングが難しい場合，はじめに目的細胞の目印となるCD45など分離のよい白血球マーカーを用いてリンパ球を含む集団を大きくゲーティングした後，散乱光プロットに展開することも有効です．また，組織細胞ではバックグラウンドが高くなる傾向がありますので，選択が可能なできるだけ明るい蛍光標識を用います．

もし，EpCAMなど目的外の組織由来細胞を同定するマーカーが使用できる場合は，白血球マーカーと組合わせて二次元展開することで，より正確に目的細胞をゲーティングすることも可能です．しかし，目的とするCD45陽性細胞以外の組織細胞を非常に多く含む場合や，白血球よりもサイズが大きくかつ未染色でも高い自家蛍光をもつ腫瘍細胞が含まれるサンプルで

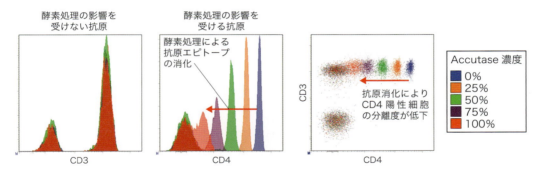

図1　酵素処理によるヒト末梢血リンパ球の染色強度変化
細胞の単分散に用いられるAccutaseを用い，通常使用条件の原液（100%）から75%，50%，25%および希釈用PBSのみ（0%）でそれぞれ37℃，10分間処理を行った．CD3は酵素処理の影響を受けないが，CD4抗原のエピトープは酵素処理により消化され，蛍光標識抗体による染色強度に低下が認められる．

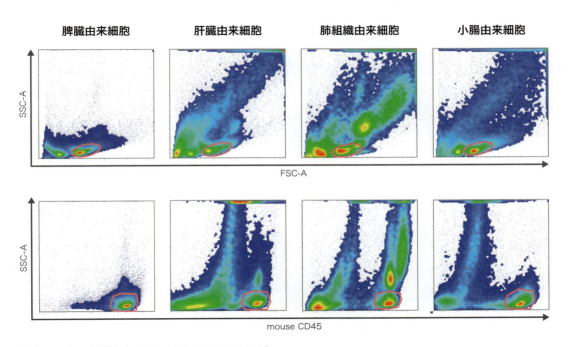

図2　マウス各臓器由来リンパ球のゲーティング
上段はマウスの脾臓，肝臓，肺，小腸の散乱光パターン．リンパ球領域に組織由来細胞が重なることがわかる．下段は，CD45染色によりリンパ球を含む白血球集団を組織由来細胞から分離した例．発現の高いマーカーを用いることで，混在する組織細胞より目的細胞を分離することができる．

は，それらがCD45陽性細胞の部分に重なってしまい，CD45陽性細胞をうまくゲーティングできないということもあります．このような場合でも，特定のサブセット，例えばCD4陽性細胞などでは，CD45陽性細胞が含まれる部分にゲーティングした細胞を，CD4を軸にとってドットプロットを描くと上手く分離できるときもありますので試してみましょう．しかし，目的の細胞がどうしてもゲーティングできない場合や非血球系細胞をできるだけ厳密に除きたいときには，CD45磁気ビーズでポジティブソーティングした（**Q59**）サンプルをフローサイトメーターで解析します．抗CD45磁気ビーズによる標識では，すべてのCD45分子が標識されるわけではなく，抗CD45磁気ビーズを反応後，遠心，上清を取り除いた後に，す

第7章 データ解析・管理，論文執筆に関するQ＆A

ぐに蛍光標識抗CD45抗体を含むマルチカラー標識抗体溶液加えることでCD45も染色することができます．この細胞浮遊液を洗浄，希釈後，マグネットまたはカラムでポジティブソーティングした後，フローサイトメーターで解析します．

一般的に組織の分散処理は細胞にダメージを与え，サンプル中に多くの死細胞を生じさせることも少なくありません．そのため組織由来の細胞を用いた解析やソーティングには，必ず死細胞除去試薬（PIや7-AADなど）を用いて死細胞をゲートアウトします（**Q31，78**）．また，組織由来細胞の解析では，死細胞とともに細胞片などのデブリスを多く含む場合があります．これらはThresholdを引き上げることでデータから除外することが可能です．ただし，Threshold以下の情報は，プロット上にデータとして表示されないだけでなく，装置として一切認識され

ない状態となりますので，特にソーティングを行う際は注意が必要です．Threshold以下のデータは無視されますので，もし不要な細胞がThreshold以下に存在していても装置には認識されず，ソーティングする細胞とともにランダムに混入してくる可能性があります．よって，ソーティングを行う場合は，不要な細胞を含めプロット上に表示されるようにThresholdを設定しておく必要があります．

その他，組織に浸潤しているリンパ球は，活性化によるダウンレギュレーションなど末梢血のリンパ球と比較しマーカーの発現が変化している場合もあり，蛍光色素を選択する段階は，通常は発現量が高いマーカーであったとしても輝度の高い蛍光色素を優先的に使用し，目的細胞を明確にゲーティングできるように工夫することも重要です．

（嘉陽啓之）

Q81 コンペンセーション（蛍光補正）をどの程度かけるべきかがわかりません．また，注意すべきことは何ですか？

関連するQ→Q5，25，86

コンペンセーションは，ネガティブコントロールとポジティブコントロールを指標にして，漏れ込みが生じているチャネルの中央値をネガティブコントロールの中央値に合わせることが基本です．また，タンデム色素では，ロット間やメーカー間で蛍光補正の割合が異なるため注意が必要です．

蛍光漏れ込みとコンペンセーション（蛍光補正）

　フローサイトメーターは，細胞からの光を光学フィルターにより分光し，それぞれの蛍光色素に応じた検出器へと導きます．図1Aに示されるように，それぞれの蛍光色素がもつ蛍光スペクトルのピーク付近に検出波長領域を設定しますが，蛍光色素の多くはブロードな蛍光スペクトルをもつことから，蛍光の漏れ込みとして目的とは異なる複数のチャネルで検出されます（**Q5**）．図1BはFITCおよびPEの単染色コントロールとなりますが，蛍光補正前のデータでは，蛍光の漏れ込みによりFITCであればPE，PEであればFITCと両方のチャネルで検出されていることがわかります．これら蛍光の漏れ込みは，図1Bのようにコンペンセーションのパーセンテージ（％）を調整し，漏れ込みが生じているチャネルの中央値（median）をネガティブコントロールの中央値に合わせることで補正します．

　また，蛍光補正が適正であるかを判断するうえではBiexponential表示（**Q86**）も有効です．例えば従来法として図2A左のように，視覚的にネガティブ集団とFITC陽性集団のPEチャネルへの上限を合わせる蛍光補正を行った場合，Biexponential表示ではオーバーコンペンセーションであることが明確に判断できます．この場合，PEチャネルにおける中央値を合わせるように蛍光補正を行うと，適切であることがわかります（図2A右）．オーバーコンペンセーションは2カラーや3カラー解析では問題とならない場合もありますが，マルチカラー解析ではサイトグラムに歪みをもたらし，解析結果を読み違える要因ともなるため注意が必要です．

蛍光補正の割合は色素のロットや保管状況の影響を受ける

　その他，蛍光色素の特性として，PE-Cy7やAPC-Cy7などのタンデム色素やPEやAPCなど天然物由来の蛍光色素は，ロット間やメーカー間で蛍光補正の割合が異なるため注意が必要です．図2Bの例のように，タンデム色素は同一メーカーの製品でもロットや保管状況（**Q25**）により蛍光補正の割合が異なります．よって，一連の実験で複数のタンデム色素を使用する際は，使用するタンデム色素ごとに蛍光補正用のサンプルをつくる必要があります．また，PEやAPCなど天然物由来の蛍光色素は，同一メーカー内

第 7 章　データ解析・管理，論文執筆に関するQ＆A

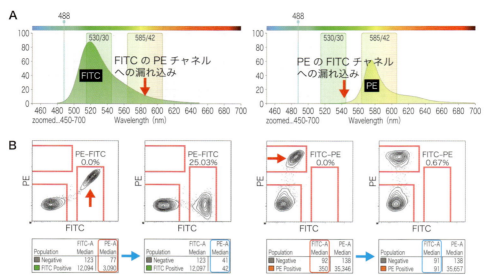

図 1　蛍光の漏れ込みと蛍光補正
A) FITC と PE の蛍光スペクトルとそれぞれの検出波長領域への蛍光の漏れ込み．B) FITC および PE での蛍光補正の例．左側は FITC 単染色であるのに，FITC 蛍光が PE チャネルに漏れ込みによって，あたかも PE 蛍光が検出されたかのようになっている．したがって，FITC の漏れ込みによるシグナルの分を差し引き，ネガティブシグナルの中央値に FITC シグナルの中央値が合うように調整する（コンペンセーション）．この調整を済ませていれば，FITC と PE の同時染色を行った際に，PE のシグナルを正確に測定できるようになる．右側は PE 単染色の場合に，FITC チャネルへの PE 蛍光の漏れ込みが起きている場合のコンペンセーションを示す．

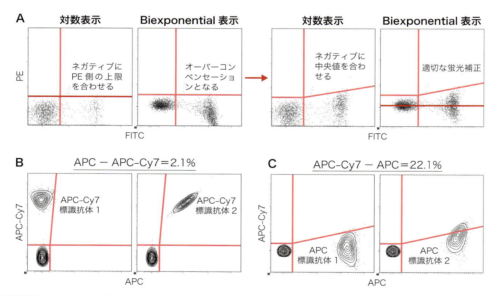

図 2　蛍光補正における注意点
A) 対数表示と比較して，Biexponential 表示は適切な蛍光補正の判定に有効である．左側のプロット間の比較において，対数表示による従来法の蛍光補正は一見妥当な蛍光補正のようにも見えるが，実際にはネガティブ集団の大部分が軸上に張り付いており（よって表示されるドット自体も少なくなる），Biexponential 表示でみるとオーバーコンペンセーションであったことがわかる．また，右側のプロット間の比較では，対数表示では一見アンダーコンペンセーションに見えるが，Biexponential 表示で見るとネガティブとポジティブの median がそろった適切な蛍光補正であることがわかる．B) タンデム色素の場合，同一製品であってもロット間や保管状況で蛍光補正の割合が異なる．左側のプロットを基準に APC-Cy7 の APC への漏れ込みを 2.1 % 補正した場合，ロットの異なる右側のプロットでは蛍光補正の割合が異なり，一方はアンダーコンペンセーションとなっている．C) 単一の蛍光標識を用いても，メーカー間で蛍補正の割合が異なる例．左側のプロットをもとに，APC の APC-Cy7 に対する漏れ込みを 22.1 % 補正した．この場合，同じ APC 標識でもメーカーが異なる場合には，蛍光補正がアンダーコンペンセーションとなる違いが生じた．

では基本的に蛍光補正の割合も一定となりますが，図2Cのようにメーカー間では原材料のロットにより蛍光補正の割合が変わる場合も確認されますので，複数のメーカー製品を混在して使用する際には注意が必要です．

これらの蛍光補正に用いるサンプルは，実際の測定サンプルを用いることが基本となりますが，例えば陽性細胞が非常に少ないマーカーの場合は，他のマーカー（白血球であればCD45など）を代用する場合もあります．ただし，タンデム色素に関しては，前述のようにロット間や保管状況により蛍光補正の割合が異なるため，使用する抗体自体で蛍光補正を行うことが必要です．また，タンデム色素で十分な陽性細胞数を確保できない場合やサンプルでは蛍光強度が低くコンペンセーションの指標とならない場合は，抗体をビーズにトラップすることで陽性コントロールの代用となるベクトン・ディッキンソン社のBD CompBeads（リンパ球など自家蛍光の低い細胞に使用）やBD CompBeads Plus（培養細胞など自家蛍光の高い細胞に使用），ベックマン・コールター社の

VersaComp Antibody Capture Beads kitなどを使用します．

現在，多くのフローサイトメーターは，ソフトウェアによるオートコンペンセーションを搭載しておりますが，その設定に用いられる原理は前述のものと同様です．ソフトウェアはネガティブコントロールとポジティブコントロールをもとに蛍光補正値を自動計算しますが，死細胞や自家蛍光あるいはビーズの凝集などは判別できませんので，オートコンペンセーションを有効に使用するうえでは，それらの異常な蛍光の要因となる集団を含まない領域にマーカーを設定することが重要です[1]．

文献

1） 田中聡，他：ソーターのセッティング② 日本ベクトン・ディッキンソン株式会社（BD FACSAria）．「実験医学別冊 新版フローサイトメトリーもっと幅広く使いこなせる！」（中内啓光/監，清田純/編），pp138-151，羊土社，2016

（菅原ゆうこ）

第 7 章 データ解析・管理，論文執筆に関するQ＆A

関連するQ→**Q18, 33, 53, 59, 76, 80, 86**

Q82 解析したい細胞の頻度が0.1％以下ととても低く苦労しています．よいデータ解析法，表示法はありますか？

A 希少細胞を解析する場合，存在頻度に応じて保存する細胞数を引き上げるとともに，可能であれば事前に目的細胞を濃縮します．また，マルチカラー解析を用い，ゲーティングにより目的集団を絞り込むことも有効です．

希少細胞のサンプル調製，データ収得のコツ

フローサイトメトリーによる希少細胞の解析では，まず解析対象となる細胞数を上げることが重要です．データの統計処理には，少なくとも数十〜100個以上の細胞数が必要となりますので，0.1％以下の細胞を解析する場合，十万個以上の細胞データを収得する必要があります．もし，十分な細胞数が得られる場合は，事前に磁気ビーズを用い目的細胞を濃縮しておくことも有効です（**Q59, 80**）．また，凍結細胞や組織由来細胞など偽陽性の要因となるデブリスや死細胞が多いサンプルでは，データ収得の際にデブリスをカットするための閾値（ThresholdやDiscrimination）を適切に設定し，死細胞はPIや7-AADなどの死細胞除去試薬でゲートアウトします．細胞の取り込み数を上げた場合，希少細胞は全体に埋もれてしまい，プロット上の位置が特定できない場合もあります．このような場合は，目的細胞が発現するマーカーにゲートを設定し，バックゲートによるカラー表示によりプロット上の位置を特定します（**Q76**）．

希少細胞の解析パネル，データ表示に関して

図1は，希少細胞としてマウスおよびヒトにおける造血幹細胞を解析した例です．未分化な造血幹細胞を含む細胞分画の割合はそれぞれ0.1％以下となることがわかります．希少集団の解析では，図のように十分な細胞数を確保するとともに，解析パネルには明るい蛍光色素でかつ蛍光の漏れ込みの少ない組合わせを使用することが重要です（**Q18, 33**）．また，対象外の細胞をLineageマーカーとして同一蛍光標識でそろえ，Lineage⁻として陽性集団をゲートアウトすることも，希少な解析対象を明確化するうえで有効な方法です（ゲートアウトを目的とするダンプチャンネルには，PerCP-Cy5.5など漏れ込みの多いチャンネルを割り当てます）．これら希少細胞のデータ解析では，収得する細胞数が非常に多くなることから，ゲーティングと合わせ，ドットプロット，コンタープロットやシュードカラープロットより，適切な表示形式の選択および表示内容の設定を行います（**Q86**）．

希少細胞の解析では，マルチカラー解析も存在頻度の低い細胞集団の検出精度を高めるツールとして有用です．図2は，ヒト健常人末梢血白血球において，制御性T細胞を含むCD3⁺ CD4⁺ CD25^high における，

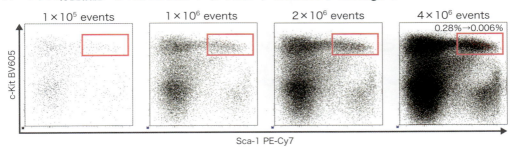

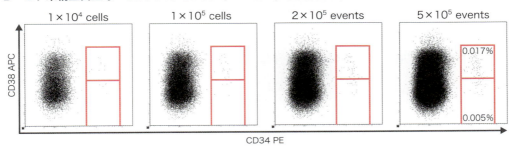

図1 細胞頻度とプロット表示数

マウス骨髄中の造血幹細胞分化を含む c-Kit$^+$ Sca-1$^+$ Lineage$^-$ は全イベント数の約 0.3%（**A** の赤枠中）で，そのなかでさらに長期骨髄再構築能をもつ CD150$^+$ CD34$^-$ KSL（**A** の赤枠中の赤のドット）は 4 百万イベント中の 252 個と 0.006%に相当する．また，ヒト健常人の末梢血中にも CD34$^+$ CD38$^-$ の造血幹細胞を含む分画（**B** の赤枠で囲まれた部分の下の方）が 0.005%ほど確認することができる．

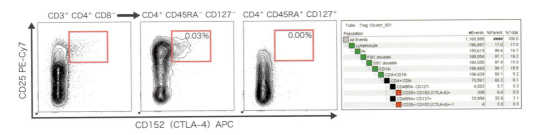

図2 マルチカラー解析による対象集団の絞り込み

ヒト末梢血白血球の 10 カラー解析（CD3，CD4，CD8，CD14，CD19，CD25，CD45RA，CD127，CD152 および PI）．マルチカラー解析による対象集団の絞り込みにより，全イベント中の 0.03%の集団をより客観的に提示できる．

細胞表面の CTLA-4 の発現を解析した例となります（CTLA-4 は活性化により細胞表面に発現する内在性タンパク質ですが，制御性 T 細胞では発現がみられます）．図 2 左の CD3$^+$ CD4$^+$ CD8$^-$ に含まれる CD25^{high} CTLA-4$^+$ は陰性集団との切り分けが不明瞭ですが，例えば，CD4$^+$ CD45RA$^-$ CD127$^-$ とマルチカラー解析により対象を絞り込むことおよび比較対照となるコントロールを置くことで，より客観性のある解析が可能となります．論文ではこのような希少細胞集団の解析において，FMO（fluorescence minus one）やアイソタイプコントロールを設定することも重要です（**Q53**）．

（山口　亮）

第7章 データ解析・管理，論文執筆に関するQ&A

関連するQ→Q18, 79, 86

Q83 2つのポピュレーションがはっきりと区別できず困っています．どのようにゲーティングすればよいでしょうか？

A ポピュレーション間の境界や存在頻度が明確となるプロットの選択，輝度の高い蛍光色素の使用や対象を絞り込むマーカーを追加することで，解析対象となる集団を明確化します．

ポピュレーションが隣接している場合のゲーティングのポイント

　近接したポピュレーションをゲーティングするうえでは，細胞集団の存在頻度が明確となるコンタープロットやシュードカラープロットなど適切なプロット表示形式を選択します（**Q86**）．シュードカラープロットでは近接するポピュレーション間の境界を認識しにくい場合でも，コンタープロットでは細胞密度が等高線で示され境界がわかる場合も多いので試してみましょう．また，培養細胞や組織由来細胞など自家蛍光の高い細胞では，例えば単染色の解析においても，ヒストグラムだけでなく自家蛍光との区別が明確となる二次元プロットを用いたゲーティングも有効となります（**Q79**）．

　一般的に，細胞マーカーの発現パターンは，発現する細胞サブセットや活性化などの状況により変化しますが，**図1**に示されるように大きく3種類に分けることが可能です．1つ目はCD4，CD8，CD3などネガティブとポジティブが明確に分離できる典型的なマーカー，2つ目としては明確なポジティブが確認できるものの集団が連続的に分布するマーカーとしてCD45RAやCD45ROなど，また，3つ目としては重要なマーカーとなりますが，発現レベルが低く活性化により変化するCD25やCD184などがあげられます．

分離度の低いマーカーでは，**Q18**で解説されるように，抗原密度に応じて蛍光強度の高い蛍光標識を選択することが，そのゲーティングにも大きく影響します．また，発現がブロードなマーカーや発現強度が低くはっきりと区別できない集団では，CD25のヒストグラムオーバーレイ（**図1**）で示されるように，他のマーカーを追加することで内在する細胞集団を細分化することも有効です．

　図2は，細胞を特徴づけるマーカーの追加により，はっきりと区別することが難しい集団から，解析対象のゲーティングを明確化した例となります．例えば，**図2A**のヒト末梢血白血球のCD4 vs CD25のプロットにおいて，連続的な発現を示すCD25陽性集団から制御性T細胞をゲーティングすることは困難です．この場合，細胞を特徴づけるマーカーとしてCD127とのプロットに展開することで，CD25陽性の制御性T細胞を含む分画を引き出しゲーティングすることが可能となります[1]．さらにCD45RAおよび転写因子であるFoxp3との組合わせにより，ナイーブTreg，エフェクターTregおよびFoxp3^{low}の非抑制性Foxp3陽性細胞をゲーティングすることも可能となります[2]．また，**図2B**はヒト末梢血におけるNK細胞の解析例となります．CD56強陽性のNK細胞は，頻度が少なく特定することが難しい集団ですが，図のようにCD16を加えCD16$^+$CD56^{dim}の集団と引き離

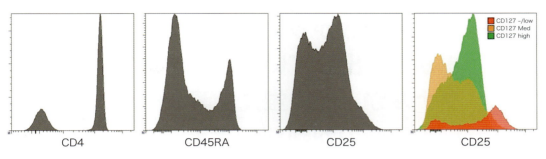

図1 細胞抗原の発現パターン
CD4のようにネガティブとポジティブの分離が明確なマーカーから，CD45RAのようにポジティブは明確だが発現がブロードなもの，CD25のように発現レベルが低く活性化により変化するマーカーの大きく3つの発現パターンがある．解析対象の特性から，蛍光強度の高い蛍光標識の選択や他のマーカーとの組合わせによる絞り込みを検討する．

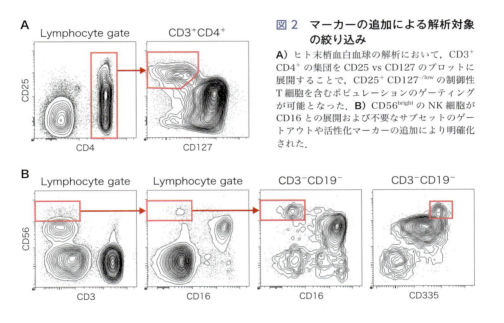

図2 マーカーの追加による解析対象の絞り込み
A）ヒト末梢血白血球の解析において，$CD3^+CD4^+$の集団をCD25 vs CD127のプロットに展開することで，$CD25^+ CD127^{-/low}$の制御性T細胞を含むポピュレーションのゲーティングが可能となった．B）$CD56^{bright}$のNK細胞がCD16との展開および不要なサブセットのゲートアウトや活性化マーカーの追加により明確化された．

すことで，その存在を確認することができます．さらにNK細胞以外の主要リンパ球をマルチカラー解析でゲートアウトし解析対象の存在頻度を上げることや，活性化マーカーとしてCD335（NKp46）やCD336（NKp44）などを組合わせることで，より客観的に分離度が低いポピュレーションを評価することが可能となります[3]．

このように，解析対象を明確化するプロットの選択，マーカーの発現強度に応じた適切な蛍光標識の選択，さらに，現在普及しているマルチカラーフローサイトメーターを活用した多角的解析も，区別が難しいポピュレーションのゲーティングおよび解析精度の向上に有効な方法となります．また，細胞ゲーティングには，四角形（図2など）や楕円形がよく用いられます．しかし，四角形や楕円形だと隣接するポピュレーションを含んでゲートしてしまう場合も多く，このような場合は面倒でも多角形ゲートを使用します．また，ポピュレーションが隣接している場合，双方のポピュレーションとも他方のポピュレーション由来の細胞を低頻度ながらも含んでゲーティングしていることを理解してデータを解釈しましょう．

文献
1）Seddiki N, et al：J Exp Med, 203：1693-1700, 2006
2）Miyara M, et al：Immunity, 30：899-911, 2009
3）Michel T, et al：J Immunol, 196：2923-2931, 2016

（田中　聡）

第 7 章 データ解析・管理，論文執筆に関する Q & A

関連する Q→Q7，18，33～35，53，81，83，84

Q84 蛍光色素数が多いデータを解析していますが，検出しているシグナルが目的のシグナルか，他の蛍光色素からの漏れ込みによるものか判別できません．どうすればよいでしょうか？

A

シグナルの漏れ込みを判断するうえでは，まず，蛍光色素および実際に使用しているフローサイトメーターの検出特性を理解することが重要です．また，漏れ込みが多重となる測定では FMO コントロールを準備します．

マルチカラー解析における ネガティブ領域設定の注意点

マルチカラー解析は，個々の細胞性状の詳細な解析や細胞集団全体を網羅的に解析するうえで，非常に有効な解析方法です．現在，10 カラー以上を同時に解析することが可能なマルチカラーフローサイトメーターも普及しており，使用できる蛍光色素数も 50 種類を超えます．これら複数の蛍光色素を用いたマルチカラー解析では，蛍光色素の漏れ込みの関係や使用するフローサイトメーターの検出特性を事前に把握しておくことが重要です（**Q18，33～35**）．また，3 カラー以上の解析では，蛍光色素の組合わせにより，一般的な単染色コントロールではネガティブとポジティブの境界が判断できない場合もあり，FMO（fluorescence minus one）コントロール（**Q84**）が提案されています[1)～3)]．

図 1 は蛍光色素の組合わせによるバックグラウンドが，ネガティブ領域の設定に影響する例です．図 1A は CD4 の PE 単染色コントロールと他の蛍光チャネルとの 2 次元プロットです．**Q18** で解説されるように，他のチャネルに対する陰性領域の設定位置（四分画マーカーで表示）は，蛍光の漏れ込みの有無により異なることがわかります．2 カラー解析では，このように単染色コントロール（**Q53**）を用いることで，蛍光補正（**Q7，81**）後に生じるネガティブ領域の分布に広がり（一般的にスプレッドとよびます）を含め，陰性シグナルと陽性シグナルの境界を判断することができます（抗体自体の非特異反応によるバックグラウンドレベルはアイソタイプコントロールを追加して確認します）．

図 1B では，さらに CD3 PerCP-Cy5.5 を加え，CD4 PE の各蛍光チャンネルに対するバックグラウンドを判定した例となります．青枠のプロットでは，図 1A で CD4 PE の単染色コントロールを用いて設定されたマーカーを超えるバックグラウンドの上昇が確認されます．これは CD3 に標識された PerCP-Cy5.5 の蛍光が PE-Cy7，APC や APC-Cy7 へと漏れ込み，蛍光補正後にバックグラウンドの上昇を引き起こした結果です．

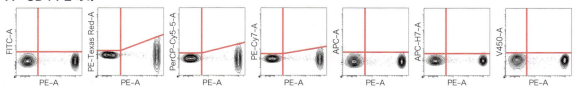

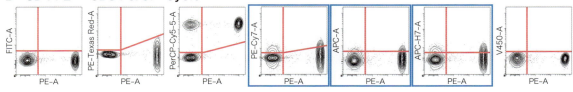

図1 蛍光色素の組合わせによるネガティブ領域の違い
A) CD4のPE単染色コントロールを用いた他のチャネルに対する陰性領域の設定．蛍光補正によるスプレッドによりPE-Texas Red，PerCP-Cy5.5，PE-Cy7の陰性領域は分布が広がる．**B)** CD4 PEにCD3 PerCP-Cy5.5を追加．PerCP-Cy5.5からの漏れ込みがあるPE-Cy7，APC，APC-Cy7では，CD4 PE単染色で設定されたマーカー位置を上回る．

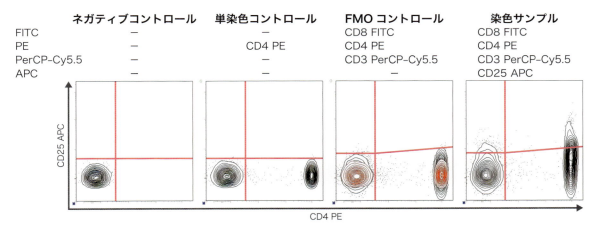

図2 単線染色コントロールとFMOコントロールの比較
複数の蛍光色素を用いた場合，単染色コントロールは，他の蛍光色素に由来するバックグラウンド（蛍光補正後の分布の広がり）を判定することができない．FMOは複数の蛍光色素間の漏れ込みによるバックグラウンドを明らかにし（FMOのコンタープロット上に赤で示される領域がCD4単染色コントロールの分布），3カラー以上の解析において有効なコントロールとなる．

このようなバックグラウンドに上昇がみられる蛍光チャネルに他のマーカーを追加する場合，単染色コントロールでは陰性領域との境界を判別できないケースがあります．例えば末梢血白血球のT細胞，B細胞，NK細胞，単球，顆粒球の同時測定のように，プロット上で各集団が明確に分離できるマルチカラー解析では，特に問題とはなりません．しかしながら，陽性集団がブロードに分布する場合など，ネガティブとポジティブの境界が不明瞭な解析を含むマルチカラー解析では，これらの蛍光の漏れ込みによる分布の広がりを含めて評価できるコントロールが必要となります（**Q83**）．

FMOコントロールによるネガティブ領域の設定

FMO（fluorescence minus one）は，フローサイトメーターのマルチカラー解析に考案されたコント

ロールであり，マルチカラー抗体の組合わせから1本除くことで，他の蛍光色素からのバックグラウンドを含めたネガティブ領域の設定を可能とします（**Q53**）．図2はFMOコントロールを用いたヒト末梢血リンパ球の4カラー解析例となります．CD3 PerCP，CD4 PE，CD8 FITCおよびCD25 APCと単純な組合わせですが，例えばAPC標識されたCD25陽性細胞を測定する場合，CD4　PEの単染色コントロールとFMOコントロールとを比較すると，単染色コントロールではCD25陰性の境界を正確に反映していないことがわかります．CD4のPE標識やCD8のFITC標識はAPCへ漏れ込みを生じませんが，CD3の蛍光標識であるPerCPはAPCへ漏れ込みがあり，蛍光補正後にAPCのネガティブ領域のバックグラウンドを上昇させます．結果としてCD3 PerCP陽性であるCD4陽性細胞とCD8陽性細胞を含め，CD25のAPCチャネルに対してネガティブ領域に広がりが生じます．これらは蛍光色素の組合わせに依存しますが，例えば10種類以上の蛍光色素を用いたマルチカラー解析では，蛍光色素間のバックグラウンドをFMOなしで判断することは現実的に困難です．FMOコントロールは，これらの複合的な蛍光色素のバックグラウンドの評価を可能とし，自信をもって陽性シグナルを判定することを可能とします（解析パネルに応じて，複数本のFMOコントロールを準備する場合もあります）．また，FMOにおける注意点としては，差し引かれた1本の抗体自体のバックグラウンドは評価できません．細胞内染色など抗体自体のバックグラウンドが問題となる場合は，差し引いた抗体の代わりにアイソタイプ抗体を追加するなど，実験の目的に応じた適切なコントロールを設定します（**Q53**）．

文献

1）Perfetto SP, et al：Nat Rev Immunol, 4：648-655, 2004
2）Tung JW, et al：Clin Lab Med, 27：453-68, v, 2007
3）清田 純：フローサイトメトリーの基本原理．「実験医学別冊 新版 フローサイトメトリー もっと幅広く使いこなせる！」（中内啓光/監，清田 純/編），pp10-21, 羊土社, 2016

（田中　聡）

Q85 MFI（平均蛍光強度）はどのようなときに使いますか？

関連するQ→Q86，87

A MFIは対象抗原の相対的な発現量を比較する場合に用います．陽性細胞の存在頻度だけでなく，細胞あたりの受容体や転写因子の発現量が細胞機能や生体応答に重要な場合，有効な指標となります．また，群間比較で，陽性細胞の頻度の差は小さくとも，MFIでより明確に差を示せる場合，補完的にも用いられます．

MFIの種類とMFIを用いた評価の注意点

　フローサイトメーターにおけるデータ解析では，解析対象となる細胞サブセットや抗原を発現している細胞の存在頻度をパーセンテージであらわすことが多いかと思います．フローサイトメーターは，存在頻度とともに相対的発現量の解析も可能であり，例えば免疫応答や細胞分化における受容体や転写因子の発現など，発現量の違いが重要な意味をもつ場合には，MFI（平均蛍光強度）を指標として用います．

　MFIはMean fluorescence intensityとよばれることもありますが，平均の代表値としては，Mean（相加平均，算術平均），Geometoric Mean（相乗平均，幾何平均）およびMedian（中央値）が用いられます．フローサイトメーターで測定される活性化マーカーや受容体など対数的な変化量をとる場合には，その代表値にGeometric MeanやMedianを用いる場合が多くありますが，これらは一般論となりますので，実際の解析では測定対象の変化量，また，使用されるフローサイトメーターの取扱説明を参照し（対数データ収得に対数増幅器を用いるアナログ機器では，代表値としてGeometric MeanやMedianを用いま

す），適切な統計データを利用してMFIの評価を行ってください．

　図はCD8陽性T細胞におけるPD-1の発現解析におけるそれぞれの統計データの比較です．CD3陽性を展開したCD8 vs CD45RAのプロットにおいてゲーティングを行い，CD8$^+$CD45RA$^+$およびCD8$^+$CD45RA$^-$をそれぞれPD-1のヒストグラムに展開しています．ナイーブ細胞を含むCD45RA$^+$と比較し，CD45RA$^-$では疲弊や老化の指標となるPD-1の陽性率が上昇していることがわかります．また，図Aの例では，CD45RA$^-$のPD-1の発現量自体もCD45RA$^+$と比較し，各統計データにおいて約1.3倍に上昇していることが解析されます．しかしながら，図Bはヒストグラム上で赤く囲まれた外れ値を含む場合ですが，MeanとGeometric meanの値には図Aと比較し逆転が確認され，このようなケースではMedianは外れ値の影響が少ないことがわかります．図Bのようなケースの場合，陽性細胞のゲートを狭くし外れ値を外す，あるいは明らかな外れ値と判断できる場合は前もって外れ値を除外した細胞群でヒストグラムを描いた後に陽性細胞をゲートします．あくまでも一例となり客観的な判断には実験回数を重ねる必要がありますが，このように実際の解析ではそ

第 7 章　データ解析・管理，論文執筆に関する Q & A

Population	PD-1 PE-A Geo Mean	PD-1 PE-A Mean	PD-1 PE-A Median
CD8+CD45RA+	1,169	1,279	1,067
CD8+CD45RA-	1,480	1,647	1,439

Population	PD-1 PE-A Geo Mean	PD-1 PE-A Mean	PD-1 PE-A Median
CD8+CD45RA+	1,570	5,987	1,149
CD8+CD45RA-	1,485	1,673	1,434

図　統計データの算出例

CD3$^+$ CD8$^+$ CD45RA$^+$ および CD3$^+$ CD8$^+$ CD45RA$^-$ T 細胞における PD-1 発現強度の比較．A と B における Mean，Geometric Mean，Median の比較より，外れ値が存在する場合は統計データが逆転する場合もあり，解析ではそれぞれの値を比較するとともに，解析結果の証明に適切な MFI をデータに用いる．

れぞれの生データの確認と統計データの値を参照しておくことも重要です．

また，実際的な用い方として，群間比較で陽性細胞の頻度の差が小さい場合，MFI で分子量の差をより明確に数値で示すことは，論文投稿時などに説得力があります．統計的な検定を合わせて示し（**Q87**），群間の比較をより明確に示すために補完的に用いられます．

MFI を用いた評価を行う際の注意点としては，一連の実験においてサンプル調製に使用する細胞数および抗体量（濃度，反応時間や温度など）など反応条件を一定に保つことが，データの比較対象において重要です．細胞数に対して十分な抗体量を添加するとともに，過剰な抗体の添加によるバックグラウンドの上昇にも注意します．また，近年，デジタルフローサイトメーターの普及と Biexponential（**Q86**）など新しい表示形式の導入により，統計データの陰性領域にはゼロやマイナス値が含まれ，Geometoric Mean が計算されない場合もあります．このような場合，アイソタイプコントロールの MFI と陽性サンプルの MFI をもとにグラフを作成する場合や両者で S/N 比（倍率変化）をとる場合などは Median などを代表値として用います．

また，フローサイトメーターで測定される MFI は相対的な発現量の比較となりますが，例えば BD Quantibrite など規定値の蛍光をもつ標準ビーズを用いることで，抗原量の定量も可能となります．はじめに PE 分子数の規定された標準ビーズを用いて検量線を作成し，PE と抗体が 1：1 で標識された抗体を用いることで，検量線より抗原量を定量します．

（日野和義，小川恵津子）

Q86 二次元プロットには複数の表示形式がありますが，論文への掲載にはどれが適切ですか？　また，Biexponential とは何ですか？

関連するQ → Q76

A ドットプロット，コンタープロット，デンシティプロットのなかから，論文の統計データやゲーティングの説明に適した表示形式を選択します．また，Biexponential はこれらのプロットのデータ表示を改善する方法として開発されました．

フローサイトメーターの各データ表示の特徴

◆ドットプロット

ドットプロットは，一つひとつの細胞情報をX軸とY軸の値をもとにプロットした表示形式であり，フローサイトメーターにおけるデータ表示の基本となります．ゲーティングされた集団ごとに色分けして表示することも可能であり（図1），データの解析やソーティングに適切なゲーティング位置を確認するバックゲーティング（Q76）にも重要です．ドットプロットは，細胞集団の分布を端的に示すことができ，二次元プロットの基本となります．一方で，ドットプロットは単色のため，細胞が高密度で集合している場所はべた塗りになってしまい，どの程度細胞が集中しているのかを示すことはできません．したがって，ドットプロットで細胞集団の分布の全体像を表示するような場合には，最大でも表示細胞数を数万個程度にします．このようなドットプロットでの問題点を解決するために，以下のプロットがよく用いられます．

◆コンタープロット

コンタープロット（等高線プロット）は，X軸とY軸の値に加え，細胞集団の存在頻度を等高線により表示し，頻度の低い細胞の分布もドットで表示します（図1）．細胞集団の分布とともにその存在頻度も視覚的に把握できるため，論文で使用される頻度が高いプロットです．コンタープロットを使用するうえでは，各ソフトウェアのマニュアルを参照し，目的となる細胞集団の存在頻度に応じて等高線の間隔および解像度を適切に設定します．

◆デンシティプロット，シュードカラープロット

デンシティプロットやシュードカラープロットは，コンタープロットと同様に論文での使用頻度も高く，色調を変えることで細胞集団の存在頻度を可視化します．代表的な例としては，図1に示されるように，低頻度の細胞集団はブルーからグリーン，中間頻度をイエロー，高頻度をオレンジからレッドで表示します．コンタープロットと同様にプロットの諧調や解像度は，目的となる細胞集団に合わせソフトウェア上で適切に設定します．

第 7 章 データ解析・管理，論文執筆に関するQ＆A

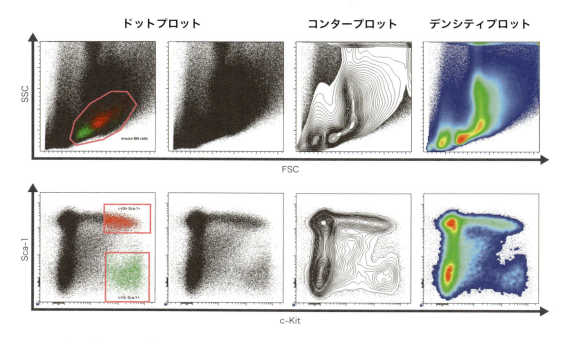

図 1　二次元プロットの比較
BD FACSDiva ソフトウェアの解析例：ドットプロット，コンタープロット，デンシティプロットで比較．上段はマウス骨髄細胞を FSC と SSC で展開した例．下段は 7-AAD 陰性かつ Lineage マーカー陰性の集団を c-Kit と Sca-1 で展開した．ドットプロットはゲーティングされた細胞集団の特定に有効であり（バックゲーティングとよぶ），コンタープロットやデンシティプロットは細胞の存在頻度を視覚化することができる．文献 1 より改変して転載．

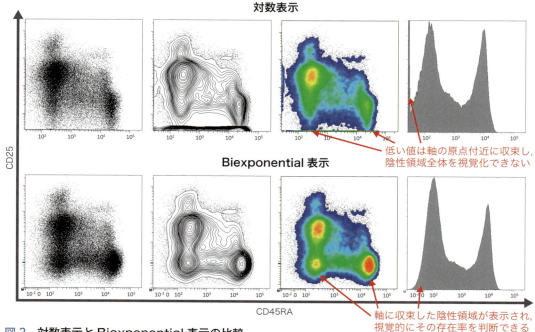

図 2　対数表示と Biexponential 表示の比較
BD FACSDiva ソフトウェアの解析例：ヒト末梢血 CD3 陽性 T 細胞を CD25 と CD45RA のドットプロット，コンタープロット，デンシティプロットおよび CD45RA のヒストグラムで展開した．対数表示（上段）と Biexponential 表示（下段）との比較例において，Biexponential 表示は軸上に存在するネガティブ集団の分布を明確化することができる．

例えば，図1右上のようにみえる表示でも，表示している細胞数が多い場合，赤の領域だけで細胞数の90%以上を占め，残りの10%が黄色から青で表示されているということも実際にあります．このような場合には，色調の解像度の変更や，表示する細胞数を下げる（FlowJoを用いた解析ではTimeを絞るなど）ことで，プロットから得られる印象と実際の分布をできるだけ一致させるようにします．また，目的の集団が低頻度の細胞集団内に存在する場合，表示している細胞集団のなかに高頻度で存在する集団が存在すると，低頻度の集団は均一に表示されてしまい目的の細胞集団が認識できない場合もあります．このような場合には，まず，高頻度の集団を避けて目的の細胞を含む低頻度の集団をゲーティングしてからプロットに展開することで，目的とする集団がはっきりとみえるようになります．

◆ Biexponential 表示

また，フローサイトメトリーのデータ表示を最適化する表示方法として，Biexponential 表示（ソフトウェアにより Logicle など）も普及しています[2][3]．従来の対数表示では，図2上段のように蛍光をもたない，あるいは微弱な蛍光の細胞は，どのプロットに

おいてもプロットの X 軸または Y 軸の原点付近に集積するため，陰性領域の細胞集団を視覚的に判断できないという課題がありました．近年のデジタルフローサイトメーターは，陰性領域に存在するベースライン付近のデータを 0 およびマイナス値を含めて解析することを可能としていますが，従来の対数表示ではこれらデータ特性を生かすことができませんでした．Biexponential 表示は，これら課題を解決する新しい表示方法として開発され，図2下段のように 0 およびマイナス値を含む陰性領域にある細胞情報の表示を可能とすることで，視覚的にも細胞集団の存在頻度を正しく判断できることから，論文での使用頻度も高くなっています．

文献

1）田中 聡，他：ソーターのセッティング② 日本ベクトン・ディッキンソン株式会社（BD FACSAria）．「実験医学別冊 新版 フローサイトメトリー もっと幅広く使いこなせる！」（中内啓光/監，清田 純/編），pp138-151，羊土社，2016
2）Herzenberg LA, et al：Nat Immunol, 7：681-685, 2006
3）Tung JW, et al：Clin Lab Med, 27：453-68, v, 2007

（田中　聡）

第 7 章 データ解析・管理，論文執筆に関するQ&A

関連するQ→Q26, 27, 37〜39, 42

Q87 フローサイトメトリーの細胞ゲーティングや，統計計算したデータは，どのように表記して，論文投稿すればよいですか？

ヒストグラム，ドットプロットともゲートの描画とゲート内細胞の頻度や数などを表示した代表例を図示します．ゲート内細胞の頻度や数が論文でポイントになる場合はさらに，これらの数値の「平均 ± 誤差」グラフ（バー，ボックス，線のみなど）と，個々のデータをグラフ中に示します．

論文投稿に向けたデータの表示方法

フローサイトメトリー解析のゲーティングストラテジー（細胞のゲーティングの順番，ゲートの位置と形，頻度など）を示す際には，代表例を図示します（**Q37** 図2，**Q38** 図2，**Q42** 図2など）．誌面が許せば本文中に示しますが，Supplementary Figureに示すことも多くなっています．しかしもちろん，各実験群で目的とする細胞の頻度などの詳細を示すことが大事なときは，各群のデータを載せるなどします．

一方で，注目する細胞の頻度や，各分子発現のヒストグラムでは，各群のヒストグラムをオーバーレイして代表例を図示します（**Q26** 図2，**Q27** 図1，**Q39** 図2など）．さらに陽性細胞を示すゲートとその割合を示します（図A）．複数の群の割合を示さなければならない場合は，例えば色を変えます（白黒の場合は，片方を太字，灰色にするなど工夫します）．プロット内の数字に必ず%を付けるようにしましょう．プロット内のスペースが狭い場合などは数値のみ示し，「数字はゲート内の細胞の割合（%）を示す」などを，図の説明文に記述します．また，FlowJoなどではゲート内の数値が，48.4%など小数点一桁の3桁などで表示されます．しかし，細胞のゲーティングの少しのずれで有効数字の3桁目の数値はすぐに増減してしまうことから注意が必要です．論文掲載のときには，参考までに私の研究室では有効数字2桁で記しています．また，ヒストグラムでの複数データのオーバーレイでは，各群のピークを最高値に合わせる「% of Max」と，各群で表示される細胞数あるいはエリアを同一にした表示（縦軸が細胞数あるいはUnit Area）がありますので，目的により選びます（概論図5）．図Aでは，数値と印象がより近いUnit Areaで示しています．また，ドットプロットの場合は各実験群の代表例を並べて図示することもあります（**Q26** 図2など）．

以前は，数回の実験の代表例を示すのみで論文が発表されていました．しかし最近では，各ゲート内細胞の頻度や細胞数（ヒストグラムでは陽性細胞など）について，一般的なデータと同様，<u>平均 ± 誤差のグラフ</u>を上記のサイトグラム（ドットプロット）の横，あるいは，おなじfigure No. 内で，図示することが望まれます（図B）．バーグラフ，ボックスグラフ，線のみで平均と誤差などを表示します．標準偏差（S.D.），および標準誤差（S.E.），は適宜，使い分けられています．さらに，群間の有意差検定も行い，

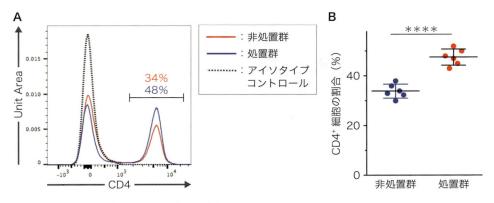

図　論文投稿時のデータの示し方の一例

　有意差も忘れずにつけましょう．誌面が限られる場合，グラフのみ本文中で図示し，フローサイトメトリーデータは，すべて Supplementary Data で示すこともあります．

　さらに，現在は投稿するジャーナル，レビューアーにより要求は異なりますが，個々のサンプルのデータを前述のグラフにプロットして示すことも，一般的になりつつあります（図 B）．レビューアーから個々のデータの図示を求められても困らないように，サンプル一つひとつについて確実なデータの取得に注力しましょう．また，複数回の実験にわたるデータを合わせて解析することが必要な場合，実験間での安定した細胞分離だけでなく，再現性の高い染色も大切です．毎回同程度の強さに染色できる条件を見つけてから本実験を実施するようにしましょう．

〈戸村道夫〉

第 7 章　データ解析・管理，論文執筆に関する Q & A

Q88 実験ノートにはどのような情報を記載したらよいですか？またデータの管理はどうすればよいですか？

A 記載内容は各施設・研究室の指針に従います．フローサイトメトリーの情報としては，使用細胞数や染色条件の詳細が実験の再現性に特に重要となります．また，測定データは実験後に必ずバックアップをとり保管しましょう．

◆実験ノートへの記録

　実験ノートへの記載は，各施設や研究室の指針に従い，実験を再現できるだけの十分な情報を記載します．特にフローサイトメーターを用いた実験では，後述の測定前のサンプル調製における抗原抗体反応などの条件が測定結果を大きく左右し，ソーティングによる細胞分取の実験では，使用した装置の圧力，回収された細胞数，生存率などの情報などが，以降の培養試験や実験の再現性確保や実験プロトコールの改善に重要な情報となります．

◆細胞の種類と由来などの管理情報

　基本的な情報となりますが，細胞の由来や採取方法（末梢血の場合は凝固剤のヘパリンなど種類を含め）および保管状況（採取からの経過時間，保存温度，または，凍結細胞など）の情報を記載します．

◆細胞浮遊液の調製方法

　組織や接着細胞より細胞浮遊液を調製する場合，スライドガラスを用いた物理的分散や酵素処理を用いた分散（酵素処理の場合，表面抗原が消化される可能性があり，使用した酵素の種類や濃度，処理時間や温度情報を記載）の情報を記載します．また，処理後に回収された細胞数および生細胞数，溶血剤使用の有無や比重遠心による細胞分離などの条件も，以後の追試や実験プロトコールの改善に重要です．

◆サンプルの染色方法

　使用したバッファーの種類および FBS や BSA，EDTA の添加の有無や濃度（バックグラウンドや凝集などに影響），Fc Block の使用の有無（Fc 受容体への抗体の非特異結合を防ぐ）などの情報を記載します．また，使用細胞数と染色時の細胞濃度，添加した抗体量や染色液の全体量，染色温度と反応時間（例えば $1×10^6$ 個の細胞浮遊液 100 μL に 1 μg の抗体を添加し，4℃で 30 分間染色など），各段階の遠心強度や洗浄回数などを記載します．

◆フローサイトメーターの情報

　使用機器名とソフトウェアのバージョン，機器感度の設定情報（一般的には測定データの情報に含まれます）を記録します．セルソーターの場合は，ノズル径と使用圧力，ソーティング情報（ソート時間，回収細胞数，回収細胞率，回収時間：これらもソートレポートとして機器より出力することが可能）および細胞純度と細胞生存率を記録します．ゲーティングを含む解

析プロットは PDF 化して保存または印刷し実験ノートに添付します．

◆ その他の基本的事項

使用試薬の製造メーカー，製品名，カタログ番号，ロット番号や使用期限など．使用抗体のクローン情報（同一抗原でも抗体種類・クローンにより，染色強度などの染色性が異なる場合がある）と蛍光標識の種類，染色に用いた抗体のストックからの希釈倍率あるいは濃度や量，および解析に使用する染色パネルの構成などを記録します．

測定データの管理

フローサイトメーターで取得したデータは，実験ノートと同様に，研究者自身の責任において保管・管理しなければなりません．特に，コアラボラトリーなど共通使用機器を使用する場合，測定後に必ずデータのバックアップを実施します．

データのバックアップ形式は，以降の解析に使用するソフトウェアにより選択します．多くのソフトウェアでは取得したデータとゲーティングなどの解析条件を完全に再現できる形式（例えば，BDFACSDiva や FACSuite であれば Experiment 形式）での出力が可能です．また，FlowJo や FCSExpress など解析専用のソフトウェアでデータを解析する場合は，測定サンプルデータを fcs ファイルや lmd ファイルで出力します．ただし，この場合はデータ収得時のプロットやゲーティングの情報は保存されません．

また，データ管理の一環として，バックアップ後に不要となった測定機器本体のデータを順次消去することも，フローサイトメーターの安定稼働において非常に重要です．ハードディスクが一杯になるまでデータを保存することは，機器ソフトウェアの不安定化や場合によりソフトウェアがクラッシュする原因となります．

（安田　剛）

第8章

非リンパ球・非モデル生物細胞への
適用に関するQ&A

第 8 章 非リンパ球・非モデル生物細胞への適用に関するQ&A

 関連するQ→Q31, 59

リンパ組織のストローマ細胞はどのように調製すればよいでしょうか？

A リンパ節などのリンパ組織からストローマ細胞（間葉系細胞，内皮細胞，上皮細胞など）を調製し，フローサイトメトリーで解析するには，コラゲナーゼなどの酵素処理とCD45陽性細胞のゲートアウトが必要です．

リンパ組織を支える非血球系細胞

リンパ組織（器官）には血球・リンパ球を産生する一次リンパ器官（骨髄，胸腺）と免疫応答が起こる場である二次リンパ器官（リンパ節，脾臓，粘膜リンパ組織など）があります．いずれも血球細胞やリンパ球がぎっしり詰まった組織ですが，組織の構造や機能を支えるさまざまな非血球系細胞もたくさん存在しています．これらの細胞は一般的にストローマ細胞とよばれ，間葉系の細網細胞や血管・リンパ管内皮細胞，上皮系細胞などが含まれます．ストローマ細胞を詳しく調べるうえでフローサイトメトリーを用いた解析は欠かせません．しかし，組織をほぐせば大量に遊離してくる血球・リンパ球とは異なり，ストローマ細胞は少数であることに加え，細胞外基質に強く接着し，相互に連結して網目構造をつくっていたりするため，簡単に取り出せません．ここではリンパ節の場合を例にとり，ストローマ細胞の調製とフローサイトメトリー解析における注意点やコツを紹介します．

酵素処理により組織内のすべての細胞を遊離調製する

リンパ組織に限らず，臓器から非血球系細胞を単離するにはコラゲナーゼやトリプシンなどのタンパク質分解酵素を用いて細胞外基質や細胞間接着を消化し，細胞を遊離させる必要があります．しかし，抗体染色によるフローサイトメトリー解析を行うためには標的分子が分解されては意味がないため，目的にあった酵素を選択することが重要です．マウスのリンパ節からストローマ細胞を調製するには，Collagenase DやLiberase TMにDNase Iを加えた酵素処理が適しています．DNase Iは壊れた細胞から遊離したDNAが原因となる細胞凝集を抑える働きがあります．実際の酵素処理の方法は研究者によりさまざまですが，私たちは微小バネ剪刀を用いて細断したリンパ節を酵素の入った培地に入れ，37℃でインキュベーションしながら10〜15分おきにマイクロピペット（P1000チップ：先太→先細），注射器（針：21G→25G→27G）の順に出し入れすることで撹拌し，段階的に組織をほぐす方法を取っています．全工程をなるべく短時間で行い，操作・工程数を減らすことがポイントです．酵素活性が低いと不必要に時間がかかり回収率や生存率が低下するため，あらかじめ適正な濃度を検討しておきます．酵素処理後はできるだけ氷上，4℃で操作することも大切です．また，使用するチューブ類は血清やアルブミンなどでコートしておくと細胞吸着が抑えられ，回収率が大幅に改善します．それでも，遠心後には細胞がチューブ壁に線状に付着することから，軽く振り落としてから再度遠心し，回収量を増やす工夫などが必要です（プロトコール）．

プロトコール

1) マウスを屠殺し，リンパ節を採取する（PBS もしくは培地に浸ける）
2) 実体顕微鏡下で微小バネ剪刀を用いて脂肪組織などを取り除いた後，リンパ節を細断する
3) 酵素溶液に移す（1.5 mL チューブ）
   1%FBS-RPMI1640/10 mM HEPES 培地　0.5 ～ 1 mL
   Collagenase D（ロシュ・ダイアグノスティックス社）1 mg/mL
   DNase I（ロシュ・ダイアグノスティックス社）0.1 mg/mL ＊酵素濃度は目安
4) 37℃でインキュベーション
5) 10 ～ 15 分おきに以下の順で撹拌
   ①マイクロピペット：P1000（先太/先端切断）
   ②マイクロピペット：P1000（先細）
   ③1 mL 注射器：針 23G
   ④1 mL 注射器：針 25G
   ⑤1 mL 注射器：針 27G
   　＊組織片が少しずつ小さくなっていくことを確認しながら慎重に出し入れする
   　＊最終的に⑤で微小の組織塊が見えなくなるようにする
（以降，氷上/4℃操作）
6) 遠心（微量遠心器/4℃，4,000 rpm，1 分）
   　＊遠心後にチューブの壁に線状に張り付いている細胞を軽く振り落とし，再度遠心する
7) 上清を吸い取った後，冷培地（酵素不含）を加え，マイクロピペット（P1000）で細胞ペレットをゆっくりほぐし懸濁する
8) 6），7）を 2 回くり返す（酵素の洗浄操作）（赤血球が多い場合は，この段階で ACK バッファーを用いて溶血する）
9) >5×10^6 個細胞/サンプルで抗体染色を行う
   　＊十分な用量の抗 CD45 抗体を加える
10) ナイロンメッシュで濾過
11) フローサイトメトリー解析

操作や条件設定など，各ステップに細心の注意を払うことが成功の秘訣

リンパ節はもともと赤血球が比較的少ない臓器ですが，多く含んでいる（細胞ペレットが明らかに赤い）場合は細胞遊離後に溶血操作を行う必要があります．しかし，これにより細胞のロスが生じるので，可能であれば溶血操作をせずに済ませたいところです．また，酵素処理や物理的操作が多いとどうしても死細胞が増えることから，PI や 7-AAD 染色によるゲートアウトは必須となります（**Q31**）．このときに抗 Ter-119 抗体を用いて，赤血球を死細胞とともにゲートアウトするのもよいでしょう．一方で，撹拌や遠心などの操作はできるだけマイルドに行うことが回収率や生存率の改善につながります．ストローマ細胞

はさまざまな大きさ，形態，細胞内構造をとることから，リンパ球ゲートとは異なり赤血球や小さな細胞断片以外はすべて含むように大きな FSC/SSC ゲートをかけます．前述の酵素処理やその後の操作を含めて，これらの条件設定を安易に行うとデータの質を著しく損なうばかりか，ストローマ細胞をうまく検出できない状況に陥りますので，一つひとつ注意深く検討しましょう．

CD45 により血球系細胞をゲートアウトもしくは事前に除去する

リンパ組織のストローマ細胞を解析する場合，「血球細胞（CD45 陽性）以外」を調べるという手法が一般的です．つまり，CD45 を染色して陰性分画を解析する訳ですが，それには大量に存在する CD45 陽性細胞が十分に染色されていなければなりません．

第 8 章 非リンパ球・非モデル生物細胞への適用に関する Q&A

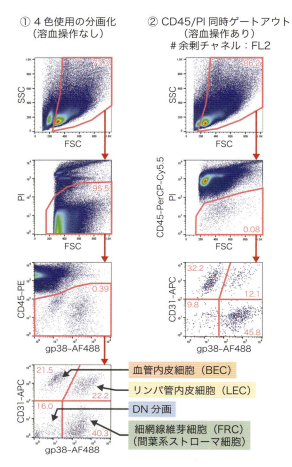

図 リンパ節ストローマ細胞の分画化解析

C57BL/6 マウス 1 匹分の全身リンパ節を採取し、Collagenase D/DNase I 処理により細胞を遊離、各種抗体で染色を行った後、4 チャネルの FACSCalibur フローサイトメーター（BD Biosciences 社）を用いて解析を行った。①は 4 チャネルすべてを使った通常の分画法。②は PerCP-Cy5.5 標識抗 CD45 抗体を用いて、FL3 チャネルにおいて PI 染色と血球細胞を同時にゲートアウトした場合（溶血操作も行った）。FL2 チャネルが余剰となり、他マーカーの追加が可能。AF：Alexa Fluor.

CD45 染色が不十分だと陰性分画に血球系細胞が漏れ込み、解析が困難になることから、抗 CD45 抗体の用量や蛍光強度には十分注意する必要があります。通常、リンパ節の大多数は血球系細胞で、CD45 陰性分画は 0.5% 以下です。回収率にもよりますが、十分な CD45 陰性細胞のデータを得るには相当数の細胞をフローサイトメーターにかける必要があります。

一方、磁気細胞分離法（MACS）などであらかじめ大部分の CD45 陽性細胞を除いておくことにより血球細胞の漏れ込みなどのトラブルを軽減し、取り込むデータ量を少なく抑えることも可能です（**Q59**）。ストローマ細胞をソーティングする際には CD45 陰性分画の事前濃縮が欠かせません。しかし、この方法では細胞を大幅にロスする可能性もあり、また CD45 を再度染色して残留数を把握する必要があります。

ところで、3 チャネルもしくは 4 チャネル検出のフローサイトメーターを用いた解析では、CD45 に 1 チャネルを使ってしまうとストローマ細胞の細分画化に使えるチャネルが限られてしまいます。この場合、PE-Cy5 や PerCP-Cy5.5 標識の抗 CD45 抗体を用いることにより、死細胞（PI 強陽性）と CD45 陽性細胞を FL3 チャネルで同時にゲートアウトする方法が有効です。

CD45 陰性ストローマ細胞分画をさらに CD31 と gp38 で 4 分画化する

リンパ節のストローマ細胞（CD45 陰性）分画はさらに 4 つの亜分画、①CD31$^+$ gp38（Podoplanin）$^-$ 血管内皮細胞（blood endothelial cell：BEC）、②CD31$^+$ gp38$^+$ リンパ管内皮細胞（lymphatic endothelial cell：LEC）、③CD31$^-$ gp38$^+$ 細網線維芽細胞（fibroblastic reticular cell：FRC、間葉系ストローマ細胞）、④CD31$^-$ gp38$^-$ 細胞（DN）に分けられます。CD45 陰性ゲート内を CD31 と gp38 で展開し、コンペンセーションをうまく調節するときれいに 4 つの集団が見えてきます（**図**）。このコンペンセーションはリンパ球解析用の設定とは大きく異なることから、すでに報告されているパターンをある程度知ったうえで 4 分画になるように調整する必要があります。ちなみに、DN 分画は構成細胞がよく分かっておらず、死細胞やゴミ、赤血球、血球細胞の漏れ込みなどが入ってくる可能性もあり、あまり一定しません。ですから、他の 3 分画が見えていればよいといえます。ここまでくればひと安心です。検出チャネルに余分があれば、さらに別のマーカーを加え、細胞系列ごとの発現解析を行うことができます。

文献

1）Link A, et al：Nat Immunol, 8：1255-1265, 2007

2）Roozendaal R & Mebius RE：Annu Rev Immunol, 29：

23-43, 2011

3）Katakai T, et al：J Immunol, 193：617-626, 2014

（片貝智哉）

第 8 章 非リンパ球・非モデル生物細胞への適用に関する Q&A

関連する Q→Q13, 31, 49

Q90 神経細胞の解析と，臨床用のソーティングについて教えてください．

A フローサイトメトリーは神経細胞の解析においても有用なツールですが，解析にあたりいくつかの注意点があります．臨床でのソーティングには無菌性を確保し交差汚染を防ぐことが可能なセルソーターが必要です．

神経細胞の解析における注意点

神経細胞は他の胚葉系の細胞と同様の方法で解析することが可能ですが，神経細胞をフローサイトメトリーで解析する際の注意点を以下に示します．

◆ 抗原，抗体の選択

細胞の単離には TrypLE Select, Accumax, Trypsin などの酵素が使用されますが，Trypsin を使用する場合は表面抗原が変性するため注意が必要です．

神経細胞を解析・単離できる抗原として，PSA-NCAM や A2B5 といった胎児の神経組織や生体脳の脳室下帯に存在する抗原や，神経細胞に発現する Tubulin beta3, Doublecortin や NeuN, Nestin, アストロサイトに発現する CD44, GFAP, 表面抗原としては CD56, CD24, CD29, CD15[1], GLAST[2] などがあげられます．

フローサイトメトリー用に蛍光色素を標識した抗体が各種販売されていますが，同じ抗原に対する抗体でも，クローンや販売元によって反応性が異なることがあるため注意が必要です．発生の時期や部位により発現する抗原が異なるため，使用目的に合わせて選択する必要があります．死細胞染色には 7-AAD や PI を用います（**Q31**）．

◆ 神経細胞に特有の問題

神経細胞の構造上の特性として細胞体から伸びる軸索やシナプスがあり，培養細胞の場合も接着培養を行うことが多いです．フローサイトメトリーでは解析の際に細胞を酵素処理によって単離する必要がありますが，軸索やシナプスで発現する抗原の場合，酵素処理によって細胞の構造が変化することで，抗原性や抗体の反応性が変化する可能性があります．

◆ 細胞の固定および膜透過処理の手順

また，細胞固定や膜透過の処理によっても抗原性が変化することがあるため注意が必要です．細胞表面に存在する抗原には固定処理により抗原性が変化し抗体の反応性が変わるものがあります．細胞表面にある抗原と，細胞内あるいは核内の抗原を組合わせて使用する場合，固定前にあらかじめ表面抗原に対する抗体で染色を行い，固定後に膜透過，細胞内染色を行うなどの工夫が必要です（**Q49**）．細胞染色の手順を図 1 にまとめました．

◆ 解析およびソーティングの注意点

神経細胞の解析では，抗体の反応性などの問題から陽性細胞集団と陰性細胞集団を明瞭に区別できないことが多く，ゲートの設定に注意を要します．適切な抗体濃度，陰性コントロールを選択する必要があります．ソーティングを行う場合，神経細胞は機械的刺激

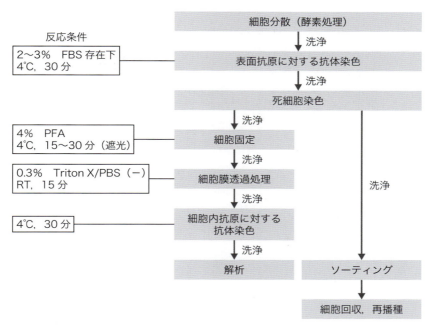

図1　神経細胞の解析・ソーティングの手順
表面抗原の染色は細胞固定前に行い，固定後に膜透過処理，細胞内抗原の染色を行う．FBS：fetal bovine serum，PFA：paraformardehyde．

に脆弱でありソーティング後の細胞死を生じやすいため，Y-27632などの抗アポトーシス薬剤を細胞回収後の培地に添加します．

臨床用のセルソーティング

　血球系の分野では，主にMACS（magnetic-activated cell sorting）の原理を用いて，造血幹細胞やリンパ球などの臨床用のセルソーティングが行われてきました．神経系では，米国でFACS（fluorescence-activated cell sorting）を用いてヒト胎児由来神経幹細胞を純化してさまざまな神経疾患に対する臨床試験が行われました．近年ではES細胞やiPS細胞などの多能性幹細胞を利用した再生医療の臨床応用をめざす研究が増加しています．われわれのグループでは，iPS細胞由来のドパミン神経前駆細胞をセルソーティングにより濃縮し，パーキンソン病患者に対する細胞移植治療の臨床応用をめざしています．パーキンソン病は中脳黒質のドパミン神経が脱落し，無動・固縮・振戦・姿勢反射障害などの運動症状を呈する神経変性疾患です．初期には薬物治療が有効ですが，進行期にはドパミン神経の脱落が進み，薬効の減弱や不随意運動などの副作用が生じます．そこで脱落したドパミン神経細胞の補充を目的とする細胞移植治療が注目されてきました．1980年代に欧米で臨床研究が行われ，適切な症例を選べば有効な治療法であることが臨床研究によって示されましたが，移植後に不随意運動を生じる問題が生じました．これは移植片の胎児中脳組織に含まれるセロトニン神経細胞が原因であると考えられています[3]．iPS細胞由来のドパミン神経前駆細胞の作製には表面抗原であるCorinに対する蛍光抗体を用いてセルソーティングを行うことにより，目的外の細胞が混入するリスクを回避することが可能となりました[4]．抗Corin抗体を用いたセルソーティングのドットプロットを図2に示します．ソーティングにより90％以上の純度でCorin陽性細胞を濃縮できます．

第 8 章 非リンパ球・非モデル生物細胞への適用に関するQ&A

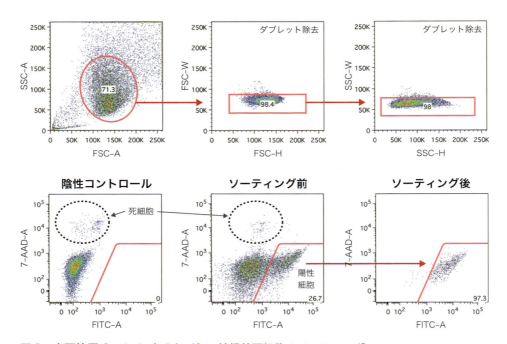

図2　表面抗原CorinによるドパミンMLP細胞のソーティング
細胞集団のゲーティングを行い，ダブレット除去後に死細胞を除去し，Corin陽性細胞をゲーティングする．
ソート後の再解析では90%以上の純度が得られている．

臨床使用できるセルソーターの条件

　臨床で使用可能なセルソーターの必要条件として，完全閉鎖回路による無菌性の担保，交差汚染の否定，操作環境への配慮，機器の洗浄への対応などがあげられます．また，細胞移植治療に使用する場合，使用する細胞の量は対象疾患によりさまざまで，100万〜1,000万細胞といった大量の細胞が必要とされる場合があり，ソートスピード，収量が重要となります．各メーカーより，従来のフローセル方式以外に，ジェットインエア方式やマイクロ流路チップといった種々の方式のセルソーター（**Q13**）が上市されていますが，これらの条件にすべて対応できる機種は少ないのが現状であり，目的の細胞に応じて機種を選択することが必要になります．また，各メーカーによる臨床用セルソーターの開発が進むことが期待されます．

文献

1） Pruszak J, et al：Stem Cells, 27：2928-2940, 2009
2） Bonilla S, et al：Glia, 56：809-820, 2008
3） Politis M, et al：Sci Transl Med, 2：38ra46, 2010
4） Doi D, et al：Stem Cell Reports, 2：337-350, 2014

（土井大輔，高橋　淳）

関連するQ→Q13, 59, 74

Q91 肝臓幹細胞・前駆細胞のフローサイトメトリー解析と，ソーティングについて教えてください．

A 発生過程の肝臓幹細胞・前駆細胞には特定の表面抗原タンパク質が発現しており，その蛍光標識抗体を用います．肝臓など上皮系幹細胞の場合，ソーティングによるダメージを少なくすることがポイントです．

マウス胎生肝臓からの幹細胞・前駆細胞のフローサイトメトリーによる解析・ソーティング

発生過程のマウス肝臓には，高増殖性と肝細胞・胆管細胞への二方向の分化能をもつ肝臓幹細胞・前駆細胞（肝芽細胞）が存在しています．マウス胎生9〜10日に腸管の一部が心臓や横中隔からの刺激を受け，肝臓系の細胞へと分化し初期の肝芽を形成します．この肝芽の中で肝臓幹細胞・前駆細胞が増殖しています．発生過程の肝臓は代謝器官である成体と異なり造血器官として機能していて，肝発生中期（胎生11〜14日）以降の肝臓には多数の血液細胞が含まれます．この肝発生中期の肝臓から，特異的な表面抗原抗体を用いて幹・前駆細胞を分離します（図1）．

まず胎生12〜13日の肝臓を胎仔より手術的に摘出し，はさみを用いて1mm角程度に細断します．これをコラゲナーゼ溶液（ヤクルト社などを利用）を用いてシングルセルレベルに分散します．この胎仔肝細胞分散液には多数の血液細胞が含まれるために，これを磁石を用いた Negative Selection 法によって除去します（**Q59**）．Biotin-conjugated CD45 および Ter119 抗体と Avidin-conjugated Magnet Beads 〔Dynal Beads（サーモフィッシャーサイエンティ フィック社）などを使用〕を細胞とインキュベートし，CD45 および Ter119 陰性細胞を回収します．これにより，非血液細胞として肝臓幹細胞・前駆細胞を濃縮し，次のフローサイトメトリーでの解析・ソーティングを効率化しています．

次に得られた非血液細胞画分に，肝臓幹細胞・前駆細胞の特異的マーカータンパク質に対する抗体を添加します．Dlk1, CD13, CD133 などがマーカーとし

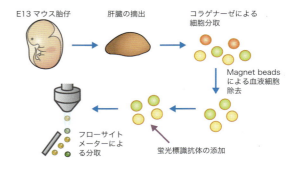

図1　フローサイトメーターによる胎仔肝臓幹細胞・前駆細胞の分取
胎生13日（E13）マウスより手術的に肝臓を摘出し，コラゲナーゼ処理により分散する．得られた細胞を Biotin-conjugated CD45 および Ter119 抗体で染色し，Avidin-conjugated magnet beads を用いて血液細胞を除去する．得られた細胞を PE-conjugated Dlk1, APC-conjugated CD133, PEcy7-conjugated CD45, -Ter119, -c-Kit の各抗体で染色する．CD45⁻Ter119⁻c-Kit⁻Dlk1⁺CD133⁺細胞を肝前駆細胞として分取する．

第8章 非リンパ球・非モデル生物細胞への適用に関するQ&A

表 マウス胎仔肝臓幹細胞・前駆細胞における膜表面抗原の網羅的解析

陽性抗原	陰性抗原	
CD9	CD1d	CD83
CD13	CD2	CD86
CD26	CD3e	CD90 (Thy-1)
CD29	CD4	CD94
CD54	CD5	CD95
CD73	CD8a	CD102
CD81	CD11a	CD103
CD98	CD11b	CD105
CD106	CD11c	CD107a
CD121a	CD14	CD107b
CD133	CD16/CD32	CD115
CD147	CD18	CD117 (c-Kit)
Dlk	CD19	CD119
Liv2	CD21/CD35	CD122
Siglec-F	CD22	CD123
	CD23	CD127
	CD25	CD134
	CD27	CD135
	CD28	CD137
	CD30	CD138
	CD31	CD144
	CD34	CD150
	CD38	CD152
	CD40	CD153
	CD41	CD154
	CD43	CD162
	CD44	CD179b
	CD48	CD180
	CD49f (low)	CD197
	CD61	CD202
	CD62E	CD223
	CD62L	CD244
	CD62P	CD252
	CD69	CD253
	CD70	CD279
	CD71	MAdCAM-1
	CD72b, c	PIR-A/B
	CD74	Sca-1 (Ly-6A/E)
	CD80	Syndecan-4

文献1より引用.

て知られますが，ここではDlk1およびCD133を用いています（表）[1]．PE-conjugated Dlk1およびAPC-conjugated CD133抗体を細胞に添加します．また磁石による選別で除去できなかった血液細胞を除去するために，PEcy7-conjugated CD45, -Ter119, -c-Kitの抗体を添加します．4°Cで1時間インキュベートした後に，細胞を洗浄・回収しフローサイトメトリー〔FACSAria（BD Biosciences社）など〕で解析します（図2）．

FSC，SSCで主要な細胞画分のうち，ダブレット細胞をFSC-wのシグナルで除去します．得られた細胞からCD45⁻Ter119⁻c-Kit⁻の非血液細胞画分を得ます．この細胞集団のなかでDlk1およびCD133がともにHighの細胞集団が存在し，これが胎仔肝臓の肝臓幹細胞・前駆細胞になります．この細胞は高い増殖性をもち，肝細胞マーカーのアルブミン陽性細胞および胆管細胞マーカーのサイトケラチン19陽性細胞からなるコロニーを形成する能力を保持しています[2]．

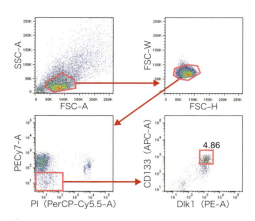

図2 Dlk1およびCD133によるマウス胎仔由来肝臓幹細胞・前駆細胞の分取

図1の方法で染色したマウス肝前駆細胞のフローサイトメトリーによる解析．FSC-wを用いたダブレット細胞除去の後に，PI陰性PEcy7陰性の非血液細胞を得る．この細胞分画中にDlk1およびCD133両陽性の肝臓幹細胞・前駆細胞が存在する（数値は全体に対する細胞分画の割合％）．

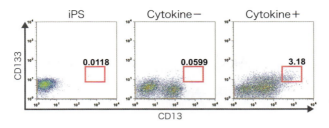

図3 CD13 および CD133 によるヒト iPS 細胞由来肝前駆細胞の分取

ヒト iPS 細胞をサイトカイン（Activin A, FGF, HGF）で培養することで肝臓系細胞へと誘導できる．これを CD13 および CD133 抗体で解析すると，未分化状態の iPS 細胞やサイトカイン非添加で分化培養した iPS 細胞ではみられない $CD13^+$ $CD133^+$ 細胞がサイトカイン添加分化培養系では出現する（数値は全体に対する細胞分画の割合%）．文献 4 より引用．

ヒト多能性幹細胞から誘導した肝臓幹細胞・前駆細胞のフローサイトメトリーによる解析・ソーティング

多能性幹細胞の1つである iPS 細胞（inducing pluripotent stem cell）は肝臓系細胞への分化能も保持しており，ヒト肝臓幹細胞・前駆細胞の有力なソースの1つと考えられています．iPS 細胞からの肝臓幹細胞・前駆細胞の誘導には in vivo の発生過程と同様のサイトカインを添加することで行われています．ヒト iPS 細胞に，Activin A, FGF（fibroblast growth factor），HGF（hepatocyte growth factor）などを連続的に添加することで，アルブミンや $HNF4\alpha$（hepatocyte nuclear factor 4α）が陽性の肝臓系細胞へと分化できます[3,4]．この細胞集団内に存在する高増殖性の肝臓幹細胞・前駆細胞をフローサイトメーターで解析・分取が可能です．マウスを用いた肝臓幹細胞・前駆細胞の研究から CD13 および CD133 が肝前駆細胞の特異的表面抗原マーカーとして同定されています．ヒト iPS 細胞由来肝臓系細胞を酵素的に培養皿より剥離・分散させたのちに，PE-conjugated CD13 および APC-conjugated CD133 抗体を添加し，4℃で1時間インキュベートして細胞を染色します．この細胞をフローサイトメーターで解析することで，肝前駆細胞画分である $CD13^+$ $CD133^+$ 細胞が，サイトカイン非添加時にはみられないものの，サイトカイン添加により肝分化を誘導することで出現することがわかります（図3）[3,4]．次に $CD13^+$ $CD133^+$ 両陽性分画をフローサイトメーターにより分取し培養します．得られた細胞分画をフィーダー細胞（マウス線維芽細胞など）の上に低密度で播種することで，1細胞に由来する高増殖性で肝臓系細胞への分化能をもつヒト iPS 細胞由来肝前駆細胞が得られます．

上皮系細胞のフローサイトメーターによる細胞分取でのポイント

肝臓などの上皮系細胞の場合，フローサイトメーターの流路を通過する際のダメージをいかになくすかがポイントになります（**Q74**）．フローセル方式（**Q13**）のサイトメーター（FACSAria など）の場合，血液細胞などと異なりノズルの口径を大きくする（われわれは $100\ \mu m$ のものを使用しています），流速を落とすなどの工夫が必要です．また，分画後に培養する場合には Rock 阻害剤（Y27832）などの添加が有用です．

文献

1) Kakinuma S, et al：J Hepatol, 51：127-138, 2009
2) Okada K, et al：Stem Cells Dev, 21：1124-1133, 2012
3) Yanagida A, et al：PLoS One, 8：e67541, 2013
4) Yanagida A, et al：Methods Mol Biol, 1357：295-310, 2016

（紙谷聡英）

第8章 非リンパ球・非モデル生物細胞への適用に関するQ&A

Q92 遺伝子導入したiPS細胞を分離したいと考えています．どういう点に注意すればよいでしょうか？

A iPS細胞は非常に脆弱な細胞です．ソーティング前に，Y-27632添加により，細胞死抑制処理を必ず行いましょう．また，導入遺伝子マーカーとともに，未分化マーカーを染色することで，多分化能を保った，クオリティの高い細胞をソーティングすることができます．

iPS細胞の活用法と取り扱いの注意点

iPS細胞は2006年にマウス，2007年にヒトで樹立されました[1)2)]．生体を構成する多様な細胞に分化させることが可能なiPS細胞は，基礎研究や臨床応用研究の分野で広く用いられています[3)]．これらの研究で頻用されるのが，iPS細胞の遺伝子操作技術です．具体的にはウイルスベクター法やゲノム編集を伴う相同組換え法などを用いてiPS細胞から分化細胞への誘導に関与する遺伝子を改変したiPS細胞クローンを得て，その影響を評価する研究がさかんに行われています．臨床応用をめざした再生医療研究，特に疾患特異的iPS細胞を用いた創薬研究や *in vivo* に移植したiPS細胞由来の治療用細胞の動態解析などでは，蛍光レポーター遺伝子が威力を発揮します．

これらの実験で必要になるのが，遺伝子が導入されたiPS細胞のソーティングです．iPS細胞は，長時間シングルセルで操作することによる細胞死や分化能の喪失などの状態の変化が起こりやすく，取り扱いに注意が必要です[4)]．以下，実験のフローおよび実験例を示します．

実験例

導入遺伝子にGFPタグを付けたベクターをiPS細胞に導入し，導入細胞のソーティングを行いました．図1Aの状態のiPS細胞をY-27632入りの培地で処理すると，図1Bのように細胞形態の変化が観察されます．このように細胞密度が低下し，コロニー辺縁が棘状に隆起した状態になれば，フローサイトメトリーによるソートに進むことができます．iPS細胞を回収する際は，0.5×TrypLE Select（サーモフィッシャーサイエンティフィック社）により細胞間接着を十分に破壊することでシングルセル化することが重要です．TrypLE Select処理したiPS細胞は，図1Cのような状態になっていれば問題なくソーティングすることができます．

未分化マーカーである，SSEA-4，Tra1-60の染色は必ずしも必須ではありません．しかし，iPS細胞は遺伝子導入の際にダメージを受け，状態が悪い細胞が出現することがしばしば観察されます．導入遺伝子とともに未分化マーカーも確認し，状態のよいiPS細胞を選択することが，その後の実験の結果につながります．

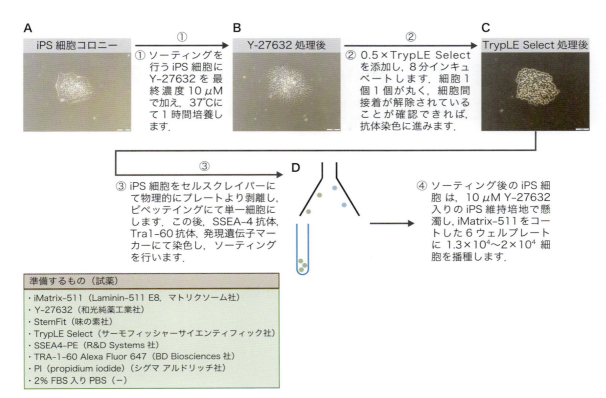

図1 実験フロー：iPS細胞のソーティングの流れ

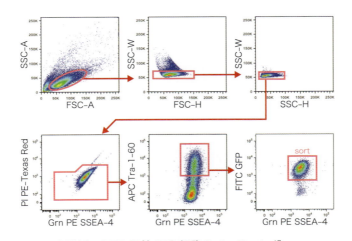

図2 実験例：GFP陽性iPS細胞のソーティング
Doublet細胞，PI陽性細胞を除去後，SSEA-4，Tra1-60，GFP陽性の細胞群をソーティングする．

文献

1) Takahashi K & Yamanaka S：Cell, 126：663-676, 2006
2) Takahashi K, et al：Cell, 131：861-872, 2007
3) Shi Y, et al：Nat Rev Drug Discov, 16：115-130, 2017
4) Ohgushi M, et al：Cell Stem Cell, 7：225-239, 2010

（南川淳隆，金子 新）

第8章 非リンパ球・非モデル生物細胞への適用に関するQ&A

Q93 ウイルスに感染したサルのリンパ球の解析を行いたいのですが，その際の工夫と注意点を教えてください．

関連するQ→Q29

A 個体から時系列でサンプルを得られるという利点を生かし，染色抗体のサル交差性，サブセット定義のヒト・他動物との相同性，ウイルス学的な性質に由来する実験系のクセなどに留意しながら解析を行ってください．

サルモデルの検体はマウス・ヒトの特徴をあわせもつ（図1）

◆総評

タイムポイントごとに安楽殺せず，検体の時系列を取れるのがウイルス感染サルモデルの長所です．サルモデルを総合的にみると，実験者自身がウイルスを感染させるため，病態などのタイムコース評価が明快である点はマウスに類似し，検体の経時採取ができる点，および検体の量はヒトに類似します．ただ，大量の採材はモデルの経過に影響を与えうるので，留意が必要です．所属施設が連携する動物実験施設に，経験的な採材量を尋ねて解析を進めるとよいでしょう．

◆基本的な採材

典型的な末梢血単核球（peripheral blood mononuclear cell：PBMC）の比重遠心分離の場合，アカゲザル（*Macaca mulatta*）であれば血漿分離の初期遠心→ヒト用Ficoll–Paque（GEヘルスケア社）などを用いた再度の遠心でbuffy coatが得られます．こ

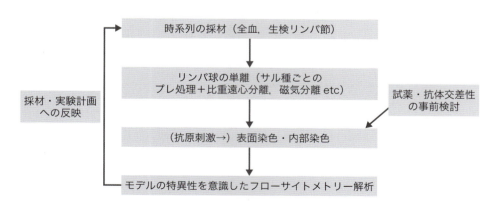

図1 ウイルス感染サル由来リンパ球の解析の基本フロー
ヒト解析や他の実験動物の解析と同じであるが，リンパ球単離までの種ごとの追加処理や，刺激培養・染色時の添加試薬，染色抗体のサル交差性の担保が重要である．

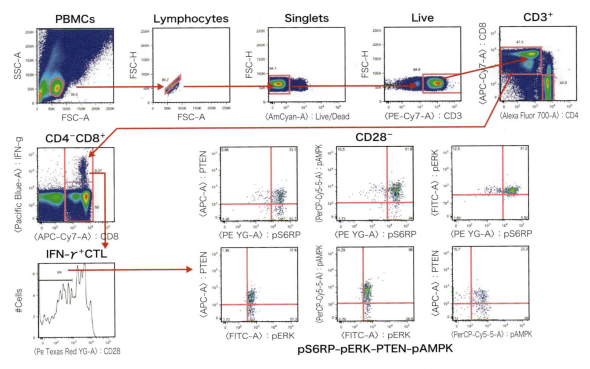

図2　SIVエピトープ特異的CTL中の代謝関連分子リン酸化の10カラー測定例
1μM SIV Nef$_{121-129}$ペプチドでパルスした自家Bリンパ芽球（B-LCL）と6時間Goldi Stop（BD Biosciences 社）存在下で共培養したアカゲザルPBMC中の，IFN-γ$^+$CD28$^-$CD8$^+$Tリンパ球におけるPTEN，リン酸化S6RP，リン酸化ERK，リン酸化AMPKの4重染色の分布図を示す．当該研究では，アカゲザルのSIV感染急性期に中和抗体受動免疫を行うと長期かつ高度のウイルス複製制御が得られ，制御が続く時期に主要なエピトープ特異的CTL中にpAMPK^{lo}の亜集団が増多する傾向を見出した．文献4より改変して転載．

れに対しカニクイザル（*Macaca fascicularis*）であれば，同じPBMCを得る場合でも血漿分離後のデキストラン（シグマ アルドリッチ社など）/PBS溶液との混合による事前分離や，NH$_4$Clを用いた溶血処理がFicoll分離の前に必要となります．サルの種類によってプレ処理法は異なるので，既報を参考にするとよいです．

感染ウイルスのバイオセーフティーレベル（BSL）は重要で，特にBSL3以上であれば封じ込めをよく意識して検体を取り扱って下さい．フィールドの消毒や，動物舎-検体輸送を含めた作業動線の設計は大切です．

◆ **解析の意義**

例えばウイルスの感染病態がサルでもっぱら再現される場合，当該モデルの運用は理解するうえで大きな強みとなるので，ぜひ扱ってみることをお勧めしま

す．筆者は，サル免疫不全ウイルス（simian immunodeficiency virus：SIV）に対する中和抗体および細胞傷害性Tリンパ球（cytotoxic T lymphocyte：CTL）応答の包括的な解析を行っています．

細胞染色：サル特有のマーカー発現のクセに留意

◆ **抗体のサル交差性：情報の活用が必須**

マウス，ヒトはそれぞれに特化した市販染色抗体のパネルが整備されていますが，サル用はそこまで完備されてはいません．しかしサルとヒトは遺伝的近縁性も高いので，一般的にヒト抗原特異抗体のサル抗原交差性は期待できます．抗体の種交差性は，経験的にヒトOK/マウスOKならエピトープが種間で広く保存されている可能性が高く，サルでも染色可能なことが多いです．エピトープ配列が一致していれば一層有望

ですが，確認は必要です．信頼できる既報でプロット図が出ていれば楽です．情報がなくても，感度・特異性の優れたモノクローナル抗体なら使ってみると染色可能な場合もあります．

米国国立衛生研究所（NIH）の試薬ウェブサイト（NIH Nonhuman Primate Reagent Resource）[1]では，抗体試薬などのサル交差性につきデポジット情報・独自情報を統合しています．はじめて解析する方は，参照するととても有益です．クローンごとの特性が次第に頭に入って来ます．旧世界ザル・新世界ザルの大別を含め，多種のサル抗原に対する抗体の交差性に普遍的なルールはなく，予備情報なしに性質の予想は困難であることがわかります．

このほか BD Biosciences 社，CST 社などの各バイオメーカーの，自社製品の種交差性に関する情報サイトは必見で，近年では前述 NIH ウェブサイトと比べても新しさという点で先行する感があります．

◆ 抗体の反応性：検出の挙動が マウス・ヒトと異なりうる

あるサル分子が抗ヒト分子抗体で染まる場合でも，染色強度が大幅に変わったりする場合があります．例えば，マーカー発現集団の頻度が近いが染色がヒトと比べてより強く陽性になる〔例：平均蛍光強度（MFI）が 1 log 高い〕などです．こういった抗体の「クセ」は，発現が＋/－のみで議論できるような分子では問題にならないでしょう．しかし，MFI がたかだか数倍以内で変動する分子（例：カスケード上位のリン酸化タンパク質）の場合にどう影響しうるかは難しく，決定的な指針もありません．リンパ球中の分子の挙動をフローサイトメトリーで定量したい場合，少なくとも飽和しないように染色の規格化は入念に行うのがよさそうです．

一部には，サル細胞で染まる抗体クローンが限られたり，逆にリンパ球系で一様な高発現を示すために分化度評価に使いにくい有名分子もあります．こういったことを踏まえ，よい染色パネルを作ってください．リンパ球の培養に添加するサイトカインや刺激因子なども，交差性などの把握が必要です．例として，抗 CD3 抗体でサル T 細胞を刺激できるクローンは限られています（FN-18，バイオ・ラッド ラボラトリーズ社など）．

◆ サブセット定義：分子の組合わせは 入念に

特にミエロイド細胞ではサブセット定義に工夫を要します[2]．CD4 陽性 T リンパ球の亜集団については，マーカー発現の検討を主眼とした報告なども出ています[3]．場合によっては子細な機能解析もからめて定義を試みる既報があるので，参考にするとよいです．

リンパ球の解析しやすさは 感染モデル次第

◆ 病態に応じて検体取り扱いの難易度は 変わる

例えば SIV 感染サルの場合，他モデルに類し，急性期の二次リンパ節は膨潤を示します．一方，病原体が造血系を撹乱するものであれば，細胞の性質にイレギュラーも生じえます（例：比重遠心で buffy coat が形成されにくい，持続感染に由来した恒常刺激で一部細胞が脆くなる）．

これらの性質は各ウイルスに由来した各論的なものであり，「感染モデルはいつでも全く同じようにリンパ球の単離・解析ができる」という前提に頼らない方が，結果的にミスなくデータをとり切れることが多いように思います．感染ウイルスのウイルス学的・感染免疫学的な性質（細胞変性効果が高いか？ リンパ球に感染するのか？ それにより検体が傷みやすいのか？ T 細胞と B 細胞応答どちらの誘導が多いか？ それぞれに障害をきたすのか？など）が事前にわかっていれば，実験プロトコールを適切に改訂でき，解析が進みます（例：図 2）．

◆ 特異リンパ球応答の存在比率

CTL などの抗原特異的な細胞集団の存在頻度は，MHC 遺伝子の多重性も関連し，マウスより低いことが経験則となっています．例えば，感染で誘導される主要なエピトープ特異的 IFN-γ^+ CTL の頻度は，リンパ球性脈絡髄膜炎ウイルス（lymphocytic choriomeningitis virus：LCMV）を感染させたマウスへの脾臓に比べ，SIV を感染させたサルの末梢血中では約 1 オーダー低いです．したがって定量解析のダイナミックレンジはマウスと若干変わります．また免疫遺伝の

情報の網羅度の低さと，遺伝子改変動物が一般的でないことはサル感染免疫解析の一種のハードルとなっており，克服法は実験デザイン次第です．イベント相関の解析ならば得たデータの時系列の目の細かさを活かした議論がよく，より知見が欲しい場合はサル個体レベルの介入実験も行えればベストです．

◈ 検体保存と実験デザイン

良好に検体が保存できれば，レトロスペクティブ解析も可能です．液体窒素や超低温（−150℃）フリーザーがあれば，Cell Banker 1（LSI メディエンス社）などに懸濁し PBMC は凍結可能であり，解凍後に問題なくアッセイすることができます．

文献・ウェブサイト

1) NHP REAGENT RESOURCE（www.nhpreagents.org/）
2) Cai Y, et al: J Immunol, 195: 4884-4891, 2015
3) Pitcher CJ, et al: J Immunol, 168: 29-43, 2002
4) Iseda S, et al: J Virol, 90: 6276-6290, 2016

（山本浩之）

第 8 章　非リンパ球・非モデル生物細胞への適用に関するQ&A

関連するQ→Q29, 30, 31, 36, 47, 51, 52

Q94 マウス，ヒト，サル以外の哺乳動物や鳥類のリンパ球の解析をしたいのですが，どのような解析が可能でしょうか？

一般的な解析法のほとんどは，マウス，ヒト，サル以外の哺乳動物や鳥類にも応用されています．ただし，動物種ごとに血球組成に違いがあることや市販されている抗体の種類が限られていることに注意が必要です．

　フローサイトメトリー（FCM）解析は，ウシ，ウマ，ブタ，イヌ，ネコ，ヒツジ，ヤギ，スイギュウ，ウサギなどの哺乳動物やニワトリなどの鳥類においても幅広く実施されています．細胞表面分子の検出，細胞内抗原の検出（サイトカイン，転写因子など），細胞増殖活性解析，細胞周期測定といった一般的な解析やソーティングが可能です．

リンパ球の分離法

　哺乳動物および鳥類の血液サンプルをFCM解析に供する場合は，マウスやヒトと同様に末梢血単核球（peripheral blood mononuclear cell：PBMC）もしくは白血球を分離します．これらの動物種では，比重1.077～1.084のFicoll（Percoll）を用いた密度勾配遠心法によりPBMC分離が可能です．ただし，動物種によってリンパ球の比重が異なるため，赤血球や顆粒球が混入してしまい，分取したPBMCの純度が低くなる場合があります．PBMC分離に最適なFicoll（Percoll）の比重は，ウシが1.087，ウマが1.079，イヌが1.082とされています．解析対象の動物に合わせて適切な比重のFicoll（Percoll）を使用しましょう．血液サンプルから白血球を分離する場合は，常法通りACKバッファー（Q36）などの溶血剤を用いて赤血球を溶解させます．また，リンパ節や脾臓，その他組織由来のリンパ球の分離法は，マウスやヒト組織に用いる方法と違いはありません．

動物種ごとの血球組成の違い

　解析対象とする動物種の血球組成にも留意しましょう．例えば，白血球の比率（分画）や大きさ，細胞質内顆粒の形態や染色性は動物種によって少し異なります．そのため，前方散乱光（FSC）と側方散乱光（SSC）で展開したときの細胞集団の割合やその分布位置が動物種によって少し違って見えます．
　鳥類に関しては哺乳類と異なり，赤血球と血小板（栓球）に核があります．そのため，鳥類の赤血球はACKバッファーではほとんど溶解されません．赤血球は自家蛍光が高いことが知られており，解析時のゲーティング内に混入すると厄介です．鳥類の赤血球は小さめのリンパ球と同程度の大きさなので，FSC/SSCのドットプロット上で区別することが難しく，PBMCの分離が必須です．また，CD45（白血球共通抗原）染色し，白血球と赤血球を区別するという方法もあります[1]．

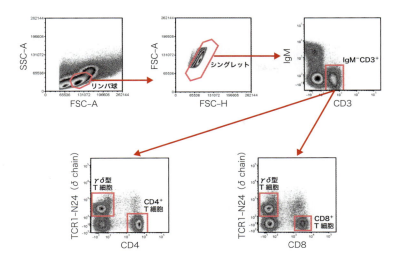

図　ウシ末梢血中の T 細胞分画
健常ウシ末梢血から分離した単核球を抗ウシ CD3、抗ウシ IgM、抗ウシ CD4、抗ウシ CD8、抗ウシ TCRδ鎖（TCR-N24）抗体で染色し、リンパ球分画からダブレットを除去し、IgM と CD3 で展開した（上段）。さらに IgM⁻CD3⁺ 分画を CD4 と TCRδ鎖または CD8 と TCRδ鎖で展開すると、CD4⁺、CD8⁺ T 細胞およびγδ型 T 細胞を観察することができる（下段）。

細胞表面分子とリンパ球サブセット分析

　哺乳動物や鳥類の細胞表面マーカーは、マウス・ヒトと相同性のあるものとないものに分類されます[2]。マウス・ヒトとアミノ酸配列やその発現、機能などが相同な分子は CD 分類に従い、「CD ○○」という名称が付けられます。一方で、マウス・ヒトの細胞表面マーカーとは異なる、独自の分子には WC (Workshop Cluster) の番号が割り振られ、動物種の略称を頭に付けた名称で呼ばれます（ウシ：BoWC、ブタ：SWC、ウマ：EqWC）。CD 分類、WC 分類に属する分子以外には、TCR や MHC 分子、サイトカイン/ケモカイン受容体などが細胞特異的マーカーになります。例えば、ウシの代表的な細胞表面マーカーとしては、T 細胞：CD3、CD4、CD8、BoWC1、TCR1 (TCRγ鎖)、B 細胞：CD19 (BoWC4)、CD20、CD21 (BoWC3)、CD79a、NK 細胞：CD335、CD16、CD56、CD2 などがあげられます[3]。

　次に、ウシ PBMC 中における T 細胞の FCM 解析例を示します（図）。図では、IgM⁻CD3⁺ 分画に CD4⁺ T 細胞（ヘルパー T 細胞）、CD8⁺ T 細胞（キラー T 細胞）およびγδ型 T 細胞が含まれていることを示しています。ちなみに、T 細胞は発現する T 細胞受容体（TCR）をもとにαβ型とγδ型に大別されますが、ウシは T 細胞中に占めるγδ型 T 細胞の割合が高いことが知られています（成牛で 10 ～ 20%、子牛で 60 ～ 75%）[4]。

市販抗体の入手

　マウス、ヒト、サル以外の哺乳動物や鳥類の分子に対する特異的抗体は、表に示したメーカーから主に市販されています。特に、Washington State University Monoclonal Antibody Center とバイオ・ラッド ラボラトリーズ社（旧 AbD Serotec 社）は取り扱っているモノクローナル抗体の標的動物と標的分子の種類が非常に豊富です。また、サイトカインや転写因子、シグナル伝達分子などに対する抗体は、種類があまり豊富ではなく、市販しているメーカーも限られています。

　代表的な細胞表面分子やサイトカインに対する抗体を除くと、これらの市販抗体の大部分は未標識抗体です。また、FITC、PE、APC 系以外の蛍光色素で標識された抗体は、ほとんど市販されていません。未標識

第 8 章　非リンパ球・非モデル生物細胞への適用に関する Q & A

表　市販抗体の主な入手先（メーカーおよびサービス）

メーカーおよびサービス	主な動物種（抗体数の順）	主な標的分子	種類	蛍光標識	備考
Washington State University Monoclonal Antibody Center	ウシ，ブタ，ヤギ，ヒツジ，ウマ，ネコ，イヌ，ニワトリ，他	CD 分子，WC 分子	非常に多い	未標識	各動物種に特異的なモノクローナル抗体が豊富
バイオ・ラッドラボラトリーズ社（旧 AbD Serotec 社）	ブタ，ウシ，ウマ，ヒツジ，ヤギ，ニワトリ，イヌ，ネコ，他	CD 分子，WC 分子，サイトカイン	非常に多い	標識/未標識	各動物種に特異的なモノクローナル抗体が豊富
サーモフィッシャーサイエンティフィック社	イヌ，ブタ，ウシ，ニワトリ，ネコ，ヒツジ，ウマ，ヤギ，他	シグナル伝達分子，CD 分子，サイトカイン，他	非常に多い	標識/未標識	交差反応性を示すモノクローナル抗体やポリクローナル抗体が中心（他社製の抗体含む）
アブカム社	ブタ，ウシ，イヌ，ニワトリ，ウマ，ヒツジ，ヤギ，他	CD 分子，サイトカイン，シグナル伝達分子，他	多い	標識/未標識	交差反応性を示すモノクローナル抗体やポリクローナル抗体が中心
Kingfisher Biotech 社	ウシ，ブタ，ウマ，イヌ，ヒツジ，ヤギ，ネコ，ニワトリ，他	CD 分子，WC 分子，サイトカイン，ケモカイン	普通	未標識	サイトカインやケモカインに対するポリクローナル抗体が豊富（ただし ELISA 用）
BD Biosciences 社	ブタ，イヌ，ウシ，ネコ，ウマ，ヒツジ	CD 分子	普通	標識/未標識	ブタ CD 分子に特異的または交差反応性を示すモノクローナル抗体が豊富
Mabtech 社	ウシ，ブタ，ヒツジ，ヤギ，イヌ，ウマ	サイトカイン	少ない	標識/未標識	一部のサイトカインに対するモノクローナル抗体（ELISA 用・FCM 用）
R&D Systems 社	イヌ，ブタ，ウシ，ニワトリ，ウマ，ネコ	CD 分子，サイトカイン	少ない	標識/未標識	一部の CD 分子に対するモノクローナル抗体　一部のサイトカインに対するポリクローナル抗体

抗体を用いる場合は，市販の抗体標識キットや二次抗体による間接標識を用いて，蛍光色素で標識しましょう（**Q29**）。

もし目的の動物種，標的分子に対する特異抗体が見つからないときは，自分で抗体を作製するのが最も確実ですが，市販抗体を使用したい場合は論文やメーカーの抗体データシートを参照して交差反応性の報告を探しましょう。論文で交差反応性が報告されていても，メーカーのデータシートに反映されていない場合もあります。さらに，論文にもデータシートにも交差反応性の報告がない場合でも，データシートに抗体の免疫原やエピトープの記載があるときは，対象とする動物種の標的分子のアミノ酸配列情報を参照して抗体が交差反応する可能性があるかを検討し，実際に購入して試してもよいでしょう。メーカーによっては，交差反応性を確かめるために少量の抗体を無償で試すことも可能です（実験結果をメーカーに報告することが条件です）。

細胞染色に使う試薬やバッファー

どの動物種に関しても，表面抗原染色時のバッファーは 0.5 〜 2%　BSA–PBS または 0.5 〜 2% FBS–PBS が基本となります。ただし，ウシ細胞のときに FBS を含むバッファーを用いると，FBS 中に含まれる可溶性抗原に標識抗体がトラップされてしまい，細胞に発現する抗原の検出が妨げられる場合が稀にあります（例えば，液相中の IgM に抗 IgM 抗体がトラップされ，B 細胞の膜型 IgM の検出が妨げられます）。使用する抗体との相性を考慮してバッファーを選択しましょう。

単球系細胞や刺激培養後のリンパ球を染色する場合には，Fc 受容体（FcR）への抗体の非特異的結合が問題となります。マウスやヒトのような FcR ブロッキング試薬は市販されていませんので，各動物種由来の血清（サーモフィッシャーサイエンティフィック

286　ラボ必携　フローサイトメトリー Q&A

社，シグマ アルドリッチ社など）を非働化して PBS に添加（10%）し，ブロッキング試薬として抗体反応前に用いるのが理想的です．対象動物の血液が大量に入手できる場合は，検体の血清（または血漿）を分離し，非働化してから用いてもよいでしょう．

また，ホルムアルデヒド溶液（1 〜 4%）を用いた細胞の固定やサポニンなどを用いた透過処理が，哺乳動物や鳥類についても広く用いられています．細胞内抗原（サイトカインや転写因子）の染色を行う場合は，細胞固定/透過処理キット（BD Biosciences 社，サーモフィッシャーサイエンティフィック社，BioLegend 社，バイオ・ラッド ラボラトリーズ社など）が簡便で確実です．

その他の FCM 解析

哺乳動物や鳥類に対しては，細胞表面分子や細胞内抗原の検出の他に，細胞のソーティングはもちろんのこと，細胞増殖活性測定（CFSE や CellTrace，BrdU，抗 Ki-67 抗体など，**Q51, 52**）や細胞周期解析（PI，DAPI，7-AAD など，**Q30**），アポトーシス検出（7-AAD/Annexin V など，**Q31**），細胞傷害試験（7-AAD/CFSE）などの解析法が応用されています．また，MHC＋ペプチド-マルチマー（**Q47**）による抗原特異的 T 細胞の検出もウシやブタのリンパ球で報告がありますが，マルチマーは市販されておらず，自分で樹立する必要があります．

文献

1) De Boever S, et al: Avian Pathol, 39: 41-46, 2010
2)「獣医免疫学」（池田輝雄，他/監），pp157-158，緑書房，2015
3)「動物の免疫学　第 2 版」（小沼　操，他/編），pp115-121，文永堂出版，2001
4) Baldwin CL & Telfer JC: Mol Immunol, 66: 35-47, 2015

（岡川朋弘）

第8章 非リンパ球・非モデル生物細胞への適用に関するQ&A

関連するQ→Q30, 52

Q95 魚類（サケ・マス類，マグロ類，ゼブラフィッシュやメダカなど）から調製した細胞のフローサイトメトリー解析やソーティングは可能でしょうか？

A
細胞染色などの前処理の条件や，シース液の組成などを再検討することで，魚類由来細胞のソーティングを行うことができます．ソーティングした細胞を，培養や移植などのバイオアッセイに用いる際には，この検討が特に重要になります．

魚類由来細胞の解析に用いるシース液の検討

◆シース液の組成

市販されているシース液は，基本的にマウスやヒトといった哺乳類の細胞を対象としたフローサイトメトリー解析やソーティングに適した組成になっています．しかし，細胞の浸透圧やpHは，動物種ごとに異なっています．そのため，魚類から調製した細胞のフローサイトメトリー解析やソーティング時に，市販のシース液を用いると細胞の状態や生存に影響をおよぼしてしまう可能性があります．そこで，研究対象とする魚種の細胞に合わせて調製された等張液をシース液として用いることにより，細胞への悪影響を低減することができます．例えば，サケ・マス類から調製した細胞のフローサイトメトリー解析やソーティングにおいては，ニジマス用リンゲル液〔trout balanced salt solution（TBSS）buffer〕[1]を市販のシース液の代わりに用いています．

◆シース液の温度

通常，シース液は常温で用いますが，ソーティング時の細胞へのダメージを少なくするためには，冷やして用いることをおすすめします．具体的には，コンテナの中にシースタンクを入れた後，タンクの周囲を氷で満たすことで，シース液を低温に保ちます．シース液の温度を低温で一定に維持することのメリットは，細胞へのダメージの軽減だけでなく，シース流の液滴を安定的につくることにも寄与するので，ソーティングを安定化するのにも役立ちます．なぜなら，シース液の温度変化は液滴がつくられる効率に大きく影響するため，機器の稼働などによって変化しやすい室温下ではなく，氷で冷やし続けることでシース液の温度を一定に保つことができ，安定して液滴をつくることができるからです．また，前述のように，動物種に合わせて調製した等張液はシース液として用いて液滴をつくることを前提に調製されていないため，シース液（等張液）を低温で一定に保つことは，安定的にシース流の液滴をつくるために大きな意味があります．

◆実施例

われわれの研究室では，ニジマス精巣由来の生殖細胞を，卵から孵ったばかりの稚魚（宿主）の腹腔に移植すると，移植した生殖細胞が宿主の生殖腺へと移動

し，取り込まれた後，生着することを報告しています[2]．この移植実験に，市販のシース液を常温で用いてソーティングを行った細胞を用いると，ソーティングを行っていない細胞に比べ，宿主生殖腺への生着効率が著しく低下しました．一方，シース液として低温に冷やしたニジマス用リンゲル液を用いてソーティングを行った細胞では，宿主生殖腺への生着効率が低下しませんでした．このように，移植実験を通して，シース液の組成と温度は，細胞の状態に影響があることがわかりました．移植実験だけでなく，培養や遺伝子発現解析に，ソーティングした細胞を用いる際にも，シース液の組成と温度を検討することで細胞へのダメージをできる限り減らすことは重要だと思われます．

細胞の染色条件の検討（Hoechst 33342 による染色を例に）

魚類の細胞は，生存に適した温度も哺乳類とは異なっています．特に，サケ・マス類の一種であるニジマスのような低水温下で生息している魚種の細胞は，20°Cを超えると死んでしまいます．このような魚種の細胞を対象としたフローサイトメトリー解析を行うにおいて，細胞染色などの前処理の条件（処理温度や時間，試薬の濃度など）を，論文などで報告されている他の動物種のものをそのまま真似ると，細胞の生存率に大きな影響を与えてしまいます．そのため，フローサイトメトリー解析の前処理の条件は，魚種ごとに再検討することが必要です．この条件検討により，細胞の生存率への影響が少なく，かつ，前処理として十分な条件を見つけることが必要です．

◆ 実施例

フローサイトメーターを用いた幹細胞研究の１つに，side population（SP）解析があります．SP は，多くの組織幹細胞に共通してみられる特徴の１つで，抗体などのマーカーを用いることなく，細胞膜透過性の核染色試薬である Hoechst 33342 で細胞を染色することで，その染色性の違いにより検出することができる細胞集団です（Q30, 52）[3]．

われわれは，ニジマスの精巣において，精子をつくり続けるもととなる細胞である精原幹細胞を単離するために，SP に着目して解析を行いました[4]．この解析において，Hoechst 33342 の染色条件の検討は必須でした．通常，マウスの造血細胞において SP 解析を行う際は，37°C 下において，Hoechst 33342 濃度 5 μg/mL で 1.5 時間染色を行います．しかし，

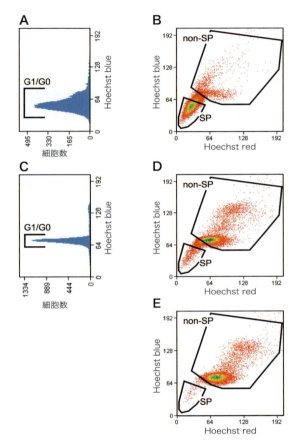

図　ニジマス精巣生殖細胞中における SP 細胞の検出

ニジマス精巣生殖細胞（直径約 10 μm）を，Hoechst 33342 濃度 5 μg/mL，染色温度 18°C，染色時間 1.5 時間（A, B），または，Hoechst 33342 濃度 5 μg/mL，染色温度 16°C，染色時間 10 時間（C, D, E）で染色した後，355 nm Xcyte laser を用いて励起することで，Hoechst 33342 の蛍光強度を，MoFlo XDP（ベックマン・コールター社）により検出した．E）Hoechst 33342 染色時に verapamil を添加したもの．染色液に verapamil を添加すると，SP 細胞は著しく減少することが知られている．A），C）横軸に細胞数，縦軸に Hoechst 33342 の青色蛍光強度（457 nm band pass フィルターで検出）で展開した分布図．B），D），E）横軸に Hoechst 33342 の赤色蛍光強度（670 nm band pass フィルターで検出），縦軸に Hoechst 33342 の青色蛍光強度（457 nm band pass フィルターで検出）で展開した分布図．文献 4 より引用．

第 8 章 非リンパ球・非モデル生物細胞への適用に関するＱ＆Ａ

前述したように，低水温下で生息しているニジマスの細胞は，37℃では死んでしまいます．そこで，20℃以下の温度で，十分な染色が得られないか検討を行いました．まず，温度のみを18°Cに下げ，Hoechst 33342濃度5 μg/mLで1.5時間染色を行いましたが染色が不十分でした．そのため，Hoechst 33342の蛍光強度のばらつきが小さい G_0/G_1 細胞集団（すべての細胞の核相が2N）においても，その蛍光強度に大きなばらつきがみられました（図 A，B）．そこで，低温下で十分なHoechst 33342の染色を行うために，染色条件として，Hoechst 33342濃度（5，10，15，20，25，50，100 μg/mL），染色温度（10，14，16，18°C），染色時間（1.5，2，3，4，6，8，10，12，15時間）の組合わせを検討しました．その結果，温度16°C，Hoechst 33342濃度5 μg/mLで10時間染色を行うと，生存率への影響が少なく，十分な染色が得られることが明らかになりました（図 C，D，E）．この解析を通して，動物種ごとに，細胞染色などの前処理の条件を再検討し，改善することが重要だということが再確認されました．

まとめ

魚類から調製した細胞を用いたフローサイトメトリー解析の実施例は，マウスやヒトといった哺乳類の細胞を用いた解析に比べ，非常に少ないのが現状です．そのため，機器のセットアップや，フローサイトメトリー解析に用いる細胞の前処理の方法は，哺乳類のものを参考にする機会が多くなってしまいます．しかし，これらの条件を完全に真似るのではなく，自分が対象とする種に合わせて再検討することが実験を行ううえで必須となります．

文献
1）長濱嘉孝，他：日本水産学会誌，46：1097-1102, 1980
2）Okutsu T, et al：Proc Natl Acad Sci U S A, 103：2725-2729, 2006
3）Goodell MA, et al：J Exp Med, 183：1797-1806, 1996
4）Hayashi M, et al：Biol Reprod, 91：23, 2014

（林　誠，市田健介，吉崎悟朗）

Q96 非リンパ球，魚類胚由来の細胞など，とてもダメージに弱いデリケートな細胞をダメージレスセルソーターでソーティングしたいと考えています．メリット・デメリット，ソーティングの実際を教えてください．

A ダメージレスセルソーターを使えば，デリケートな細胞を良好な状態でソートすることが可能です．流路系が単純で安定して使用できるのが強みですが，ソーティング速度が遅いため，1回の実験で単一の細胞集団のソートしかできません．

ダメージレスセルソーターとは

　ダメージレスセルソーターは液滴を形成しない方式のセルソーターで，機械的動作によって細胞を分取します．この方式のセルソーターでは，細胞に対するせん断力・高水圧・超音波・高電圧・着水による衝撃がかからないため，巨大でデリケートな細胞を分取できます（図1）．また，流路系が単純なため，ドロップディレイやストリームなど，ソーティング精度を左右する条件を気にする必要がなく，比較的クルードなサンプルでも安定的に分取できます．ここでは，魚類の胞胚期における始原生殖細胞（primordial germ cells：PGCs）のソーティングを例に，PERFLOW Sort（古河電気工業社）を用いた実践例を紹介します．本稿で紹介するPGCsのソーティングの流れを図2に示します．

デリケートな始原生殖細胞（PGCs）

　魚類胚では，PGCsは母性的に供給される「生殖細胞質」を取り込むことによって分化します．ゼブラフィッシュ由来の *bucky ball* 遺伝子にGFPを結合したmRNAを受精卵へ顕微注入すると，幅広い分類群に属する魚種の生殖細胞質と，それを取り込んだPGCsを可視化できます[1]．胞胚期のPGCsを分離できればさまざまな展開が可能となりますが，①数がきわめて少ないこと（およそ4〜16個/胞胚期胚），②比較的大きく壊れやすいこと（30〜50 μm），③多くの胚を準備することが難しいこと，④卵黄顆粒など夾雑物が多く混入するため流路系の詰まりが発生しがちなこと，などからこれまでの液滴方式のセルソーターによる分取は困難でした．特に海産魚の胚細胞は壊れやすく，ソーティングは現実的ではありませんでした．

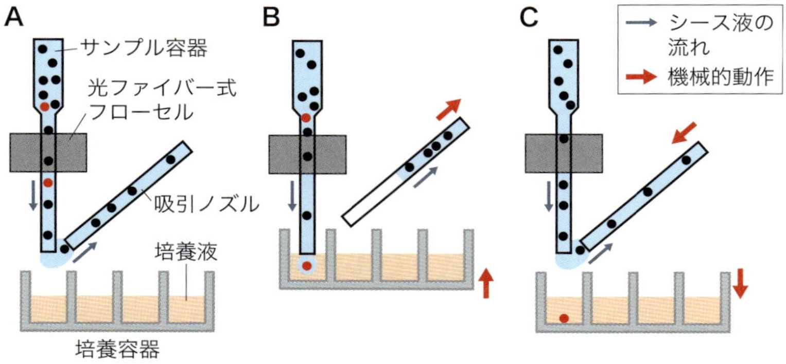

第 **8** 章 非リンパ球・非モデル生物細胞への適用に関する Q & A

図 1

A) サンプルはフローセルの直上に設置される．シース液およびサンプル液は吸引ノズルによって吸引される．**B)** ターゲット細胞がノズル先端に達した瞬間，吸引ノズルがソーティングノズルから離れる．同時に，培養容器ステージが持ち上がることでソーティングノズル先端が培養液中に差し込まれる．この時，約 4 μL のシース液とともに細胞が培養液中に分取される．**C)** 再び回収容器ステージが離れ，吸引ノズルがソーティングノズルに接近し，廃液は吸引される．

細胞の準備

われわれの研究室では，ゼブラフィッシュ，メダカ，スマ（マグロ類），カタクチイワシの胞胚期 PGCs を分取できることを確認しています．実験の流れはどの魚種でもほとんど同じです．まず，受精卵が得られたら，1 〜 2 細胞期のうちに GFP-*buc* mRNA（300 ng/μL）を胚盤に顕微注入します[2]．ゼブラフィッシュやメダカなど，トリプシンなどの酵素で卵膜除去できる魚種は卵膜除去を行い，それ以外の魚種はそのまま培養します．次に，蛍光実体顕微鏡を用いてある程度卵割が進んだラベル胚を観察し，発生していない胚や，生殖細胞質がしっかりとラベルされていない胚を除きます．発生が進むのを待っている間に PERFLOW Sort を立ち上げます．PERFLOW Sort 付属の PC でアプリケーションを立ち上げ，画面の指示に従えばセットアップが 30 分程度で完了します．ラベル胚が胞胚期に達したら，（卵膜付きの胚の場合はピンセットで卵膜を除去した後）卵黄をピンセットで除去します．その後，0.05% のトリプシン/PBS で 5 分間インキュベートした後，胞胚期の細胞を解離します（図 3 A）．BSA を 10% 量加えてトリプシン反応を止め，PBS で 3 回洗浄（200×g，5 分間）後，細胞を 40 μm 径のフィルターに通します．3 mL の PBS

に再懸濁し，PERFLOW Sort のサンプルステージにセットします．

ソーティングの実際

まず，透過光（TL-P）と側方散乱光（SSC-P）でドットプロットを作成し，細胞の形態情報を解析しながら，デブリを除去するためのゲート G1 を作成します（図 3 B）．次に，ゲート G1 内の細胞の蛍光解析を行います．細胞は GFP でラベルされていますので，対応する蛍光パラメータ（FL1–P）でヒストグラムを作成し，データ確認を行いながら Gain を調整し，PGCs が含まれると考えられる GFP 蛍光強度上位 0.5 〜 1.0% 程度の位置にソーティングゲート G2 を作成します（図 3 C）．目的細胞は，170 μL の 1% BSA/PBS をあらかじめ注入した 96 ウェルプレートにソーティングします．ソーティングを行うウェル位置をソフトウェア上で任意に指定し，10 cells/sec の速度でソーティングを行います．PERFLOW Sort では 1 個の細胞を分取する際，約 4 μL のシース液が含まれますので，40 回（シングルセルソーティングの場合，40 細胞）の分取で 96 ウェルプレートの 1 ウェルが容量一杯となります．また，ソーティング後に，グラフ上のどのプロットがソーティングされたか

292 ラボ必携 フローサイトメトリー Q&A

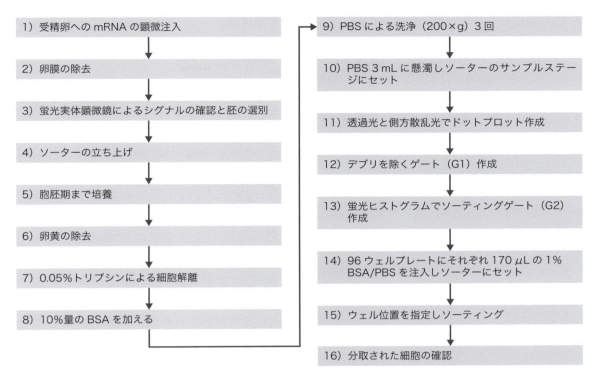

図2 魚類胞胚期PGCs分取フローチャート

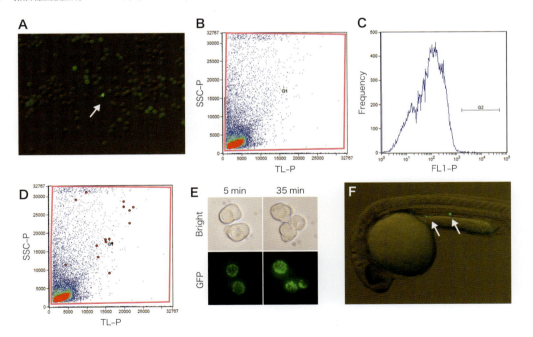

図3
A) ソート前の解離した胞胚期細胞. PGCsは強いGFP蛍光をもつ. B) 透過光（TL-P）と側方散乱光（SSC-P）で作成したドットプロット. C) 蛍光パラメータ（FL1-P）で作成したヒストグラム. D) ソート後に, どのプロットがソートされたかを確認できる. E) ソート5分後および35分後のPGCs. 細胞は分取直後から活発に運動し, 分裂した. F) たった1個の分取PGCが移植されたゼブラフィッシュ胚（移植1日後）. 1個のPGCが, 増殖しながら移動し生殖腺形成域に定着したことが確認できた（⇒）.

第 **8** 章 非リンパ球・非モデル生物細胞への適用に関する Q & A

を容易に確認することができます（図3D）.

この実験では分取した細胞がすべて顕微鏡で確認され、時間経過に伴い、分裂する細胞やディッシュ内で移動する細胞が観察されました（図3E）. 実際、ソーティングしたゼブラフィッシュのPGCsをマイクロピペットに吸引し胞胚期のレシピエント胚へ移植すると、増殖しながら生殖腺形成域へと移動し定着しました（図3F）. このことから、細胞の損傷はきわめて少ないものと考えられます.

まとめ

ダメージレスセルソーター PERFLOW Sort を用いて、さまざまな魚類の胞胚期PGCsをソーティングすることができました. ほかにも、神経細胞やヒト

iPS 細胞など、一般的に分取が困難な細胞や細胞塊（スフェア/コロニー）および大きな細胞のソーティングが可能とされています. これまでのセルソーターのイメージとは大きく異なり、別の装置という印象を受けます. 分取速度が遅く、得られる細胞数が少ないことが制限になる可能性もありますが、良質なシングルセルによるコロニーの形成や極少数の細胞での機能解析が重要になってきていますので、目的に合致すればダメージレスセルソーターは強力なツールになると考えられます.

文献

1）Saito T, et al：PLoS One, 9：e86861, 2014
2）Goto R, et al：Int J Dev Biol, 59：465-470, 2015

（斎藤大樹，後藤理恵）

Q97 病原体を含む細菌をフローサイトメトリーによって解析・ソーティングすることは可能でしょうか？ また，注意点は何ですか？

A フローサイトメトリーによって細菌を解析・ソーティングすることは可能です．注意点は動物細胞などに比べて細菌の大きさが小さいことです．また，病原体を扱う場合は安全面に配慮する必要があります．

細菌学分野におけるフローサイトメーターの利用

フローサイトメトリーは免疫細胞などの哺乳動物の細胞を解析する技術として発展してきました．細菌学分野においては細菌の大きさが動物細胞よりも小さいことから普及が遅れていましたが，近年の技術の進歩によってソーティングを含む解析が可能となってきました．フローサイトメーターは細菌の数や形態学的特徴を解析するうえで有用なツールとなります（図1）．さらに，ソーティング技術はゲノムシークエンスや蛍光 in situ ハイブリダイゼーションなどの技術と組合わせることによって，個々の細菌の生化学的性状や生理学的機能などのさまざまな解析に応用されています（図1）．また，環境サンプル中の細菌の数や生死などを培養することなく迅速に解析できることから，研究分野だけではなく産業分野においても河川や飲み水などからの細菌の検出や抗生剤感受性試験などへの応用や活用が期待されています．

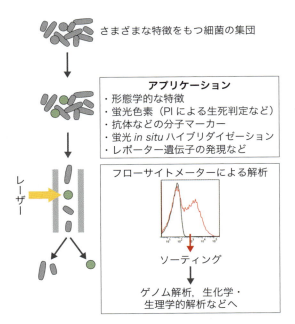

図1　フローサイトメーターを用いた細菌の解析とソーティング

フローサイトメーターは細菌の数や個々の細菌の形態学的特徴を解析できる研究ツールである．さらに，蛍光色素，抗体，ハイブリダイゼーションなどの試薬・技術と組合わせたり，ソーティング技術を活用することで，個々の細菌や細菌分子の生化学的性状や生理学的機能の解析に応用されている．

第8章 非リンパ球・非モデル生物細胞への適用に関するQ&A

細菌の形状や大きさなどの一般性状を理解する

　細菌は単一の細胞からなる単細胞生物であり，真核生物の細胞とは異なり，いわゆる核をもたない原核生物です．構造的には，細胞壁や細胞膜で覆われた細胞質内に核酸やリボソームが存在し，細菌の種類によっては鞭毛や繊毛，莢膜をもつものもいます．しかし，真核生物の細胞にみられる核膜やミトコンドリアは存在しません．細菌の形状は球状（球菌），桿状（桿菌），らせん状（らせん菌）に大別されますが，球菌のなかにも円形や楕円形など，桿菌のなかにも短いものや長いものなどが存在し，その種類は多様です．また，1つの細胞（菌体）がバラバラに存在する菌もいますが，ブドウの房状（ブドウ球菌）やネックレス状（レンサ球菌）に連なっている菌や，2個，4個，8個ずつ菌体が連なった二連球菌，四連球菌，八連球菌なども知られています．細菌の大きさ（サイズ）は0.5～30 μm くらいですが，多くのものは数μm 程度ですので，一般的な動物細胞の10分の1くらいの大きさと考えてよいでしょう．このように，細菌は一般的な真核生物の細胞と比べて，細胞の構造，形状，大きさなどが異なりますので，フローサイトメーターを用いて解析する際にはこのような違いを理解しておく必要があります．

細菌が小さいことに注意する

　フローサイトメーターを用いた細菌の解析において最も注意すべき点は，細菌の大きさが動物細胞に比べて小さいことです．ミルテニーバイオテク社のMACSQuant Analyzer を用いてマウスの脾臓細胞と大腸菌を解析した結果を例に説明します（図2）．脾臓細胞を解析するための設定で大腸菌を解析すると，図2Bに示すように大腸菌はほとんど検出されません．これは大腸菌がリンパ球や赤血球などの脾臓細胞に比べて小さいためです．そこで，前方散乱光（FSC）の検出感度（ボルテージ）を調整して解析すると，図2Cに示すように大腸菌を検出できるようになります．さらに，X軸（FSC）とY軸（SSC）を対数軸（Log）で表示することで解析しやすくなります（図2D）．

病原体を適切に扱い，機器と廃液の消毒・滅菌を行う

　病原体を用いた研究に従事する際には，病原体に関する十分な知識を身に付けており，法令や研究機関のルールを順守して病原体を適切に取り扱い，使用した器具や機器などを適切かつ迅速に消毒・滅菌する必要

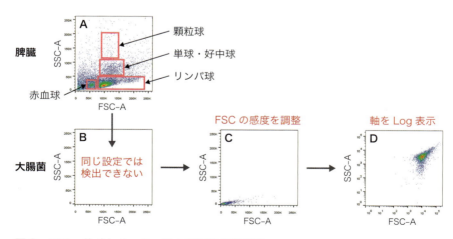

図2　フローサイトメーターによる細菌の解析例
A）マウス脾臓細胞を解析した結果．B）Aと同じ機器設定で大腸菌を解析した結果．C）前方散乱光（FSC）の検出感度（ボルテージ）を調整して大腸菌を解析した結果．D）CのデータのX軸とY軸を対数軸で表示した結果．

があります．フローサイトメーターの本体（流路）
は，使用した病原体を確実に消毒・滅菌できる消毒薬
（アルコールや次亜塩素酸ナトリウムなどが一般的）
を用いて適切な方法によって消毒・洗浄する必要があ
ります．例えば，私たちは，ミルテニーバイオテク社
から販売されている洗浄剤（MACS Bleach Solution）
と MACSQuant Analyzer の洗浄用プログラムを利用

しています．さらに廃液は高圧蒸気滅菌法や消毒薬な
どを使用して適切に処分しなければなりません．この
ように病原体を含む微生物を取り扱う場合には拡散防
止措置をとり，安全面に十分配慮して研究を行う必要
があります．

（細見晃司，國澤　純）

第 8 章 非リンパ球・非モデル生物細胞への適用に関する Q & A

関連するQ→Q4, 9, 19, 65, 72, 97, 99

Q98 土壌細菌や昆虫の腸内細菌の解析とソーティングについて教えてください．

土壌や腸内由来の夾雑物を取り除くことが非常に重要です．土壌・腸内細菌ともサイズが小さく，またそのばらつきも大きいので，細胞膜や，DNAを染色する蛍光試薬で標識する方がソーティングをしやすいと思われます．

土壌・腸内由来の夾雑物を取り除く

フローサイトメトリーでは，液滴内の粒子が細菌細胞であるかを目視で確認することができないため，土壌や腸内由来の環境試料から夾雑物を取り除くことが，細菌の解析・分取を行うにあたって非常に重要です．ここでは主に夾雑物の多い，土壌から抽出した微生物画分をフローサイトメトリーに供する際のサンプル調製について記します（プロトコール）[1) 2)]．

土壌サンプル 5 g に PBS 15 mL と界面活性剤〔筆者の場合，終濃度 0.1％（v/v）の Tween 80〕を加えよく懸濁します．その後，しばらく室温で静置，あるいは 4℃で低速での遠心分離を行い，サイズの大きな土壌粒子を沈殿させ，上清みをさらに濾紙で濾過して土壌粒子を可能な限り取り除きます．得られた濾液を遠心（3,000×g，4℃，30 分）し，微生物画分を沈殿させます（このとき，沈殿にはまだ土壌由来の粒子が混入しています）．上清を除いた後，沈殿を少量のバッファー（2 mL）に再懸濁して，等量の Nycodenz あるいは Histodenz（シグマ アルドリッチ社，筆者らはこちらを使用）として販売されている，非イオン性化合物（iohexol）の 1.3 g/mL 水溶液の上に，密度勾配遠心の手法と同様に，微生物画分の懸濁液を静かに載せた後，遠心分離（13,000×g，4℃，30 分）を行います（筆者の場合は，2 mL チューブにそれぞれ 1 mL ずつ載せて遠心）．遠心分離を行うと，高密度の土壌粒子や金属粒子はチューブの底に沈殿しますが，微生物細胞は，Histodenz 層と懸濁液の界面に留まるので，その部分を注意深くマイクロピペットでとり，再度遠心分離（13,000×g，4℃，30 分）します．上清みを除いた後，必要量の緩衝液（筆者の場合は 500 μL）などに懸濁し，ソーティングに用いる試料とします．得られた懸濁液にどのくらいの微生物細胞が含まれるか，懸濁液の一部（通常は 1 μL）を，細胞の核酸を染色する DAPI（4,6-diamidino-2-phenylindole，励起波長 358 nm，蛍光波長 461 nm）を用いて染色後，蛍光顕微鏡下で細胞数を計測しておきます．このとき，蛍光顕微鏡下では DAPI に合わせた蛍光フィルターで微生物細胞を観察しますが，夾雑物は，別の波長の蛍光フィルターに変えた際にも蛍光を発するように見えることが多いため，この観察結果をもとに，必要に応じて，Histodenz による夾雑物の除去を複数回くり返します．

昆虫の腸内細菌（筆者らはシロアリを使用）については，実体顕微鏡でシロアリから腸を滅菌したピンセットでとり，腸の内容物を緩衝液に懸濁したものを直接染色し，ソーティングに用いています．この際，特別な夾雑物の除去操作は行っていません．

プロトコール

土壌試料からの微生物画分の抽出方法

①土壌試料 5 g に 15 mL の PBS，終濃度 0.1% Tween 80 を加えてよく懸濁させる．
②30×g，4℃，3 min 遠心し，土壌粒子を沈殿させる．
③孔径 30 μm の濾紙で濾過後，50×g，4℃，3 min 遠心し，土壌粒子を沈殿させる．
④3,000×g，4℃，30 min 遠心し，微生物を沈殿させる．
⑤上清を捨て，1 mL のバッファーに懸濁する．
⑥1.3 g/mL の Histodenz を用いて遠心（15,000×g，4℃，30 min）．
⑦上清を遠心，微生物を沈殿させた後，再度 Histodenz を用いて遠心，土壌粒子を除去して細菌を分離．
 およそ 10^9 cells/20 g（soil）を取得．

菌体の染色をする

微生物細胞の染色法は，本書の他稿にも書かれていますので（**Q97, 99**），ここでは筆者の例を記すにとどめます．筆者の土壌由来の細菌に関する研究の場合，対象微生物に緑色蛍光タンパク質（green fluorescence protein：GFP）を発現させ，その蛍光を指標にしてフローサイトメトリーに供しました[2]．また，腸内細菌については，CellTracker Green CMFDA Dye（サーモフィッシャーサイエンティフィック社）を用いました[3]．本染色プローブは，微生物細胞の膜を通過し，細胞内のエステラーゼがプローブの酢酸エステル基を切断することで蛍光を示す化合物が生成します（**Q19**）．筆者らが用いたプローブのほかに，さまざまな蛍光波長のプローブがあるので，例えば GFP との併用も可能です．

微生物細胞をソーティングする

ソーティングについての一般的な留意事項なども，本書の他の Q&A に書かれていますので（**Q4, 9, 65**），筆者の例のみ記します．筆者らは，ベックマン・コールター社の Moflo XDP を用いて微生物細胞をソーティングしています．微生物細胞を含む液滴は 70 μm 径のノズルで流し，GFP を発現させた土壌細菌については，側方散乱光（side scatter：SSC）をトリガーとして，前方散乱光（forward scatter：FSC）と蛍光を指標にゲートをセッティングしてソー

ティングを行いました（**図1**）．ゲートのセッティングは，GFP を発現しない細胞と，発現している細胞を流すことで，細胞が元来もつ自家蛍光よりも高い蛍光強度を示す細胞を分離するように行いました．また，シロアリ腸内の細菌画分については，シロアリが餌としている，木片などの混入を防ぐため，サイズと蛍光を指標に（前方散乱光と蛍光）とでゲートをセッティングした後に，サンプルの内部構造の複雑さと蛍光（側方散乱光と蛍光）とでもゲートをセッティングしてソーティングを行いました（**図2**）．

筆者らの研究では，微生物を高純度に 1 細胞ずつ，96 ウェルプレートの各ウェルに分離する必要がありました（**Q72**）．そこで，CyCLONE というロボットアームによって，自動的にソートする機能を利用して，前後の液滴の情報を考慮した，最も高い純度でのソートを行う，0.5 drop モードを用いました．また，ロボットアームによるソーティングの正確性をより高めるために，本来の分取速度の 1/10 以下の毎秒 2,000 イベント以下の低速でソーティングを行いました．FSC の感度調整にあたっては，他の微生物細胞の混入を可能な限り避けるため，電気的なノイズを検出する，ぎりぎりまで感度を上げて行いました．この場合，ソートした液滴内に細胞が入らない確率が高くなりますが，液滴内には 1 細胞のみが入っていて，他の細胞が混入しない確率を可能な限り高くしたかったからです．なお，筆者らの用いたセルソーターは，滅菌操作可能なキャビネット内には収まっていなかったため，使用前に，ソーティング時に細菌が通るチューブ内を，次亜塩素酸ナトリウム溶液〔市販の塩素系漂白剤を使用，濃度 6%（w/v）〕と 70% エタ

第8章 非リンパ球・非モデル生物細胞への適用に関するQ&A

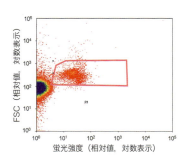

図1 GFPの蛍光を指標にした土壌細菌の分離

GFPを発現させた土壌細菌を含む液滴の，蛍光強度と前方散乱光の強度を指標にした場合の分布．赤の枠で囲うゲートに入った液滴をソーティングした．

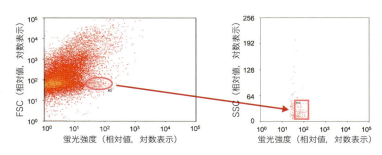

図2 蛍光を指標にしたシロアリ腸内細菌の分離

緑色蛍光色素で染色したシロアリ腸内由来細菌を含む液滴の，蛍光強度と前方散乱光（FSC）の強度，および蛍光強度と側方散乱光（SSC）の強度を指標にした場合の分布．楕円で囲ったゲートに入った液滴のうち，四角で囲ったゲートに入った液滴をソーティングした．

ノールを交互に流して洗浄し，また液滴を分取する部分については，70％エタノールを染みこませたペーパータオルでよく拭き取ってから用いました．

文献

1) Iijima S, et al：J Biosci Bioeng, 109：645-651, 2010
2) Shintani M, et al：Appl Environ Microbiol, 80：138-145, 2014
3) Yuki M, et al：Environ Microbiol, 17：4942-4953, 2015

（新谷政己）

Q99 微細藻類の解析とソーティングについて教えてください．

A 微細藻類はクロロフィル*a*やフィコエリスリンなどの自家蛍光の違い，細胞サイズや細胞構造の違いなどでドットプロットの見え方が異なります．こうした違いを把握しておくことで，効率よく対象とする細胞を解析して，ソーティングすることができます．

はじめに

藻類は湖沼，河川や沿岸，海洋といった水環境だけでなく，温泉，雪氷，高塩，乾燥地帯などのさまざまな特殊環境にも生息しています．藻類はきわめて多様で，原核生物のシアノバクテリア，そして真核生物として，進化系統的に大きく異なる複数の系統群に点在しています．こうした進化系統的な違いは，藻類の細胞レベルでの生理・生化学的な違いや細胞構造の違いの背景となっています．細胞サイズ，細胞構造の複雑さの違い，クロロフィル*a*（CHL*a*）やフィコエリスリン（PE）などの光合成色素の蛍光波長の違いを，フローサイトメトリー（FCM）のドットプロットの違いとして，認識できます．ここでは藻類の違いによるドットプロットの違いやおのおのの種の特徴，そして微細藻類を対象とする解析手法などについて解説します．

解析に用いる装置

筆者の研究室では，現在，FACSJazz（BD Biosciences社），On-chip Sort（オンチップ・バイオテクノロジーズ社）の2機種で，微細藻細胞や自然界の試料の解析やソーティングを行っています．解析には両機種を，多数の細胞のソーティングにはFACSJazzを，脆弱な種類の細胞の培養用ソーティングにはOn-chip Sortと使い分けています．On-chip Sortは，使い捨てのマイクロ流路チップのためメンテナンスが容易で，十分な解析精度が得られます．本稿のデータはすべてOn-chip Sort（488 nmレーザーのみを搭載）で，前方散乱光（FSC）と側方散乱光（SSC），FL3（585/40）とFL5（678/38）を解析しました．流路系は小容量タイプのマイクロ流路チップを用いて，流路圧力MainPush（メイン流路上流の押す圧力）は8.0 kPaで測定しました．

各微細藻類株の特徴とドットプロット

細胞サイズ，細胞構造，光合成系色素の違いなどに基づいて，シアノバクテリア3株（NIES-2883, 956, 981），クリプト藻1株（NIES-697），プラシノ藻2株（NIES-3661, 1425），ハプト藻1株（NIES-2778）の合計7種7株（表，いずれも国立環境研究所・微生物系統保存施設から入手可能[1]），そして環境試料の例として，外洋の表層海水試料の解析

第 8 章 非リンパ球・非モデル生物細胞への適用に関する Q & A

表　解析に用いた微細藻類保存株

株番号	種名	細胞サイズ長径（μm）	フィコエリスリン
NIES-2883	*Prochlorococcus* sp.	0.8	−
NIES-956	*Synechococcus* sp.	1	＋
NIES-98	*Microcystis aeruginosa*	9	（＋）
NIES-697	*Cryptomonas acuta*	12	＋
NIES-3661	*Micromonas pusilla*	3	−
NIES-1425	*Pyramimonas grossii*	8	−
NIES-2778	*Emiliania huxleyi*	10	−

詳細は http://mcc.nies.go.jp を参照.

結果を示します（図Ａ～Ｈ）.

　Synechococcus などでみられる紫～青～緑～オレンジ～赤色の色調の違いは，異なるタイプのフィコビリン色素の有無，組成の違いによるものです．488 nm レーザーでは，それらの違いは識別できませんが（図Ｂ），515 または 561 nm のレーザーと 572/27 nm の検出波長の組合わせで，フィコビリン色素の組成の異なる 4 株を明瞭に識別できることが分かっています[2]．この解析法は環境試料の多様性解析や新しい色素組成の培養株確立に適用可能です．図Ｈの外洋環境の海水試料では，PE をもつ*Synechococcus*（①）や多様な真核性微細藻類（②）が含まれており，細かくゲーティングして，細胞をソーティングすることで，多種多様な微細藻類の培養株を確立できる可能性があります．

微細藻類の解析・分離・培養時における留意点

◆ 培養株の無菌化

　すでに培養株となっているが，バクテリアが混在している株を FCM で無菌化する場合，基本的には，CHL*a* や PE の蛍光をドットプロットで確認，最も細胞密度の高い部分をゲーティングして，ソーティングします．バクテリアの有無や存在量は，SYBR Green Ⅰ や SYTO-9 などの蛍光染色で確認できます．もしソーティング後もバクテリアが混在している場合は，ソーティングをくり返します．なおバクテリアと同サイズで，ジビニル CHL*a* の蛍光強度が弱い*Prochlorococcus* は，バクテリアとの識別は困難で

す．またソーティング対象の細胞表面にバクテリアが付着している場合，無菌化は困難です．頑強な種の場合には，次亜塩素酸による細胞表面の殺菌や，超音波処理により細胞表面からバクテリアを剥離・殺滅する処理（濃度と処理時間の検討が必要）で無菌化できることもあります．また培養株のなかには，細胞内にウイルスが内在するケースもありますが，培養液を SYBR Green Ⅰ で染色，FCM を用いて解析することで，簡便にウイルスの有無を調べる方法も報告されています[3]．

◆ 自然界の試料からのセルソーティングによる培養株確立やメタゲノム解析

　自然界から新たに培養株を確立する際に，FCM による解析とセルソーティングは有力なツールとなります．図Ｈで示されるようなドットプロット上で複数のゲーティングを設定して，96 ウェルプレートにシングルセルソーティング，あるいは一定の数の細胞をソーティングした後，培養プレートに希釈培養をかけることで多種多様な培養株を確立できます．

　メタゲノム解析やメタ DNA バーコーディングを行う際にも，FCM を用いて CHL*a* や PE 蛍光をもつ細胞のみをソーティングする方法は，微細藻類を対象とする解析の精度や効率アップにつながります[4]．ただしこうしたソーティング試料であっても，微細藻類を捕食した原生動物では，クロロフィル蛍光が細胞内に残っていて，試料に混入する可能性があります．またシングルセルから全ゲノム増幅が行えるキットを併用することで，培養株を確立しなくても，FCM でソーティングした試料から直接ゲノム解析を行うことも可能です[5]．

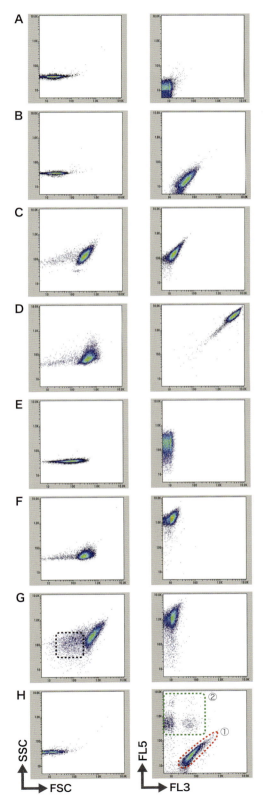

図　各微細藻類株のドットプロットの特徴

A) *Prochlorococcus*（NIES-2883）：外洋環境の代表的なシアノバクテリア．微細藻類のなかで，最小の細胞サイズ．ジビニル CHL*a* の蛍光強度は弱く，検出限界に近い位置にプロットされている．

B) *Synechococcus*（NIES-956）：外洋や湖沼など，さまざまな水界に生息するシアノバクテリア．さまざまな色調（紫〜青〜緑〜オレンジ〜赤色）の株が存在．本株は CHL*a* と PE をもち，赤色を呈す．PE は励起波長（496 nm），最大蛍光波長（575 nm）で 488 nm レーザーと FL3 で検出できる．

C) *Microcystis*（NIES-98）：淡水産でアオコ形成藻として著名な種．一般にフィコシアニンのみをもつ．しかし本株では，FL5-FL3 が増加しており，PE の存在が示唆される．また *Microcystis* は細胞内に多数のガス胞をもち水面近くに浮上する．SSC-FSC では，本株が他のシアノバクテリアよりも複雑な細胞構造（ガス胞の存在）で，細胞サイズとガス胞数に相関のあることがわかる．

D) クリプト藻（NIES-697）：フィコビリン色素は，シアノバクテリアだけでなく，真核性藻類のクリプト藻，紅藻にも存在．細胞サイズあたりの CHL*a* と PE の蛍光強度が他の藻類と比べて強く，FL5-FL3 では特徴的なドットプロットを示す．

E) *Micromonas*（NIES-3661）：海洋環境に広く生息するプラシノ藻．ピコプランクトンとして有名．

F) *Pyramimonas*（NIES-1425）：E 同様，海洋環境に広く生息するプラシノ藻．ナノプランクトンとして有名．E と F のドットプロットの比較から，細胞サイズと CHL*a* の蛍光強度の相違で両種を識別可．

G) *Emiliania*（NIES-2778）：海洋環境に広く生息するハプト藻．炭酸カルシウムでできた円石とよばれる細胞外被構造（約 1 μm サイズ）で細胞が覆われている．SSC-FSC のドットプロットでは，細胞サイズと細胞構造の複雑さの相関性と細胞から剥離した円石の存在（破線黒枠）が見てとれる．

H) 外洋環境（2016 年 3 月 11 日沖縄トラフ海域表層）の海水試料：FL5-FL3 で，赤枠内（①）の群集，PE をもつ *Synechococcus* が最も優占している．数は少ないが，緑枠内（②）には複数の微生物群集（真核性微細藻類）が含まれている．

第 8 章 非リンパ球・非モデル生物細胞への適用に関する Q&A

◆ 凍結保存試料の解析・ソーティング

海洋調査を行う際，フローサイトメーターを調査船実験室に持ち込んで，採取直後の試料を解析することが困難な場合には，現場で試料を固定（最終濃度1%ホルムアルデヒドまたは最終濃度0.1%グルタルアルデヒド）し，冷凍保存（液体窒素または−80℃）して，後日，解析を行います．固定試料の場合，用途は計数などに限られます．一方でカルチャーコレクションにおいて，培養株の長期保存法として使われている凍結保存法で，環境試料を凍結保存しておいて，生細胞に近い状態の細胞の解析やソーティングを行い，メタゲノム解析や培養などに利用する試みもはじめられています．文献6で，培養株の凍結保存前と後の試料のドットプロットの比較を行い，クリプト藻のような脆弱種で，凍結保存過程で死滅した細胞でも，解凍・蘇生直後は凍結前とドットプロットのプロファイルが変わらないことを筆者達の研究室で示し，報告しました．また複数地点の環境試料のソーティング試料について，NGSで取得した配列情報の生物多様性解析から，凍結保存前と後の試料では生物多様性にそれほどの差は認められず，地点間の生物多様性の比較解析が十分に可能であることが示唆されました．長期にわたって安定的な保存が可能な凍結保存を環境試料に適用することで，培養や再現性の高い実験をくり返して行うことなどに利用できます．凍結保存試料からシングルゲノミクスを経て，新規な生物の発見やその培養につながる研究に展開できることを期待したいと思います．

文献・ウェブサイト

1）国立環境研究所・微生物系統保存施設（http://mcc.nies.go.jp）

2）Thompson AW & van den Engh G：Limnol Oceanogr Methods, 14：39-49, 2016

3）Marie D, et al：Appl Environ Microbiol, 65：45-52, 1999

4）Marie D, et al：FEMS Microbiol Ecol, 72：165-178, 2010

5）Vaulot D, et al：PLoS One, 7：e39648, 2012

6）Kawachi M, et al：Gene, 576：708-716, 2016

（河地正伸）

Q100 植物分野ではどのような解析が行われていますか？

A 植物では染色体の数の変異，特に倍数性育種法が行われることがあり，その確認やDNA量を測定しゲノムサイズの推定などに主に利用されています．

植物における倍数性育種とは？

染色体数がゲノム単位で変化することを倍数性（polyploidy），その変化した個体を倍数体（polyploid）とよびます．二倍体（diploid）の植物が三倍体になると減数分裂で染色体の対合がうまくいかず，稔性が低下して種なしになるので種子以外を収穫物とする植物では三倍体が利用されます．また四倍体などでは成長の遅延などみられるものの細胞の増大に伴う，器官の増大がみられます．コムギ，ジャガイモ，イチゴなど栽培植物の約半数は倍数体で，植物の進化における倍数性の役割は大きいです．半数体を含めて，倍数体，異数体の作出において，倍数性の確認またはキメラ性の確認にフローサイトメトリー（FCM）は，威力を発揮します．

倍数体，異数体の解析

播種した種子から出た根端の細胞の染色体数を顕微鏡で計測するのは，高い技術と時間，労力を要します．また，古くはFCMに用いる植物サンプルは，組織を酵素処理したプロトプラストの溶液を用いる必要があり，かなり使用が制限されていました[1]．現在は，植物組織を染色液中でカミソリを用いて細かく刻む（chopping法）だけで，細胞核を染色液中に遊離させ，測定する方法[2]が開発されて，簡便に短時間で測定が可能になっています（プロトコール）．この方法で，植物の倍数性，キメラ性，細胞周期の測定が可能です．

ゲノムサイズの推定

植物はおおよそ30万種あり，そのほとんどにおいてゲノムサイズなどの情報はわかっていません．またモデル植物でありゲノムサイズが最小クラスのシロイヌナズナ（*Arabidopsis thaliana*）の130 Mbから最大クラスのキヌガサソウ（*Paris japonica*）の149 Gbまで，他の生物分類群に比べて，ゲノムサイズの差が大きいです．未知の植物のゲノムサイズの推定にもFCMが利用されます[3]．PIなどで染色した細胞は，ゲノムサイズに比例して蛍光を発します（図）．求める植物のゲノムサイズの推定は，あらかじめゲノムサイズが明らかとなっているコントロール（対照）植物のゲノムが発する蛍光の強度と比較することで目的植物のゲノムサイズ（C-value：核あたりのDNA量）を推定できます．蛍光強度と核DNA量の相関には線形性がみられますが，コントロール植物と求める植物のゲノムサイズが大きく異なるときは，誤差が大きくなるので，コントロール植物と求める植物のゲノムサイズが近いものを測定に用います．ゲノムサイズ測定はプロトコールのchopping法でほぼ同様に測定

第8章 非リンパ球・非モデル生物細胞への適用に関するQ&A

プロトコール

サンプル調製方法例

① 葉やカルスを用意する（1 cm² 程度）．培養葉でない場合は，中肋を取り除いておく．
② 氷上に置いた 6 cm プラスチックシャーレに，組織を置き，1 mL の Chopping Buffer〔10 mM Tris-HCl (pH7.5), 10 mM EDTA, 100 mM NaCl, 1% PVP-K30, 0.1% Triton X-100, 25 μg/mL PI（ヨウ化プロピジウム）〕を加える．
③ 液中で組織をカミソリを使って細かく 0.5〜1 mm に切断する．
④ 5〜10 分氷上で放置し，核を抽出する．
⑤ 抽出液を 20 μm のナイロンメッシュで濾過し，サンプルを 1.5 mL チューブに移す．
⑥ 6,000 rpm で 1 分遠心し，上清を取り除く．
⑦ 500 μL 程度の Chopping Buffer を加える．
⑧ フローサイトメーター（励起波長 488 nm　蛍光波長 630 nm）を用いて測定する．
注：植物種によっては⑥と⑦のステップを省略した方がよい場合がある．

しますが，2.5 μg/mL RNase をバッファーに加えて 30 分インキュベートして，RNA を分解する必要があります．

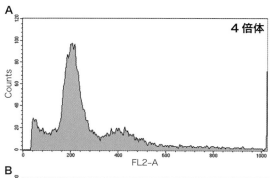

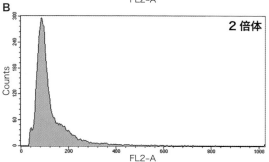

図　植物におけるゲノムサイズ測定の例
マスカダインブドウ（*Muscadinia rotundifolia*）の組織培養株の茎頂にコルヒチン処理を行い，作出した 4 倍体（**A**）と 2 倍体（**B**）の FCM 分析による蛍光ピーク（PI 染色）．

染色体のソーティング

植物染色体のソーティングは，FCM による例は少なく，レーザーマイクロダイセクションやマイクロマニュピレーターが用いられることが多いです．FCM によるソーティングは，まず分裂中期の M 期の染色体が必要となります．M 期の染色体をたくさん得るのが植物体ではなかなか難しいです．M 期の染色体を得るには，まず細胞分裂同調化を行い，分裂阻害剤で処理したのち，A-T 塩基対に結合しやすい Hoechst 33342 や G-C 塩基対に結合しやすい Chromomycin A3 で染色して，染色体 1 本ずつの蛍光強度の違いによる核型分析（flow karyotyping）を行い，ソーティングを行います．場合によっては，デュアルレーザー方式のフローサイトメーターを用いた多重染色による分析で核型分析を行います．

蛍光タンパク質を発現させた細胞のソーティング

近年，マイクロアレイや次世代シーケンサーの利用により網羅的な転写情報（トランスクリプトーム）の解析が可能になり，組織や器官の細胞種や 1 細胞の網羅的遺伝子発現解析が行われるようになってきています．葉や根などの器官のある細胞種で特異的に発現する遺伝子のプロモーターと GFP（green fluorescent protein）などの蛍光タンパク質を発現させる遺伝子の融合遺伝子の形質転換植物体を作製し，目的とする細胞種を蛍光でマーキングします．この形質転換体からプロトプラストを作製し，FACS を用いてマーキングされた細胞種を分取し，そこから RNA を抽出し，RT-qPCR 解析やマイクロアレイや RNA-seq を用いたトランスクリプトーム解析を行ったり[4]，タンパク質を抽出してプロテオーム解析を行ったりします[5]．

文献

1）三柴啓一郎，三位正洋：「細胞工学別冊 フローサイトメトリー自由自在」（中内啓光/監），pp67-73，秀潤社，1999
2）Galbraith DW, et al：Science, 220：1049-1051, 1983
3）Hare EE & Johnston JS：Methods Mol Biol, 772：3-12, 2011
4）Brady SM, et al：Science, 318：801-806, 2007
5）Fukao Y, et al：Plant Cell Physiol, 54：808-815, 2013

（板井章浩）

Index

数字

7-AAD …… 50, 100, 103, 146, 165, 239, 242, 250, 269, 272, 287

欧文

A

Accumax …… 272
ACK バッファー …… 124, 146, 284
Acridine Orange …… 100
Alexa Fluor …… 66, 78, 95, 108
Annexin V …… 72, 103, 153, 287
AO …… 100
APC …… 66, 95, 108, 116, 119, 254, 285
APC-Cy7 …… 44, 67, 83, 87, 108, 116, 119, 152, 242, 247, 254
APC-eF780 …… 83
APC/Fire …… 165
APC-H7 …… 83
APC-R700 …… 242
Avidin-conjugated Magnet Beads …… 275

B

B220 …… 143
BB515 …… 66
BD Horizon BUV …… 113
BD Horizon V500 …… 112
Biexponential …… 247, 258, 259
Biotin 標識抗体 …… 153
Blast gating …… 149
BrdU …… 172, 287
break off point …… 211
Brefeldin A …… 160
Brilliant Blue …… 67
BUV (Brilliant Ultraviolet) …… 95
BV (Brilliant Violet) …… 66, 95, 108, 116, 119
B 細胞 …… 155, 193
B 細胞マーカー …… 156
B リンパ球 …… 143

C

Calcein-AM …… 72
CCR7 …… 91, 143
CD (cluster of differentiation) …… 76
CD3 …… 143, 147, 252
CD4 …… 143, 147, 252
CD4T 細胞 …… 193
CD8 …… 143, 147, 252

CD10 …… 148
CD11b …… 156
CD13 …… 277
CD14 …… 147
CD15 …… 272
CD16 …… 143
CD19 …… 143, 147, 148, 156
CD20 …… 143
CD24 …… 272
CD25 …… 67
CD27 …… 143
CD28 …… 143
CD29 …… 272
CD44 …… 143, 272
CD45 …… 91, 244, 269, 284
CD45R …… 143
CD45RA …… 143, 252
CD45RO …… 143, 252
CD45 陰性細胞 …… 270
CD45 ゲーティング …… 149
CD45 陽性細胞 …… 268
CD49b …… 143
CD56 …… 143, 147, 148, 272
CD62L …… 143
CD66b …… 147
CD127 …… 67
CD133 …… 275
CD194 …… 67
CD 分類 …… 76, 285
CellTrace …… 287
CellTracker Green CMFDA Dye …… 299
CFDA-SE …… 101
CFSE …… 72, 101, 169, 287
CMAC …… 72
CMFDA …… 72
CMRA …… 72
CMTMR …… 72
Coincidence Abort …… 237
Collagenase D …… 268
Corin …… 273
CTL …… 281
Cy3 …… 78
Cy5 …… 156
Cy7 …… 156
Cyanine …… 156

D

DAPI …… 50, 78, 100, 287, 298
DiI …… 102
DiO …… 102
Dispase II …… 127
Dlk1 …… 275

DNase …… 154
DNase I …… 43, 127, 268
DNA 結合蛍光色素 …… 100
DNA 合成 …… 172
Doublecortin …… 272
DRAQ5 …… 100
DRAQ7 …… 103
Drop Delay …… 211

E

EDTA …… 134, 145, 153
EdU …… 172
EGFP …… 73
Electronic Abort …… 237

F

F2N12S …… 104
F (ab')2 …… 97
Fab 領域 …… 11
FACS …… 11
FACSAria …… 276
FACSJazz …… 301
FACS バッファー …… 153
Fc γ レセプター …… 155
Fcs ファイル …… 230
Fc 受容体 (Fc レセプター) …… 12, 92, 97, 146, 155, 175
Fc 領域 …… 11, 155
FGF …… 277
Ficoll …… 281, 284
FITC …… 66, 87, 95, 103, 108, 116, 247, 285
Flow-Count …… 50, 178
Flow-FISH 法 …… 19
FlowJo …… 38, 189, 230, 261, 262
FMO (fluorescence minus one) …… 25, 66, 120, 175, 234, 251, 254
FRC …… 270
FRET …… 19, 81
FSC (forward scatter) …… 13, 18, 22, 129, 145, 149, 239, 296, 299, 301
FSC/SSC ゲート …… 269
FSC vs SSC …… 164, 233, 239
Fucci …… 19, 172
FVD シリーズ …… 107

G・H

Gallios …… 50
GFAP …… 272
GFP …… 299
GLAST …… 272
gp38 …… 270

HGF	277
Histodenz	298
HNF4α	277
Hoechst 33342	78, 100, 113, 289

I

IgA 産生プラズマ細胞	134
IgG	92
IgG パニング	158
IgM	92
iMatrix-511	279
immunophe	149
iohexol	298
ionomycin	160
iPS 維持培地	279
iPS 細胞	277, 278
ISAC	184

J ~ L

JCCLS	148
Jet-in-air 方式	54, 274
Kaluza	38
Ki-67	172
KLH	94
laser hit point	211
Liberase TM	268
lineage-tracing	187
lineage マーカー	86, 235, 250
Live gate	195

M

MACS	222, 270, 273
MACS バッファー	170
mCherry	78
MCM-2	172
medium	220
MFI	257
MHC (major histocompatibility complex)	76, 157
MHC Class Ⅱ	91
MHC 遺伝子	282
MHC＋ペプチド-マルチマー	91, 157, 193
Moflo XDP	299
monensin	160

N・O

Negative Selection 法	222, 275
nestin	272
NeuN	272
NGS	304
NH4Cl	281

NHS-biotin	73
NK 細胞	143, 155, 193, 252
Nycodenz	298
On-chip Sort	301

P

Pacific Blue	78, 112
PBMC〔peripheral blood mononuclear cell〕	284
PCNA	172
PE	66, 87, 95, 103, 108, 116, 119, 247, 285
PE-Cy5	67, 108, 270
PE-Cy7	44, 67, 87, 108, 116, 119, 152, 175, 247, 254
Percoll	125, 128, 141, 284
PerCP	67, 95
PerCP-Cy5.5	68, 103, 108, 119, 250, 254, 270
PERFLOW Sort	292
PE-Texas Red	67, 103, 108
PGCs	291
phosphatidylserine	153
PI	50, 100, 103, 146, 165, 239, 242, 250, 269, 272, 287
PKH 色素	102
PMA	160
PMT	12, 62
podoplanin	270
pre-depletion	192

Q ~ S

Qdot	108, 116
QTL	142
Raw データ	233
RFP	78
SIV	281
SP (side population)	289
SSC (side scatter)	13, 18, 22, 129, 145, 149, 239, 292, 296, 299, 301
SSEA-4 抗体	279
Streptavidin	153
SYBR Green Ⅰ	302
SYTO-9	302
SYTO 色素	100

T

TCR（T 細胞受容体）	76, 157
tdTomato	78
Th17 細胞	134
titration	158
Tra1-60 抗体	279
Trizol	227

TrypLE Select	272
trypsin	272
Tubulin beta3	272
T リンパ球	142

V ~ Z

viability	208
WC	285
Workshop Cluster	285
Y-27632	273, 278
YO-PRO-1	104
Zenon シリーズ	99
Zombie Dye	165

和文

あ

アイソタイプ	85, 92, 97
アイソタイプコントロール	92, 175, 251
アカゲザル	280
アクセプター色素	81
アストロサイト	272
アナライザー	21, 46
アボート率	54, 191
アポトーシス	103, 104
アポトーシス解析	19
アポトーシス検出	287
アポトーシス阻害剤	228

い

異軸	33
一次リンパ器官	268
遺伝子導入	278
イベントレート	49, 190, 202
イメージングフローサイトメーター	40, 62
陰性コントロール	85, 198
インデックスソーティング	223

え・お

エア	204
エアー抜き	225
エアバブル	42
液滴荷電方式	23, 28
液滴形成位置	28, 211
エピトープ	74, 163, 167
エフェクターメモリー細胞	143
塩化アンモニウム溶血剤	124
遠心・洗浄時	197
オートゲート	233

309

Index

オートコンペンセーション ……… 44, 249
オートサンプラー ……………………… 49
オートローダーオプション ………… 52
音響絞り込み ……………………… 22

か

加圧方式 ………………………………… 49
介入実験 …………………………… 283
核酸結合性色素 …………………… 100
核内抗原 …………………………… 174
カニクイザル ……………………… 281
カラム式 …………………………… 192
顆粒球 ……………………… 145, 155
肝芽細胞 …………………………… 275
環境サンプル ……………………… 295
桿菌 ………………………………… 296
肝臓 ………………………………… 138
肝臓幹細胞 ………………………… 275
肝臓のすり潰し …………………… 141
間葉系細胞 ………………………… 268
間葉系ストローマ細胞 …………… 270
管理情報 …………………………… 264

き・く

キーホールリンペットヘモシアニン … 94
希釈 ………………………………… 203
気泡 ………………………………… 202
キャリーオーバー ………………… 42
球菌 ………………………………… 296
吸収波長 …………………………… 30
旧世界ザル ………………………… 282
夾雑物 ……………………………… 298
凝集塊 ……………………………… 204
凝集細胞 …………………………… 239
共焦点顕微鏡 ……………………… 39
偽陽性 ……………………………… 239
胸腺 ………………………… 142, 268
魚類 ………………………………… 288
魚類胚 ……………………………… 291
近交系 ……………………………… 142
クローン …………………………… 85
クロロフィル ……………………… 242
クロロフィル a …………………… 301

け

蛍光顕微鏡 ………………………… 39
蛍光色素 ………………… 52, 72, 78, 97
蛍光色素標識抗体 ……………… 97, 118
蛍光色素標識ストレプトアビジン … 99
蛍光スペクトル …………………… 78
蛍光スペクトルビューアー ……… 114
蛍光波長 ……………………… 30, 78

蛍光ビーズ ………………… 177, 211
蛍光標識 …………………………… 71
蛍光標識抗体 …………………… 12, 87
蛍光標識ストレプトアビジン … 96, 118
蛍光標識モノクローナル抗体 …… 75
蛍光補正→コンペンセーション参照
蛍光補正用ビーズ ………………… 175
蛍光漏れ込み補正 ………… 22, 25, 201
蛍光四分画ゲート ………………… 233
形質転換植物体 …………………… 307
経静脈抗体接種 …………………… 138
形態学的特徴 ……………………… 295
系統検索パネル …………………… 148
ゲーティング ……… 22, 118, 149, 233
ゲート ……………………………… 201
ゲートアウト ……… 103, 118, 233, 239,
                     242, 250, 253, 269
血液灌流 …………………………… 138
血管・リンパ管内皮細胞 ………… 268
血管内画分 ………………………… 127
血球組成 …………………………… 284
ケモカイン受容体分子 …………… 91
ケラチノサイト …………………… 130
検出感度 …………………………… 60

こ

抗CD8抗体 ………………………… 158
抗CD45抗体 ……………………… 127
抗Foxp3抗体 ……………………… 134
抗Ki-67抗体 ……………………… 287
抗アポトーシス薬剤 ……………… 273
好塩基球 …………………………… 145
光学フィルター …………………… 52
後期アポトーシス細胞 …………… 103
抗凝固剤 …………………………… 145
抗蛍光色素抗体 …………………… 193
抗原決定基 ………………………… 74
抗原受容体 ………………………… 74
交叉反応 …………………………… 92
交差反応性 ………………………… 286
好酸球 ……………………………… 145
抗生剤感受性試験 ………………… 295
校正用サンプル …………………… 25
酵素処理 …………………………… 272
抗体 ………………………………… 74
抗体カクテル ……………………… 86
抗体クローン ……………………… 85
抗体産生細胞 ……………………… 74
抗体の構造 ………………………… 11
抗体の精製度 ……………………… 93
細胞表面IgD ……………………… 143
光電子増倍管 …………… 12, 62, 237
抗マウスCD4抗体 ………………… 127

抗マウスCD8抗体 ………………… 127
抗マウスCD16/CD32精製抗体 … 155
抗免疫グロブリン二次抗体 ……… 95
骨髄 ………………………… 142, 268
骨髄系細胞抗原 …………………… 148
骨髄血 ……………………………… 148
固定 ………………………… 19, 151, 166
コラゲナーゼ … 127, 131, 134, 138, 268
コレクションチューブ …………… 225
コンタープロット ……… 233, 252, 259
昆虫 ………………………………… 298
コントロール ……………………… 208
コンペンセーション（蛍光補正）…… 22,
    25, 36, 83, 103, 119, 164, 175, 247
コンペンセーションマトリックス
                              37, 114

さ

細菌の検出 ………………………… 295
最大蛍光波長 ……………………… 31
最大励起波長 ……………………… 31
サイトカイン ……………… 160, 169
サイトグラム ……………… 16, 247
サイドストリーム ……… 28, 211, 225
細胞移植治療 ……………………… 273
細胞塊 ……………………………… 203
細胞凝集塊 ………………………… 42
細胞固定 …………………………… 106
細胞死 ……………………………… 278
細胞刺激 …………………………… 160
細胞質の染色 ……………………… 101
細胞周期 ……… 19, 100, 102, 172, 287
細胞傷害試験 ……………………… 287
細胞傷害性Tリンパ球 …………… 281
細胞死抑制処理 …………………… 278
細胞数測定 ………………………… 177
細胞増殖 …………………………… 72
細胞増殖活性 ……………… 169, 287
細胞調製 …………………………… 124
細胞凍結試薬 ……………………… 151
細胞内器官の染色 ………………… 102
細胞内抗原 ………………… 166, 287
細胞内サイトカイン解析 ………… 19
細胞内サイトカイン染色 ………… 159
細胞内修飾 ………………………… 72
細胞内染色 ………………… 161, 164, 272
細胞内タンパク質 ………………… 160
細胞内リン酸化タンパク質 ……… 166
細胞の固定 ………………………… 173
細胞表面IgD ……………………… 143
細胞表面抗原 ……… 18, 76, 138, 163
細胞表面分子 ……………… 71, 287
細胞表面マーカー ………… 76, 143

310　ラボ必携　フローサイトメトリー Q&A

細胞分裂回数 …… 169	シロアリ …… 299	単球 …… 145, 155
細胞分裂刺激 …… 171	シングルゲノミクス …… 304	単細胞生物 …… 296
細胞膜固定用バッファー …… 163	シングルセル（Single cell）モード	単染色コントロール …… 175, 247
細胞膜の固定 …… 163	…… 215	単染色サンプル …… 37
細胞膜の染色 …… 102	シングルセルソーティング …… 223	タンデム色素
細網細胞 …… 268	神経細胞 …… 272	…… 81, 87, 119, 152, 175, 201, 247
細網線維芽細胞 …… 270	新世界ザル …… 282	
サブクラス …… 92	真皮樹状細胞 …… 130	**ち・て**
サブセット分画 …… 143		
サル免疫不全ウイルス …… 281	**す〜そ**	チミジンアナログ …… 172
サルモデル …… 280		チューブ …… 220
三次試薬 …… 99	ステインインデックス …… 109	チューブ式 …… 192
サンプリング方式 …… 177	ストリーム …… 218	腸管粘膜固有層 …… 134
サンプルライン …… 60, 202	ストレプトアビジン …… 158, 193	腸内細菌 …… 298
サンプル流路 …… 225	ストローマ細胞 …… 268	鳥類 …… 284
散乱光 …… 187, 242	スペクトル型フローサイトメーター …… 62	定期点検 …… 56
散乱光パターン …… 233	ずり応力 …… 227	定常部 …… 92
	生化学的性状 …… 295	ディスパーゼⅡ …… 131
し	制御性 T 細胞 …… 134, 252	ディッセ腔 …… 138
	生細胞 …… 106	ディレイタイム …… 28, 225
シアーフォース …… 227	生細胞ゲート …… 187	デキストラン …… 281
シース圧 …… 216	生理学的機能 …… 295	デジタルフローサイトメーター …… 261
シース液 …… 61, 228	赤芽球 …… 193	デブリス …… 243
シース流 …… 22, 25, 28	接着細胞 …… 124	デンシティプロット …… 259
シース流路 …… 225	ゼブラフィッシュ …… 291	転写因子発現 …… 169
ジェットインエア方式 …… 54, 274	セルストレーナー …… 43	
耳介皮膚 …… 130	セルソーター …… 21, 46, 272	**と**
自家蛍光 …… 43, 133, 242	セルバンカー …… 151	
磁気細胞分離 …… 192, 222, 227, 270	前吸収 …… 99	透過光 …… 292
磁気ビーズ …… 170	全血法 …… 145	透過処理 …… 163
磁気ビーズ標識抗体 …… 192	洗浄 …… 202	統計解析 …… 39
始原生殖細胞 …… 291	洗浄剤 …… 297	凍結 …… 151
死細胞 …… 103, 106, 239, 242	洗浄用プログラム …… 297	凍結保存 …… 304
死細胞除去 …… 146	染色パネル …… 83, 148	等高線プロット …… 259
死細胞染色 …… 272	センターストリーム …… 211	糖鎖 …… 93, 102
自然リンパ球 …… 134	セントラルメモリー細胞 …… 143	同軸 …… 33
実験ノート …… 264	前方散乱光 …… 13, 18, 22, 129, 145, 149,	動物種 …… 284
実質細胞 …… 139	239, 296, 299, 301	特異抗体 …… 286
自動蛍光補正 …… 44	造血幹細胞 …… 273	土壌細菌 …… 298
市販抗体 …… 285	ソーティングモード …… 214	ドットプロット …… 16, 259, 262
シュードカラープロット …… 252, 259	ソートモード …… 224	ドナー色素 …… 81
収率重視（Yield）モード …… 214	側方散乱光 …… 13, 18, 22, 129, 145, 149,	ドパミン神経前駆細胞 …… 273
種交差性 …… 281	239, 292, 296, 299, 301	トリプシン EDTA …… 131
樹状細胞 …… 155, 193	組織内局在 …… 39	ドロップ …… 218
腫瘍 …… 127, 148		ドロップディレイ …… 211
腫瘍浸潤画分 …… 127	**た**	ドロップレット …… 225
主要組織適合遺伝子複合体 …… 76, 157		
純度重視（Purity）モード …… 214	ダイクロイックミラーフィルター …… 34	**な〜の**
上皮系細胞 …… 268	対数表示 …… 260	
上皮細胞 …… 134, 138, 268	タイトレーション …… 44	ナイーブ細胞 …… 143
ショートパスフィルター …… 34	脱リン酸化 …… 166	内皮細胞 …… 268
初期アポトーシス細胞 …… 103	ダブレット …… 233, 238, 241	内部標準 …… 178
植物のゲノムサイズ …… 305	ダメージレスセルソーター …… 291	二次リンパ器官 …… 268
シリンジポンプ吸引方式 …… 49, 177	単一細胞 …… 187	日本臨床検査標準協議会 …… 148
	単核球 …… 145, 244	認定サイトメトリー技術者制度 …… 184

Index

ネガティブコントロール ……… 85, 198
ネガティブシグナル ……………… 185
ネガティブセレクション ……… 222, 275
ネガティブソーティング ………… 193
ネクローシス …………………… 103
粘性 ……………………………… 43
粘膜固有層 ……………………… 135
粘膜リンパ組織 ………………… 268
ノズル …………………………… 28
ノズル径 ……………… 43, 191, 216
ノズル詰まり …………………… 42

は

パーキンソン病 ………………… 273
パーコール ……… 125, 128, 141, 284
肺 ………………………………… 138
バイオセーフティーキャビネット … 59
バイオセーフティーレベル ……… 281
バイオロジカルコントロール …… 175
肺実質細胞 ……………………… 138
倍数性 …………………………… 305
肺洗浄液 ………………………… 139
肺組織破砕 ……………………… 141
培養株確立 ……………………… 302
培養細胞 ………………………… 124
バックグラウンド ……………… 185
バックグラウンドノイズ ………… 60
バックゲーティング …………… 25, 233
白血球共通抗原 ………………… 284
白血病 …………………………… 148
白血病タイピング系統検索 ……… 148
白血病タイピングの推奨パネル … 148
白血病病型 ……………………… 148
パネル …………………………… 118
パラホルムアルデヒド ………… 151
バンドパスフィルター …………… 34

ひ

ビーズ …………………………… 190
ビオチン ………………………… 97
ビオチン化抗体 ……………… 95, 118
ビオチン標識抗体 ……… 87, 138, 158
非血球系細胞 …………………… 268
微細藻類 ………………………… 301
比重遠心法 ……………………… 170
微小残存病変 …………………… 148
ヒストグラム ………………… 16, 262
ヒストグラムゲート …………… 233
微生物細胞 ……………………… 299
脾臓 ………………………… 142, 268
非特異的反応 ……………… 155, 158
ヒト末梢血単核球 …………… 125, 156

皮膚 ……………………………… 130
標識蛍光色素 …………………… 85
表面抗原 ………………………… 272
表面抗原解析 …………………… 161
表面マーカー ………………… 130, 145
非リンパ球 ……………………… 291

ふ

フィコエリスリン ……………… 301
フォトダイオード ……………… 237
ブドウ球菌 ……………………… 296
浮遊細胞 ………………………… 124
フリーアミン結合性蛍光色素 …… 106
フローセル …………… 22, 60, 202
フローセル方式 ……………… 54, 274
フローレート …………………… 190
ブロッキング …………………… 155
プロトプラスト ………………… 305
分化抗原 ………………………… 76
分化段階検索パネル …………… 148
分化能の喪失 …………………… 278
分子間相互作用 ………………… 19

へ・ほ

平均蛍光強度 …………………… 257
ヘパリン ………………………… 145
ペリスタポンプ吸引方式 ……… 49, 177
偏向板 …………………………… 60
放血殺 …………………………… 138
ポジティブセレクション ……… 222
ポジティブソーティング ……… 193
哺乳動物 ………………………… 284
ポリクローナル抗体 …………… 74, 92

ま～も

マイクロキャピラリー …………… 22
マイクロマニュピレーター …… 306
マイクロ流路 ………………… 54, 274
膜透過 …………………………… 272
膜透過処理 ……… 19, 106, 166, 173
膜透過用バッファー …………… 163
マクロファージ ……………… 155, 193
マスサイトメーター ……………… 63
末梢血 ………………………… 142, 145
末梢血解析 ……………………… 145
末梢血単核球 …………………… 284
マルチウェイソートモード …… 214
マルチカラー解析
…………… 31, 36, 118, 197, 253
マルチカラー染色パネル …… 114, 118
ミエロイド系細胞 …………… 134, 156
密度勾配遠心 ………………… 124, 134

未分化マーカー ………………… 278
無菌化 …………………………… 302
無菌操作 ………………………… 208
無染色 …………………………… 175
メタ DNA バーコーディング …… 302
メタゲノム解析 ………………… 302
メタノール処理 ………………… 167
メモリー細胞 …………………… 143
メンテナンス契約 ……………… 56
モノクローナル抗体 … 71, 74, 76, 92
漏れ込み ……… 36, 82, 118, 248

ゆ・よ

輸送ブロック …………………… 160
ヨウ化プロピジウム …………… 146
溶血剤 …………………………… 146
溶血処理 ………………………… 124
溶血操作 ………………………… 269
溶血反応 ………………………… 146
陽性コントロール ……………… 249

ら～ろ

ラージセル（Large cell）モード … 214
らせん菌 ………………………… 296
卵黄顆粒 ………………………… 291
ランゲルハンス細胞 …………… 130
リベラーゼ TL …………………… 131
リポフスチン …………………… 242
流体力学的絞り込み ……………… 22
流量センサー …………………… 177
量的形質遺伝子座 ……………… 142
リンパ球 ……… 142, 145, 244, 273
リンパ球系細胞抗原 …………… 148
リンパ球細胞層 ………………… 141
リンパ球層 ……………………… 138
リンパ球組成 …………………… 142
リンパ球比率 …………………… 142
リンパ節 …………………… 142, 268
励起波長 ……………………… 30, 78
レーザー ………………………… 52
レーザー光照射部 ……………… 211
レーザー出力 …………………… 60
レーザーディレイ ……………… 60
レーザーマイクロダイセクション … 306
レクチン ………………………… 102
レトロスペクティブ解析 ……… 283
レンサ球菌 ……………………… 296
ロングパスフィルター …………… 34

312　ラボ必携　フローサイトメトリー Q&A

◆ 編者プロフィール ◆

戸村道夫（とむら みちお）

1987年，東北大学薬学部卒業，同大学院修士課程修了後，東レ株式会社基礎研究所．'96年，大阪大学大学院博士課程（腫瘍発生学教室，濱岡利之教授，藤原大美助教授）．'99年，同教室助手．2002年，理化学研究所免疫・アレルギー科学総合研究センター（高浜洋介 GL，金川修身 GL），'10年，同研究所脳科学総合研究センター（宮脇敦史 TL），東京大学大学院医学系研究科分子予防医学教室（松島綱治教授），'11年，京都大学大学院医学研究科次世代免疫制御を目指す創薬医学融合拠点，特定准教授を経て'15年から現職（大阪大谷大学薬学部教授）．
研究テーマは，カエデマウスなどの蛍光タンパク質発現マウスを用い，免疫応答の生体内直接観察，臓器間細胞移動，シングルセル，マルチカラー解析から，全身レベルの免疫応答の理解に取り組んでいる．

実験医学別冊

ラボ必携　フローサイトメトリー Q&A
正しいデータを出すための100箇条

2017年11月20日　第1刷発行		
2022年 4月10日　第3刷発行		
	編　集	戸村道夫
	発行人	一戸裕子
	発行所	株式会社　羊　土　社
		〒101-0052
		東京都千代田区神田小川町2-5-1
		TEL　03（5282）1211
		FAX　03（5282）1212
		E-mail　eigyo@yodosha.co.jp
		URL　www.yodosha.co.jp/
	装　幀	トップスタジオデザイン室
		（轟木 亜紀子）
	印刷所	株式会社　アイワード
	広告取扱	株式会社　エー・イー企画
		TEL　03（3230）2744（代）
		URL　www.aeplan.co.jp/

Ⓒ YODOSHA CO., LTD. 2017
Printed in Japan

ISBN978-4-7581-2235-1

本書に掲載する著作物の複製権，上映権，譲渡権，公衆送信権（送信可能化権を含む）は（株）羊土社が保有します．
本書を無断で複製する行為（コピー，スキャン，デジタルデータ化など）は，著作権法上での限られた例外（「私的使用のための複製」など）を除き禁じられています．研究活動，診療を含み業務上使用する目的で上記の行為を行うことは大学，病院，企業などにおける内部的な利用であっても，私的使用には該当せず，違法です．また私的使用のためであっても，代行業者等の第三者に依頼して上記の行為を行うことは違法となります．

JCOPY ＜（社）出版者著作権管理機構 委託出版物＞
本書の無断複写は著作権法上での例外を除き禁じられています．複写される場合は，そのつど事前に，（社）出版者著作権管理機構（TEL 03-5244-5088, FAX 03-5244-5089, e-mail：info@jcopy.or.jp）の許諾を得てください．

乱丁，落丁，印刷の不具合はお取り替えいたします．小社までご連絡ください．

FLUIDIGM®

フローサイトメーター後の1つ1つの細胞を高感度な解析へ

細胞それぞれの個性を洞察する

1 細胞の調整
*C1 IFCプレートにダイレクトソーティングも可能

2 C1™ system
cDNA 増幅 / ゲノム増幅

3 BioMark™ HD（QPCR）
解析 96 Sample x 96 Assay 1ランで実施可能
*別途ライブラリー作製後 mRNA-Seq、DNA-Seqにも対応します

腫瘍免疫応答の分子メカニズムを明らかに

Advanta™ Immuno-Oncology Gene Expression Assay
FFPEサンプルにも対応したBiomark™ HD専用QPCR遺伝子発現解析パネル

ヒト腫瘍免疫に関わる 170 遺伝子をターゲット

▶ がん免疫におけるバイオマーカーの探求に
▶ 免疫チェックポイント阻害剤の応答性の評価に
▶ カスタム遺伝子追加可能
▶ 低コスト解析を実現　約 55 円 / サンプル

*遺伝子リストなどお問い合わせください。

Helios™ マスサイトメータ

シングルセル細胞タンパク解析の革命児
フローサイトメトリーを超えた新しい研究の世界

 細胞表面と細胞内タンパクを
40 種類以上のパラメーターで解析可能

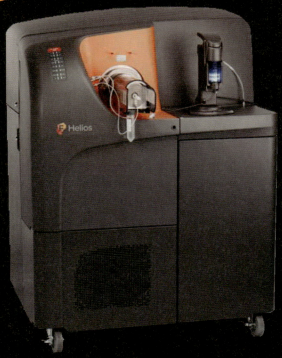

フリューダイム株式会社
103-0001
東京都中央区日本橋小伝馬町 15-19 ルミナス4F
電話 03- 3662-2150
FAX 03-3662-2154
info-japan@fluidigm.com
https://jp.fluidigm.com/japan-news

試験研究用

速さと精度を追い求めたフローサイトメーター　MACSQuant® X

待望の新機種登場

フローサイトメトリーによる多検体スクリーニング解析は、創薬、毒性試験、抗体エンジニアリングなど、様々なシーンで求められています。MACSQuant X は、時間がかかるスクリーニングを、より早く、より正確に行い、さらにオートメーション機能で研究者の負担を減らすようにデザインされています。また、通常のフローサイトメーターとしてチューブに入ったサンプルも測定できるため、幅広いニーズに対応した進化したフローサイトメーターです。

サンプル吸引～解析可能データ取得 15分/96 well 、60分/384 well !
1検体からでも測定できる信頼性抜群の高速・高精度フローサイトメーター

- **光学系**： 3レーザー (404 nm, 488 nm, 635 nm)搭載、10パラメーター(FSC/SSC/8色)の解析が可能。
- **測定スピード**： 15分/96 well plate、 60分/384 well plate （5μL up take/ Fast mode）
- **対応チューブ・プレート**：1.5 mLマイクロチューブ、5 mLチューブ、96 well/384 wellプレート
- **高速解析時（Fast mode）でも高精度**：細胞絶対数カウント=CV < 10%、Carryover =< 3%、Fast mode・PBMC測定時
- **データ形式**： MQD、FCS。1wellずつ独立したファイルとして保存されます。
- **優れたオートメーション機能**：抗体染色、測定、メンテナンスのすべてが自動化できます。
- **サンプル撹拌**： 世界初！2タイプから選べる Vibration needle と Orbital shaker
- **プレートとチューブの切り替え法**：「載せるだけ」。特別な設定は不要。
- **各種オートメーションシステムとの統合が容易**：リキッドハンドリングシステムと統合された磁気細胞分離装置のMultiMACS™ X と組み合わせると、細胞分離から解析まで1つのプラットフォームで自動化が可能。

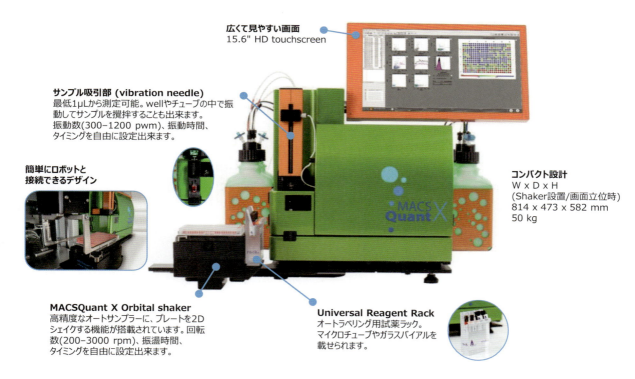

広くて見やすい画面
15.6" HD touchscreen

サンプル吸引部（vibration needle）
最低1μLから測定可能。wellやチューブの中で振動してサンプルを撹拌することも出来ます。振動数(300-1200 pwm)、振動時間、タイミングを自由に設定出来ます。

簡単にロボットと接続できるデザイン

コンパクト設計
W x D x H
(Shaker設置/画面立位時)
814 x 473 x 582 mm
50 kg

MACSQuant X Orbital shaker
高精度なオートサンプラーに、プレートを2Dシェイクする機能が搭載されています。回転数(200-3000 rpm)、振盪時間、タイミングを自由に設定出来ます。

Universal Reagent Rack
オートラベリング用試薬ラック。マイクロチューブやガラスバイアルを載せられます。

その他関連製品はこちら▶ ミルテニー

Miltenyi Biotec

■発売元 **ミルテニー バイオテク株式会社**
〒135-0041 東京都江東区冬木16-10 NEX永代ビル5F
TEL：03-5646-8910（代）　FAX：03-5646-8911
【ホームページ】www.miltenyibiotec.co.jp

学術的なお問い合せ：03-5646-9606
機器修理のお問い合せ：0120-03-5645
（カスタマーコールセンター）
AM9：00～PM5：00
（土日祝日除く）

【E-mail】macs@miltenyibiotec.jp

細胞分離に最適！
Magnosphere™ SS015

研究用

特長
- 超常磁性体を高濃度に含むため、磁気スタンドによる集磁可能
- フローサイトメトリー解析を妨げない散乱光強度

Magnosphere™とは？

体外診断システムの多検体処理や自動化に用いられてきた磁性粒子です。均一な粒子径で、タンパク質・核酸の非特異吸着を抑えた表面設計になっています。迅速・簡便な操作で目的の分子を高純度で回収して解析することができます。

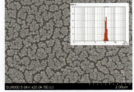

Magnosphere™ SS015/Carboxyl

■ プロトコル概要

標的のリガンドを結合した Magnosphere™ を加える
（図は、SS015/Streptavidinの場合）

→ タンパク質の解析
→ 核酸の解析
→ 細胞の解析

血清、血漿、細胞培養液等 → インキュベーション → 磁気分離 → 洗浄、再分散

▲ タンパク質、核酸、細胞等　　● Magnosphere™ SS015/Streptavidin　　Y ビオチン標識リガンド（抗体等）

■ PCR

PCR反応系へ粒子を持ち込んでも、その増幅効率に、影響を与えません。

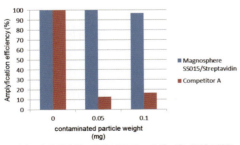

同濃度の細胞破砕液に粒子を添加し、βグロビン領域を増幅後、粒子未添加時と比べて増幅率を算出。

■ Flow cytometry

同粒径帯の他社品粒子と比べ、凝集が少ない為、フローサイトメトリーにおける細胞解析を邪魔しません。

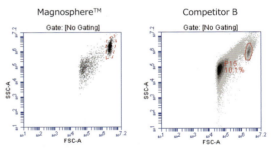

抗ヒトCD8抗体結合粒子を同濃度に調製し、PBMCから目的細胞を分離後、同量をフローサイトメトリーにて解析。

品名	粒子径	濃度	容量
Magnosphere™ SS015/Carboxyl	150 nm	1%	4 mL
Magnosphere™ SS015/Streptavidin	150 nm	1%	2 mL

製品原料用途などの御相談もお受けいたします。

株式会社 医学生物学研究所
http://ruo.mbl.co.jp/
◯ 学術部基礎試薬グループ
〒460-0008 名古屋市中区栄四丁目5番3号 KDX名古屋栄ビル10階
TEL：(052) 238-1904　FAX：(052) 238-1441
E-mail：support@mbl.co.jp

＜後付4＞

実験医学 をご存知ですか!?

実験医学ってどんな雑誌？

ライフサイエンス研究者が知りたい情報をたっぷりと掲載！

「なるほど！こんな研究が進んでいるのか！」「こんな便利な実験法があったんだ」「こうすれば研究がうまく行くんだ」「みんなもこんなことで悩んでいるんだ！」などあなたの研究生活に役立つ有用な情報、面白い記事を毎月掲載しています！ぜひ一度、書店や図書館でお手にとってご覧になってみてください。

最新研究のホットトピックスも特集してるよ

今すぐ研究に役立つ情報が満載！

特集では ➡ 幹細胞、がんなど、今一番Hotな研究分野の最新レビューを掲載

連載では ➡ 最新トピックスから実験法、読み物まで毎月多数の記事を掲載

こんな連載があります

 ### News & Hot Paper DIGEST 〔トピックス〕
世界中の最新トピックスや注目のニュースをわかりやすく、どこよりも早く紹介いたします。

 ### クローズアップ実験法 〔マニュアル〕
ゲノム編集、次世代シークエンス解析、イメージングなど
有意義な最新の実験法、新たに改良された方法をいち早く紹介いたします。

 ### ラボレポート 〔読みもの〕
海外で活躍されている日本人研究者により、海外ラボの生きた情報をご紹介しています。
これから海外に留学しようと考えている研究者は必見です！

その他、話題の人のインタビューや、研究の心を奮い立たせるエピソード、ユニークな研究、キャリア紹介、研究現場の声、科研費のニュース、論文作成や学会発表のコツなどさまざまなテーマを扱った連載を掲載しています！

Experimental Medicine
実験医学
生命を科学する 明日の医療を切り拓く

月刊 毎月1日発行
定価 2,200円
（本体 2,000円＋税10％）

増刊 年8冊発行
定価 5,940円
（本体 5,400円＋税10％）

詳細はWEBで!! 〔実験医学〕〔検索〕

お申し込みは最寄りの書店，または小社営業部まで！
TEL 03 (5282) 1211　MAIL eigyo@yodosha.co.jp
FAX 03 (5282) 1212　WEB www.yodosha.co.jp/

発行 羊土社

あなたのフローサイトメトリー解析の陽性率、正しく測れていますか？

温度応答性細胞培養ディッシュ RepCell™ は、酵素フリーで細胞を回収するので表面抗原を分解することがありません

RepCell™ による細胞回収は、こんな悩みを解決します。

- ✓ フローサイトメーターでの陽性率が低い、結果が安定しない
- ✓ マクロファージや樹状細胞が長時間のトリプシン処理でダメージを受けてしまう
- ✓ 細胞表面の受容体がトリプシンにより分解されて、機能しない

温度応答性細胞培養ディッシュ RepCell は、37℃での細胞接着可能な状態から20℃にすると細胞が遊離[*1]するような状態になるため、トリプシン等の酵素処理なしに細胞の回収が可能です。

酵素処理フリーで細胞回収するので、細胞膜表面にある蛋白質は分解を受けません。そのため、酵素処理して回収した細胞と比較すると、抗原性や機能が高度に保たれています。

*1 細胞の遊離状況は、細胞種や培養条件によって異なります。

RepCell™ 細胞回収用温度応答性細胞培養器材

品名	10cm ディッシュ		6cm ディッシュ		3.5cm ディッシュ	
サイズ (mm)	92 (D) × 17 (H)		60 (D) × 15 (H)		40 (D) × 12 (H)	
表面積	56.7cm^2		21.5cm^2		8.8cm^2	
容量	12.5mL		5mL		3mL	
品番	CS1005	CS1015	CS1004	CS1014	CS1003	CS1013
包装	20枚	5枚	20枚	5枚	20枚	5枚
希望販売価格（税抜）	¥80,000	¥21,000	¥40,000	¥11,000	¥32,000	¥9,000

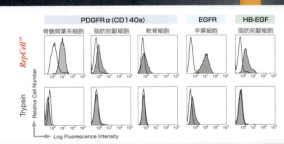

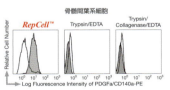

酵素処理の抗原分子に与える影響

株式会社セルシード
〒135-0064　東京都江東区青海 2-5-10　テレコムセンタービル 15F
E-mail : sales.ccw @ cellseed.com　URL : www.cellseed.com

invitrogen

フローサイトメトリーならInvitrogenにおまかせ！

サーモフィッシャーサイエンティフィックは、フローサイトメトリーの包括的ソリューションをご提供します。Invitrogen™ Attune™ NxT Acoustic Focusing Cytometer、Invitrogen™ フローサイトメトリー用抗体、Invitrogen™ 機能性試薬など、当社で検証かつ最適化した機器やワークフロー試薬は、一貫した実験条件とデータの再現性を確実にします。

失敗しない抗体選びならInvitrogenにおまかせ！

74,000種以上の抗体をラインアップ！信頼のバリデーション済み一次抗体と二次抗体を続々追加中！
24種類の蛍光色素から選べるInvitrogen™ Alexa Fluor™二次抗体プロテオームの85%をカバーする一次抗体ラインアップ
9つの主要なアプリケーションに対応 （フローサイトメトリー・蛍光抗体・蛍光組織染色・ELISA・免疫沈降・ウェスタンブロット、その他）

www.thermofisher.com/antibodies

10,000~
eBioscienceの製品を含む
フローサイトメトリー用抗体の数

200,000~
当社の抗体を引用した
論文数

85%
抗体ラインナップがカバーする
プロテオームの割合

Performance guaranteed*
安心して購入いただける
性能を保証

* Antibody Performance Guaranteeの詳細につきましては www.thermofisher.com/antibody-performance-guarantee をご覧ください。

マルチカラーフローサイトメーターならAttune NxTにおまかせ！

最大4種類のレーザーを搭載し16の検出チャンネルを備えたAttune NxT Acoustic Focusing Cytometer は、多色解析のニーズに対応します。流速を上げても細胞を一列に整列した状態を保つ独自の技術により、1秒あたり最大35,000イベントを取得。シース液の使用量や廃液量を削減し、環境にも優しいシステムです。

www.thermofisher.com/attune

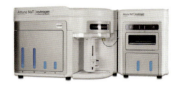

フローサイトメトリーに関する詳細はこちらをご覧ください　**www.thermofisher.com/jp-jikken-flow**

研究用にのみ使用できます。診断目的およびその手続き上での使用は出来ません。
記載の社名および製品名は、弊社または各社の商標または登録商標です。標準販売条件はこちらをご覧ください。www.thermofisher.com/jp-tc
For Research Use Only. Not for use in diagnostic procedures. © 2017 Thermo Fisher Scientific Inc. All rights reserved.
All trademarks are the property of Thermo Fisher Scientific and its subsidiaries unless otherwise specified.

サーモフィッシャーサイエンティフィック
ライフテクノロジーズジャパン株式会社
本社：〒108-0023　東京都港区芝浦4-2-8　　TEL:03-6832-9300　FAX:03-6832-9580

facebook.com/ThermoFisherJapan　　@ThermoFisherJP
www.thermofisher.com